Fachberichte Messen · Steuern · Regeln

Herausgegeben von M. Syrbe und M. Thoma

13

Aspekte der Informationsverarbeitung

Funktion des Sehsystems
und technische Bilddarbietung

Herausgegeben von H.-W. Bodmann

Springer-Verlag
Berlin Heidelberg New York Tokyo 1985

Wissenschaftlicher Beirat:

G. Eifert, D. Ernst, E. D. Gilles, E. Kollmann, B. Will

Herausgeber
Prof. Dr. rer. nat. Hans-Walter Bodmann
Lichttechnisches Institut
Universität (TH) Karlsruhe
Kaiserstraße 12
7500 Karlsruhe

ISBN 3-540-15725-5 Springer-Verlag Berlin Heidelberg New York Tokyo
ISBN 0-387-15725-5 Springer-Verlag New York Heidelberg Berlin Tokyo

CIP-Kurztitelaufnahme der Deutschen Bibliothek

Aspekte der Informationsverarbeitung:
Funktion d. Sehsystems u. techn. Bilddarbietung / hrsg. von H.-W. Bodmann. -
Berlin; Heidelberg; New York; Tokyo: Springer 1985.
(Fachberichte Messen, Steuern, Regeln; 13)
ISBN 3-540-15725-5 (Berlin...)
ISBN 0-387-15725-5 (New York...)

NE: Bodmann, Hans W. [Hrsg.]; GT

Das Werk ist urheberrechtlich geschützt. Die dadurch begründeten Rechte, insbesondere die der Übersetzung, des Nachdrucks, der Entnahme von Abbildungen, der Funksendung, der Wiedergabe auf photomechanischem oder ähnlichem Wege und der Speicherung in Datenverarbeitungsanlagen bleiben, auch bei nur auszugsweiser Verwertung, vorbehalten. Die Vergütungsansprüche des § 54, Abs. 2 UrhG werden durch die »Verwertungsgesellschaft Wort«, München, wahrgenommen.

© Springer-Verlag Berlin, Heidelberg 1985
Printed in Germany

Die Wiedergabe von Gebrauchsnamen, Handelsnamen, Warenbezeichnungen usw. in diesem Werk berechtigt auch ohne besondere Kennzeichnung nicht zu der Annnahme, daß solche Namen im Sinne der Warenzeichen- und Markenschutz-Gesetzgebung als frei zu betrachten wären und daher von jedermann benutzt werden dürften.

Offsetdruck: Mercedes-Druck, Berlin
Bindearbeiten: Lüderitz & Bauer, Berlin
2160/3020-543210

Einführung

(Introduction)

Die visuelle Wahrnehmung des Menschen ist eine faszinierende Herausforderung für Naturwissenschaftler und Ingenieure. Schon die Sensorik des Sehsystems, die mit einem relativ bescheidenen optischen Apparat auskommt, stößt mit den Primärprozessen in den Rezeptoren, mit der Organisation und Funktion des neuronalen Netzwerks in der Retina und den nächst höheren Verarbeitungsstufen, ebenso wie mit der Steuerung von Adaptation, Blickbewegung, Akkommodation, Konvergenz und Pupille an die Grenzen der heutigen Erkenntnisse. Dies gilt in noch stärkerem Maße von den kognitiven Leistungen der visuellen Wahrnehmung, eine Domäne der experimentellen Psychologie. Die Sensorik und die Kybernetik des Sehsystems bilden in mancher Hinsicht das Traumziel einer "intelligenten" Bildaufnahme und Bildverarbeitung in der Technik. Dies allein mag erklären, warum die Erforschung der Sehprozesse zunehmendes Interesse bei Ingenieuren findet. Traditionell besteht dieses Interesse in der Lichttechnik wegen der Wechselwirkung von Licht und Sehen in unserem täglichen Leben, sei es bei der Arbeit, im Verkehr, im Sport oder anderen Wirkungsbereichen des Menschen. Fundamentelle Phänomene der Helligkeits- und Farbwahrnehmung bilden die visuelle Grundlage der Licht- und Farbmeßtechnik.

Bleiben wir in der Arbeitswelt von heute. Mit ständig wachsenden technischen Möglichkeiten in der Aufnahme, Übertragung, Verarbeitung und Darbietung von Daten und Bildern wächst das Bedürfnis nach Anpassung bildgebender Systeme an die funktionellen Eigenschaften des Sehsystems. Die Schnittstelle Bilddarbietung - Beobachter ist ein zentrales Problem der "Mensch-Maschine-Kommunikation", die über Effizienz und Akzeptanz technischer Arbeitsmittel und Arbeitssysteme entscheiden kann. Das typische Beispiel ist der Bildschirmarbeitsplatz, der heute in alle Bereiche unserer Arbeitswelt vordringt. Schlagwörter wie Datenverwaltung, Prozeßsteuerung und -überwachung, Textverarbeitung, rechnergestützte Forschung-Entwicklung-Fertigung und -Kontrolle sind sicher nicht erschöpfend. Die optische Darbietung von Information im Zusammenwirken mit der Funktion des Sehsystems ist der zweite übergreifende Aspekt von Sehforschung und Ingenieurwissenschaft.

Die vorliegende Publikation versucht einen Bogen zu spannen von der Funktion des Sehsystems zur technischen Bilddarbietung. Die Beiträge entstammen überwiegend einer Vortragsreihe zu diesem Thema im Sommersemester 1983 am Lichttechnischen Institut der Universität Karlsruhe. Naturgemäß bleibt ein solcher Versuch mehr oder weniger eine unvollständige Dokumentation aktueller Forschungsarbeiten und Erkenntnisse. Allerdings ist eine Darstellung dieses weitgespannten Themas in der Fachliteratur auch schwerlich zu finden. Genau dies hat uns zur Herausgabe dieser Vortragsreihe ermutigt.

Der Reigen der Beiträge beginnt mit einer geschlossenen linearen Theorie des Farbensehens von H. S c h e i b n e r und E. W o l f gestützt auf den "Grundfarbenraum", der physiologisch auf der retinalen Rezeptorebene repräsentiert ist und auf den "Gegenfarbenraum", der physiologisch der neuronalen Verschaltung der Rezeptorsignale zuzuordnen ist. Diese Hintereinanderschaltung von 3-dimensionalen Vektorräumen mit umkehrbar eindeutigen Übertragungsfunktionen stellt eine konsistente Vereinigung bisheriger Farbtheorien und ihrer technischen Anwendung wie das Farbfernsehen dar.

Die Abbildung eines fixierten Objektes auf der Netzhaut wird motorisch durch die "Akkommodation" der elastischen Linse und durch die "Konvergenz" der Augenachsen gesteuert. Das Verständnis dieser Vorgänge und ihrer Verknüpfung ist eine wichtige Voraussetzung für die Bewertung bildgebender Systeme. Neue Untersuchungsmethoden und neue Erkenntnisse über die Akkommodations- und Konvergenzleistungen des Auges, insbesondere über ihre Dynamik und Altersabhängigkeit, bilden den Hintergrund des Beitrages von H. K r u e g e r .

Maschinelle Verfahren zur Mustererkennung versuchen aus der Leuchtdichteverteilung einer Szene bzw. aus der Grauwertverteilung eines Bildes Merkmale zu extrahieren, die zunächst nur einen spekulativen Bezug zum Sehsystem des Menschen haben wie im Beitrag von K. R. K i m m e l dargestellt wird. Dagegen verwendet der Autor in seiner Arbeit die Kontrastübertragungsfunktion des Auges als primäre Filterfunktion für das Ortsfrequenz-Spektrum einer Bildvorlage, das dann als n-dimensionaler Merkmalsvektor zur Musterdiskrimination getestet wird.

Im Mittelpunkt neuer Anstrengungen zur maschinellen Mustererkennung steht die Aufklärung der Bildvorverarbeitung des visuellen Systems durch retinale und kortikale Filter. Hierzu stellt der Beitrag von A. K o r n ein weitreichendes Konzept vor, das auf der Optimierung von Bandpaßfiltern zur Extraktion von "Konturpunkten" und auf deren Gruppierung zu Strecken beruht. Wie die Rechnersimulationen zeigen, lassen sich hiermit die Originalbilder einschließlich ihrer Grauwerte weitgehend rekonstruieren. Aus der Statistik der Konturpunkte in verschiedenen Ortsfrequenzbereichen ergeben sich außerdem Hinweise zur Texturwahrnehmung.

Ein anderer Aspekt der visuellen Informationsverarbeitung ist das Zusammenspiel von fovealer und peripherer Wahrnehmung, die das Blickverhalten weitgehend bestimmt. Im Beitrag von M. V o s s wird der Einfluß von Informationsbelastung im zentralen Blickfeld eines Beobachters (z. B. die Führung eines Fahrzeugs) auf die periphere Detektion von Lichtreizen untersucht. Modellmäßig läßt sich eine zentrale Informationsbelastung als zusätzliches Rauschen für die periphere Detektion erfassen. Umgekehrt bildet der Verlust an peripherer Wahrnehmung die Grundlage für ein neues Verfahren zur Messung der mentalen Beanspruchung eines Beobachters.

Aus dem wachsenden Verständnis der Bildverarbeitung im visuellen System ergeben sich unmittelbar Probleme und Anforderungen bei optischer und elektro-optischer Bilddarbietung. Dies ist das Thema von I. O v e r i n g t o n , der die Schnittstelle Bilddarbietung - Beobachter von der Funktion des Sehsystems her angeht. Dominierende Aspekte sind die Konturenschärfe und die Bildrasterung. Für ingenieurmäßige Anwendungen stellt der Autor ein weitreichendes Modell der "Sichtbarkeit" von Objekten vor, mit dem auch bildgebende Systeme bewertet werden können.

Zur ergonomischen Gestaltung der Bilddarbietung gehört das Problem der Codierung optisch dargebotener Information, das von G. G e i s e r im Überblick behandelt wird. Mit dem bisherigen Gerüst der Informatik läßt sich die kognitive Verarbeitung codierter Information nur begrenzt erfassen, weil der Bedeutungsinhalt einer Nachricht und die Motivation des Beobachters ins Spiel kommt. Praktische Regeln und Methoden zur Codierung optischer Information (z. B. Analog-Digital-Helligkeits-Farb-Blinkcodierung) stützen sich einstweilen überwiegend auf aufgabenspezifische Untersuchungen.

Aus der Sicht der Anwendung spielt der Zeichenkontrast auf Bildschirmen eine besondere Rolle, da der Benutzer diesen Faktor der Bilddarbietung meistens selbst einstellen kann. Andererseits gibt es eine Reihe von spezifischen Kontrast- und Sichtbarkeitsproblemen an Bildschirmen, die mit der Zeichengenerierung zusammenhängen. Hierüber berichtet der Beitrag von S. K o k o s c h k a im Zusammenhang mit Untersuchungen zur Detektion, Identifikation und Suchzeit von Bildschirmzeichen und ihrer Photometrie. Eine wichtige Bedeutung hat hierbei der "innere" Kontrast gerasterter Zeichen.

Schlußendlich müssen dargestellte Informationen in ihrem Zusammenhang verarbeitet werden. Die Organisation von Information für den Menschen bildet den Hintergrund der Arbeit von P. H a u b n e r die sich mit der Strukturierung von alpha-numerisch codierten Bildschirmtexten in Maskendarstellung befaßt. Mit diesem Beitrag betreten wir ein weitgehend unerschlossenes Gebiet der Informationsverarbeitung, das aber für die ergonomische Gestaltung eines interaktiven Mensch-Maschine-Dialogs vielleicht das größte Potential beinhaltet. Geisteswissenschaftlich schließt sich der Kreis von Informatik, Psychologie und Pädagogik.

Gemäß Zielsetzung und Entstehung dieser Publikation verbleibt das Verdienst und die Verantwortung für Inhalt und Darstellung der Beiträge bei den Autoren. Ihnen allen gilt mein besonderer Dank für die Kooperation bei der Herausgabe der Manuskripte. Nicht zuletzt danke ich dem Springer-Verlag und insbesondere den Herausgebern der "Fachberichte Messen - Steuern - Regeln", die die Veröffentlichung der Beiträge ermöglicht haben.

Karlsruhe, im April 1985

H. W. Bodmann

Lichttechnisches Institut der Universität Karlsruhe
Kaiserstraße 12
7500 Karlsruhe 1

Inhaltsverzeichnis

(Contents)

PSYCHOPHYSIK UND PHYSIOLOGIE DES FARBENSEHENS

(Psychophysics and Physiology of Colour Vision)

H. Scheibner und E. Wolf 1

DIE FUNKTION DER AKKOMMODATION DES MENSCHLICHEN AUGES

(The Accommodation of the Hyman Eye)

H. Krueger 66

KONTRASTÜBERTRAGUNG DES AUGES ALS FILTERFUNKTION FÜR DIE DISKRIMINATION VISUELLER REIZMUSTER

(Contrast Sensitivity of the Eye as a Filtering Function for the Discrimination of Visual Stimuli)

K.R. Kimmel 93

DAS VISUELLE SYSTEM ALS MERKMALFILTER

(Feature Detection by the Visual System)

A. Korn 112

ZUSAMMENSPIEL DES FOVEALEN UND PERIPHEREN SEHENS BEI INFORMATIONSBELASTUNG

(Interaction of Foveal and Peripheral Vision with Informational Loads)

M. Voss 166

SEHFUNKTION UND BILDDARBIETUNG

(Visual Function and Image Display)

I. *Overington* 189

CODIERUNG OPTISCHER INFORMATION

(Coding of Visual Information)

G. *Geiser* 221

ZEICHENKONTRAST UND VISUELLE LEISTUNG AM BILDSCHIRM

(Character Contrast and Visual Performance with VDUs)

S. *Kokoschka* 254

STRUKTURASPEKTE DER INFORMATIONSGESTALTUNG AUF
BILDSCHIRMEN

(Aspects of Structering Information on VDUs)

P. *Haubner* 301

STICHWORTVERZEICHNIS 331

Psychophysik und Physiologie des Farbensehens

Psychophysics and Physiology of Colour Vision

Horst Scheibner und Elmar Wolf

Physiologisches Institut II der Universität

Düsseldorf

SUMMARY

Certain aspects of colour science and colour physiology are presented from the point of view of a linear transfer theory. The following structures are introduced for this purpose: a set of (physical) colour stimuli, an instrumental colour space, a fundamental colour space, and an opponent colour space. The linear transfer is described by means of mathematical linear mappings between these structures. An important part is played by certain types of colour blind observers, the so-called dichromats. The blue colour mechanism receives a special treatment. The psychophysical results are compared with biophysical and electrophysiological findings. Finally, we present a critique of the colour system CIE 1931.

1. Einleitung

Die folgenden Ausführungen über Farbensehen gründen sich in erster Linie auf Ergebnisse der subjektiven Sinnesphysiologie, die üblicherweise auch "Psychophysik" genannt wird. Wir beschränken uns dabei auf solche Erscheinungen, die sich linear beschreiben lassen. Wichtige Grundlagen dazu hat Erwin Schrödinger (1920) mit seiner "Niederen Farbenmetrik" gelegt. Begriffliche Anleihen machen wir auch aus der Theorie der linearen Abbildungen (Abschnitte 2, 4). Wir bedienen uns einer solchen zur l i n e a r e n Beschreibung einer physiologischen Erregungsübertragung (Abschnitt 9). Wie weit biophysikalische und elektrophysiologische Ergebnisse mit dieser psychophysisch begründeten Übertragungstheorie im Einklang sind, wird anschließend dargestellt (Abschnitte 10, 11). Wichtige technische Bedeutung hat das Farbsystem CIE 1931 erlangt. In einem Anhang (Abschnitt 12) wollen wir dieses System aus unserer psychophysischen Sicht betrachten.

Im folgenden nennen wir eine Auswahl neuerer Bücher, die für unser Thema von Interesse sind: Le Grand (1972), Judd and Wyszecki (1975), Richter (1976), Billmeyer and Wyszecki (1978), Lang (1978), Stiles (1978), Wasserman (1978), Boynton (1979), Agoston (1979), Pokorny et al. (1979), Grum and Bartleson (1980), Hurvich (1981), MacAdam (1981), Richter (1981), von Campenhausen (1981), Wyszecki and Stiles (1982), Mollon and Sharpe (1983), Zrenner (1983), Bartleson and Grum (1984).

Die folgenden Autoren geben teils Überblicke über das Farbensehen, teils vertiefte Darstellungen zu Teilproblemen: Crouzy (1975), Scheibner (1976c), Massof and Bird (1978), Bird and Massof (1978), Zanen (1978), Estevez (1979), Gerdes (1979), Stöcker (1980), Walraven (1981), Gouras and Zrenner (1981), Thoma (1982), Wienrich (1982), Schultz (1982), Mollon (1982a), Miescher et al. (1982), Holla (1982), Stone and Dreher (1982), Land (1983), Grüsser (1983), van Essen und Maunsell (1983), Buchsbaum and Gottschalk (1983), Scheibner (1983), Klauder (1983/84), Scheufens (1983/84), Daw (1984), Lennie (1984), de Monasterio (1984), Stieve (1984), Börsken (1984), Tomita (1984), Wright (1984), Elzinga (1985).

2. Das lineare trichromatische Schema

Farbtüchtige Menschen besitzen ein drei-dimensionales Farbensehen. Man nennt sie deswegen "Trichromaten". Bild 1 zeigt das lineare trichromatische Schema, das unseren Ausführungen zugrunde liegt. Wir unterscheiden vier Bereiche: a) die Menge Σ aller sichtbaren Strahlungsreize, kurz "Farbreize" genannt, b) einen instrumentellen Farbenraum $^3V_{Inst}$, c) einen Grundfarbenraum $^3V_{Fund}$ und d) einen Gegenfarbenraum $^3V_{Opp}$. Der Buchstabe V bedeutet hierbei immer Vektorraum, gleichbedeutend mit mit linearem Raum. Die hochgestellte Ziffer 3 bedeutet die Dimension dieser Räume.

Alle diese drei vektoriellen Farbenräume sind durch einsinnige Pfeile mit der Menge Σ verknüpft. Diese Pfeile bedeuten Zuordnungen oder A b b i l d u n g e n von der Menge der sichtbaren Strahlungsreize auf die drei Vektorräume, Abbildungen, die nicht umkehrbar sind. Dagegen sind die drei vektoriellen Farbenräume unter sich mit Doppelpfeilen verknüpft. Diese Doppelpfeile bedeuten umkehrbare lineare Abbildungen.

Die Operationen der additiven Farbmischung sind im instrumentellen Farbenraum $^3V_{Inst}$ unmittelbar repräsentiert. Die Beziehungen, die dadurch zwischen den einzelnen Farben geschaffen werden, lassen aber dort eine einfache unmittelbare physiologische Deutung n i c h t zu. Diese Beziehungen können indessen mit Hilfe der umkehrbaren Abbildungen sowohl in den Grundfarbenraum $^3V_{Fund}$ als auch in den Gegenfarbenraum $^3V_{Opp}$ (vorwärts und rückwärts) übertragen werden. In den beiden Räumen $^3V_{Fund}$ und $^3V_{Opp}$ werden die Beziehungen zwischen den Farben einer physiologischen Interpretation zugänglich, und zwar in jedem der Räume auf eigene Weise: Im Raum $^3V_{Fund}$ auf dem Niveau der retinalen Seh-Rezeptoren, im Raum $^3V_{Opp}$ auf einem Niveau, das anatomisch bisher lediglich in den weiten Grenzen zwischen Netzhautausgang und Sehrinde des Gehirns abgesteckt ist. Die physiologische Interpretierbarkeit in den beiden Räumen $^3V_{Fund}$, $^3V_{Opp}$ wird durch einen Nachteil erkauft: Die ursprüngliche meßtechnische Operation des Farbenmischens ist in den beiden Räumen nicht mehr unmittelbar repräsentiert.

Auf Bild 1 sind die Abbildung von Σ auf $^3V_{Fund}$ und die von $^3V_{Fund}$ auf $^3V_{Opp}$ jeweils durch einen dicken Pfeil hervorgehoben. Diese beiden Abbildungen können als lineare Beschreibung einer Kaskade physiologischer Erregungsübertragung gedeutet werden. Diese beiden durch dicke Pfeile gekennzeichneten Abbildungen erscheinen in Abschnitt 9 als Gln. (8a, b, c) und Gln. (9).

Lineare Theorie des Farbensehens

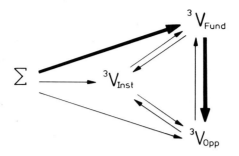

$\sum$ = Menge aller sichtbaren Strahlungsreize

$^3V_{Inst}$ = Instrumenteller Farbenraum

$^3V_{Fund}$ = Grund-(oder Fundamental-) farbenraum

$^3V_{Opp}$ = Gegen-(oder Opponenz-) farbenraum

Bild 1: Lineares Schema des Farbensehens. Es bedeutet V Vektorraum; eine hochgestellte Zahl bedeutet die Dimension des Vektorraumes. Die einsinnigen Pfeile bedeuten nichtumkehrbare Abbildungen, die Doppelpfeile umkehrbare Abbildungen. Die zwei dicken Pfeile stehen für eine physiologisch interpretierbare Übertragung in zwei Schritten.

Der lineare Charakter dieser hier vorgestellten Farbentheorie hat seine Wurzeln sowohl in der linearen Natur der verwendeten Farbenräume als auch in der linearen Natur der auftretenden Abbildungen. Natürlich ist das visuelle System des Menschen w e d e r global n o c h in seinen neuronalen Bauelementen ein lineares Übertragungssystem. Aber eine lineare Theorie liefert zunächst immer eine e i n f a c h e Beschreibung der Übertragung, eine Beschreibung, die unmittelbar im verwendeten technischen (linearen!) Maßsystem - hier über $\sum$ und/oder $^3V_{Inst}$ - verankert werden kann und die auch ein Bezugssystem darstellt, gegen das etwaige Nichtlinearitäten definiert, gemessen und möglicherweise auch berücksichtigt werden können.

Wir möchten betonen, daß unsere nachfolgenden psychophysischen Überlegungen streng nur für freie, unbezogene Farben gelten.

3. Farbreize, instrumenteller Farbenraum $^3V_{Inst}$

Die Verknüpfung zwischen der Menge aller sichtbaren Strahlungsreize Σ und dem instrumentellen Farbenraum $^3V_{Inst}$ (Bild 1) ergibt sich im wesentlichen aus dem der Graßmannschen Gesetze (Graßmann, 1853; Frieser, 1953), das von den sogenannten metameren Farbreizen (Ostwald, 1923) handelt. Darunter versteht man Strahlungsreize, die zwar von verschiedener physikalischer (d.h. spektraler) Beschaffenheit sind, die aber dennoch gleich aussehen, also zu derselben Farbempfindung führen. Das erwähnte Gesetz sagt aus: Bei der additiven Farbmischung kommt es lediglich auf das Aussehen der Farbreize an. Klassen solcher gleichaussehender Farbreize, im deutschen Normenwerk (DIN 5033, 1979) "Farbvalenzen" genannt, sind somit die Gegenstände der additiven Farbmischung und daher die Elemente des betreffenden instrumentellen Farbenraumes (Scheibner, 1966).

Ein instrumenteller Farbenraum, hier mit $^3V_{Inst}$ bezeichnet, ergibt sich aus der Methodik des Farbabgleichs und aus den Gesetzen der additiven Farbmischung.

Auf Bild 2 ist das Meßprinzip am Beispiel eines Spektralreizes skizziert:
Auf der einen Seite eines dargebotenen Gesichtsfeldes ist ein Farbreiz vorgegeben. Dieser Farbreiz soll mit Hilfe dreier geeigneter Bezugsreize (der "instrumentellen Primärvalenzen") durch deren additiven Überlagerung nachgemischt werden. In der Repräsentation durch einen Vektorraum entsprechen die Bezugsreize den Basisvektoren, auf Bild 2 mit $\vec{B}, \vec{G}, \vec{R}$ bezeichnet; diese Basis- oder Einheitsvektoren spannen den (abstrakten) instrumentellen Farbenraum $^3V_{Inst} = {}^3V_{BGR}$ auf. Die Wahl der Bezugsreize ist in physikalischer Hinsicht in weiten Grenzen beliebig; auf Bild 2 ist ein häufig benutztes Tripel gezeigt, das von Wright (1928/29) eingeführte.

Eine räumliche Vorstellung eines solchen instrumentellen Farbenraumes soll durch Bild 3 vermittelt werden. Es ist dort beispielhaft gezeigt, wie sich die Addition von zwei Farben, $\vec{C}_1$ und $\vec{C}_2$, nach den Regeln der Vektoraddition abspielt. Zusätzlich ist in Bild 3 eine Ebene durch die Endpunkte der Basisvektoren $\vec{B}, \vec{G}, \vec{R}$ gelegt. Sie kann als sogenannte Farbtafel (DIN 5033 (1979)) dienen. Die hier gewählte spezielle Lage der Ebene ist nicht zwingend; sie erbringt aber numerische Vorteile im Zusammenhang zwischen den Komponenten eines Farbvektors, den sogenannten "Farbwerten", und den Dreieckskoordinaten der Farbtafel, den sogenannten "Farbwertanteilen" (baryzentrische Koordinaten, Cigler, 1976).

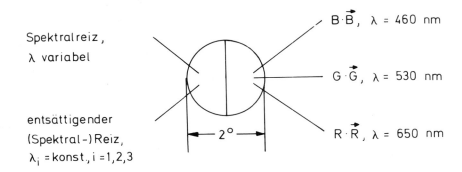

Bild 2: Prinzip des Farbabgleichs. Statt des vorgegebenen Spektralreizes (links oben) kann auch ein Farbreiz beliebiger spektraler Verteilung vorgegeben sein. Der entsättigende Reiz muß nicht notwendigerweise monochromatisch sein.

Der mathematische und terminologische Apparat des Farbenraumes und der Farbtafel ist auf Bild 4 zusammengefaßt. Für Einzelheiten sei auf die Lehrbücher, z.B. Richter (1976) oder Wyszecki und Stiles (1982) verwiesen. Von besonderer physiologischer Bedeutung sind die Spektralwerte $\overline{b}(\lambda)$, $\overline{g}(\lambda)$, $\overline{r}(\lambda)$. Diese sind jeweils definiert als Farbwert eines monochromatischen Strahlungsreizes der Wellenlänge λ dividiert durch den dazugehörigen radiometrischen Wert dieses Strahlungsreizes. Wenn man den Farbwert (im Zähler des Bruches) als ein Maß für die Farbempfindung auffaßt, entspricht diese Quotientenbildung der üblichen Definition der Empfindlichkeit.

Mischt man nun konkret die Spektralfarben mit drei monochromatischen Strahlungen der Wellenlängen 460 nm, 530 nm und 650 nm nach und bestimmt daraus die Spektralwerte sowie die Spektralwertanteile, so ergeben sich, wie auf Bild 5 gezeigt, die drei Kurven $\overline{b}(\lambda)$, $\overline{g}(\lambda)$, $\overline{r}(\lambda)$ und der Spektralfarbenzug in der (g,r)-Farbtafel als graphische Darstellung der spektralen Farbwertanteile b(λ), g(λ), r(λ).

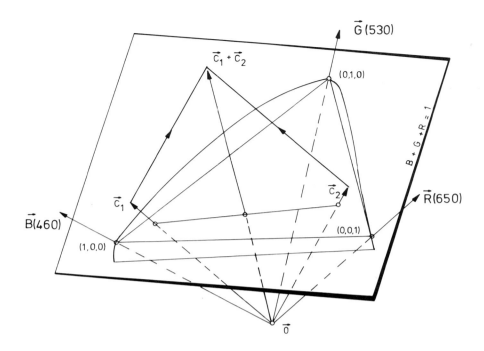

Bild 3: Räumliche Darstellung des instrumentellen Farbenraumes $^3V_{Inst}$ und seiner Farbtafel. Letztere kann als eine projektive Ebene aufgefaßt werden; ein eindimensionaler Teilraum entspricht in ihr einem (Durchstoß-) Punkt; ein zweidimensionaler Teilraum (z.B. der von $\vec{C}_1$ und $\vec{C}_2$ aufgespannte) entspricht in ihr einer (Schnitt-) Geraden.

Die drei Spektralwertfunktionen $\vec{b}(\lambda)$, $\vec{g}(\lambda)$, $\vec{r}(\lambda)$ lassen sich hier n i c h t als spektrale Empfindlichkeit von drei retinalen Sehzapfentypen deuten, weil sie, wie Bild 5 zeigt, Kurvenäste mit negativen Ordinatenwerten aufweisen. Die Rezeptorempfindlichkeit muß aber letztlich als Absorption deutbar sein (Dartnall, 1953; Scheibner und Schmidt, 1969); daher dürfen teilweise negative Ordinatenwerte nicht auftreten.

Die negativen Kurvenäste der Spektralwertfunktionen (rechte Seite von Bild 5) resultieren aus der Konvexität des Spektralfarbenzuges (linke Seite von Bild 5). Mit anderen Worten, Spektralfarben können im allgemeinen durch einfache Addition von drei instrumentellen Primärvalenzen n i c h t vollständig nachgemischt werden, vielmehr muß die vorgegebene Spektralfarbe mit Hilfe einer der Primärvalenzen zuerst e n t sättigt (verweißlicht) und dann durch die beiden übrigen nachge-

Farbwerte B,G,R; Primärvalenzen $\vec{B}(460), \vec{G}(530), \vec{R}(650)$
$\vec{C}_1 + \vec{C}_2 = (B_1 + B_2) \cdot \vec{B}(460) + (G_1 + G_2) \cdot \vec{G}(530) + (R_1 + R_2) \cdot \vec{R}(650)$
Farbwertanteile b,g,r; Farbart, Farbtafel
$b = \dfrac{B}{B+G+R}$; $g = \dfrac{G}{B+G+R}$; $r = \dfrac{R}{B+G+R}$; $b+g+r = 1$
Spektralwerte $\bar{b}(\lambda), \bar{g}(\lambda), \bar{r}(\lambda)$; Farbtüte
$\vec{c}(\lambda) = \bar{b}(\lambda) \cdot \vec{B}(460) + \bar{g}(\lambda) \cdot \vec{G}(530) + \bar{r}(\lambda) \cdot \vec{R}(650)$
Spektrale Farbwertanteile $b(\lambda), g(\lambda), r(\lambda)$; Spektralfarbenzug
$b(\lambda) = \dfrac{\bar{b}(\lambda)}{\bar{b}(\lambda) + \bar{g}(\lambda) + \bar{r}(\lambda)}$; $g(\lambda) = \dfrac{\bar{g}(\lambda)}{\bar{b}(\lambda) + \bar{g}(\lambda) + \bar{r}(\lambda)}$; $r(\lambda) = \dfrac{\bar{r}(\lambda)}{\bar{b}(\lambda) + \bar{g}(\lambda) + \bar{r}(\lambda)}$
$b(\lambda) + g(\lambda) + r(\lambda) = 1$

Bild 4: Begriffe und Bezeichnungen im instrumentellen Farbenraum, nach DIN 5033. In den Farbräumen $^3V_{Fund}$ und $^3V_{Opp}$ gelten analoge Begriffe und Bezeichnungen.

mischt werden. In der Farbtafel bedeutet das: Die Farbörter der drei instrumentellen Primärvalenzen bilden ein Farbdreieck, innerhalb dessen **n i c h t** alle reellen Farbarten (Definition auf Bild 4) liegen.

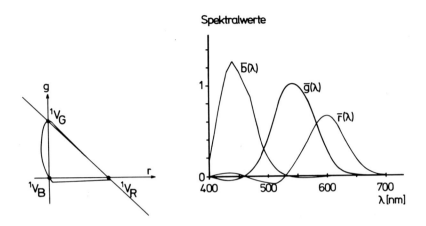

Bild 5: Links: Farbtafel des instrumentellen Farbenraumes $^3V_{Inst}$ mit rechtwinkligem Farbdreieck. Der spektrale Farbwertanteil $g(\lambda)$ in Abhängigkeit vom spektralen Farbwertanteil $r(\lambda)$ ergibt den Spektralfarbenzug, der hier um die Purpurgerade zwischen dem kurzwelligen und dem langwelligen Spektrumsende ergänzt ist.

Rechts: Spektralwerte in Abhängigkeit von der Lichtwellenlänge λ. Man kann sie auch als spektrale **F a r b**werte eines isoenergetischen Spektrums auffassen. (Nach Scheibner und Wolf, 1981).

4. Exkurs über lineare Abbildungen

Der vorliegende Abschnitt soll das Verständnis der folgenden Abschnitte zwar erleichtern, ist aber nicht unbedingt für sie erforderlich. Für ein tiefergehendes Studium gibt es eine umfangreiche mathematische Literatur. Brauchbar für unsere Zwecke sind z.B. Tietz (1973), Brisley (1977) oder Cigler (1976/1977).

Auf Bild 1 haben wir n i c h t - u m k e h r b a r e Abbildungen, und zwar zwischen einer Farbreizmenge und dreidimensionalen Farbenräumen, und u m k e h r b a r e Abbildungen, hier jeweils zwischen zwei vektoriellen Farbenräumen derselben Dimension, unterschieden. Als l i n e a r e Abbildungen im engeren Sinne wollen wir lineare Abbildungen zwischen Vektorräumen ansehen. Für die Umkehrbarkeit solcher Abbildungen ist offenbar die Erhaltung der Raumdimension kennzeichnend.

Wenn der Farbenraum eines Menschen dreidimensional ist, spricht man von Trichromasie; wenn er zweidimensional ist, von Dichromasie. Der Zusammenhang zwischen Trichromasie und Dichromasie läßt sich durch eine lineare Abbildung beschreiben (Scheibner, 1968), bei der sich jedoch die Dimension von 3 auf 2 vermindert. Eine solche Abbildung ist daher nicht umkehrbar. Die Verminderung der Dimension beim Dichromaten beruht darauf, daß in seinem Farbenraum ein e i n dimensionaler Teilraum weggefallen ist oder "fehlt". Dieser Teilraum, "Kern" oder "Nullraum" genannt, kann experimentell bestimmt werden, wie wir im nächsten Abschnitt ausführen. Wichtig ist: Dieser eindimensionale Nullraum, traditionell "Fehlfarbe" genannt, liegt eindeutig fest; er stellt in der Farbtafel einen Punkt dar (z.B. den Punkt F auf Bild 7). Dagegen ist der dem Dichromaten verbleibende zweidimensionale Raum, mathematisch ein Komplementärraum zum Nullraum, durch die Abbildung n i c h t eindeutig festgelegt. Als zweidimensionaler Teilraum stellt er in der Farbtafel - man vergleiche Bild 3 - eine Gerade dar. Diese kann beliebig in der Farbtafel liegen mit einer Ausnahme: Der Punkt (Farbort) des Nullraumes darf n i c h t auf ihr liegen. Auf Bild 10 sind z.B. $^2V_{KV}$, $^2V_{KW}$, $^2V_{VW}$ solche nicht eindeutig bestimmte zweidimensionale Komplementärräume.

Analog verhält es sich, wenn mit Hilfe einer linearen Abbildung die Dimension des trichromatischen Farbenraumes um 2 auf die Dimension 1 vermindert wird. Auf diese Weise kann man beispielsweise das Helligkeitssehen beschreiben (Scheibner, 1969a). Hier ist der Kern zweidimensional, in der Farbtafel somit eine Gerade (z.B. auf Bild 8 diejenige Gerade, die als "Spur der Alychne" gekennzeichnet ist). Sie liegt wieder eindeutig fest. Der für das Helligkeitssehen verbleibende eindimensionale Teilraum, in der Farbtafel also ein Punkt, darf im Rahmen der Abbildung überall liegen mit einer Ausnahme: N i c h t auf dem Ort des Kerns selber. Auf Bild 10 beispielsweise sind derartige nicht-eindeutige eindimensionale Teilräume mit $^1v_{\widetilde{P}}$, $^1v_{\widetilde{D}}$, $^1v_{\widetilde{T}}$, auf Bild 15 mit $^1v_{\widetilde{M}}$, $^1v_{\widetilde{S}}$, $^1v_{\widetilde{L}}$ bezeichnet.

Ein ähnlicher Fall eines zweidimensionalen Kerns liegt vor, wenn in der Farbtafel eine Gerade zu einer Dreieckseite gemacht werden soll. Die Größe, die ihren Ort im Eckpunkt gegenüber dieser Dreieckseite bekommen soll, verschwindet nämlich auf dieser Dreieckseite. Diese Dreieckseite, diese Gerade, ist also die Spur eines zweidimensionalen Kerns. Ein solches Vorgehen wird uns sowohl auf die Grundspektralwertkurven (Bild 10) als auch auf den Gegenfarbenraum (Bild 12) und die Gegenspektralwertkurven (Bild 15) führen.

5. Der Grundfarbenraum $^3V_{Fund}$

Eine n o t w e n d i g e Forderung an einen Grundfarbenraum ist die folgende: Die Grundspektralwertkurven dürfen keine negativen Kurvenäste aufweisen. In der Farbtafel bedeutet das, die Farbörter der Bezugsfarben müssen ein Dreieck bilden, innerhalb dessen a l l e Farbarten liegen. Das ist, wie ein Blick auf Bild 5 zeigt, nur mit virtuellen (nicht reellen) Bezugsfarben möglich. Ihre Auswahl ist aber auf unendlichfache Weise möglich. Die Lösung in Form einer h i n r e i c h e n d e n Bedingung kommt hier nicht aus der Physik, sondern aus der Physiologie, nämlich von den Befunden der dichromatischen Farbfehlsichtigkeit. Die Dichromaten besitzen ein zweidimensionales Farbensehen. Eine sehr einfache physiologische Erklärung besagt, einem Dichromaten fehle e i n Photopigment und damit e i n Sehrezeptortyp. Da die Trichromasie erwiesenermaßen auf drei verschiedenen Photopigmenten beruht (Marks et al., 1964) muß es drei Typen von Dichromasien geben. Diese sind auch bekannt und wurden schon von v. Kries (1897) mit den Bezeichnungen "Protanopie", "Deuteranopie" und "Tritanopie" belegt. Wie im vorausgehenden Abschnitt ausgeführt ist, läßt sich zwischen einem trichromatischen und einem dichromatischen Vektorraum eine lineare, nicht umkehrbare Abbildung herstellen (Scheibner, 1968). Wenn man von einem trichromatischen Raum ausgeht, legt eine solche Abbildung nicht den dem Dichromaten verbleibenden zweidimensionalen Raum eindeutig fest, sondern den dem Dichromaten wegfallenden oder fehlenden e i n d i m e n s i o n a l e n Teilraum. Ganz im Einklang mit diesem mathematischen Postulat läßt sich bei Protanopen, Deuteranopen und Tritanopen je e i n Richtungsvektor fehlender Farbunterscheidung bestimmen, die Fehlfarbe, die sich geradezu zur Kennzeichnung des jeweiligen Dichromatentyps anbietet (Scheibner, 1976a). Auf Bild 6 sind die Farbörter dieser drei Fehlfarben, die sogenannten Fehlpunkte, mit den Bezeichnungen ^1V_P, ^1V_D, ^1V_T in einer speziell normierten Farbtafel eingetragen. Die Bezeichnungsweise soll deutlich machen, daß es sich hier um eindimensionale Teilräume handelt. Die Fehlpunkte bilden nun ein Dreieck, das den gesamten Bereich der reellen Farbarten einschließt. Daher bekommen alle Spektralreize positive Farbwerte, und die Grundspektralwerte $\overline{p}(\lambda)$, $\overline{d}(\lambda)$, $\overline{t}(\lambda)$ (Bild 6, rechts) haben somit keine negativen Kurvenäste mehr. Solche Spektralkurven erfüllen die Forderung, als Rezeptorempfindlichkeitskurven deutbar zu sein (Paulus und Scheibner, 1978).

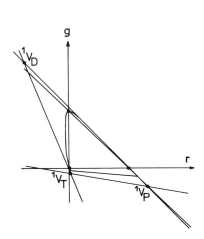
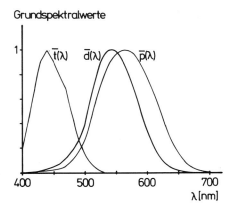

Bild 6: Links: Zusätzlich zum Farbdreieck des Bildes 5 ist ein schiefwinkliges Dreieck eingezeichnet, dessen Eckpunkte mit ^1V_P, ^1V_D, ^1V_T bezeichnet sind. Dieses Dreieck schließt den ganzen Bereich der reellen Farbarten ein. Rechts: Auf die Dreieckspunkte ^1V_P, ^1V_D, ^1V_T umgerechnete Spektralwerte. (Nach Scheibner und Wolf, 1981).

Wir tragen am Beispiel der Protanopie nach, wie man solche Fehlfarben experimentell bestimmen kann (Paulus, 1978/79, Klauder, 1983/84). Für die Deuteranopie und Tritanopie gilt grundsätzlich Analoges.

Auf Bild 7 ist der instrumentelle Farbenraum $^3V_{Inst} = {^3V_{BGR}}$ mit der dazugehörigen Farbtafel gezeigt. Der Protanop habe eine vorgegebene Farbe als $\mathcal{L}_1 = \vec{C}_1$ akzeptabel auch für einen Trichromaten ununterscheidbar nachgemischt. Zerstört man nun seinen Farbabgleich z.B. durch Vergrößern des "roten" Beitrages R in der Nachmischung (Bild 2), so kann der Protanop allein durch Variieren des "grünen" Farbwertes G und des "blauen" Farbwertes B wieder einen Abgleich erzielen, eine Fähigkeit, der ein naiver Trichromat fassungslos gegenüber steht. Im Beispiel des Bildes 7 sei $\mathcal{L}_2 = \vec{C}_2$ die erneute protanopische (für einen Trichromaten nicht akzeptable) Nachmischung der vorgegebenen Farbe. Daraus folgt, der Differenzvektor $\vec{C}_2 - \vec{C}_1$ ist für den Protanopen ein Nullvektor, d.h. ein Richtungsvektor fehlender Farbunterscheidung. Diese Operation läßt sich überall im Farbenraum wiederholen und führt immer auf den gleichen Richtungsvektor fehlender Farbunterscheidung, z.B. $\mathcal{L}_4 - \mathcal{L}_3$. Als gene-

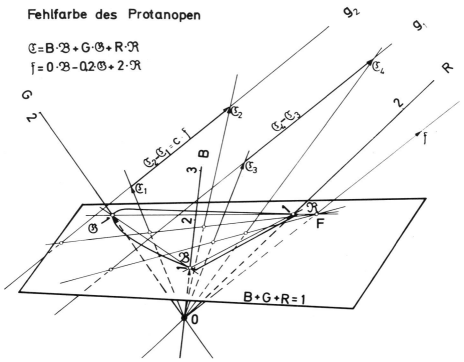

Bild 7: Räumliche Darstellung des instrumentellen Farbenraumes $^3V_{Inst}$ mit der zugehörigen Farbtafel. Alle Richtungen f e h l e n d e r protanopischer Farbunterscheidung werden durch den Ortsvektor $\vec{f} = \vec{f}$ beschrieben, die protanopische Fehlfarbe (aus Paulus, 1978/79).

reller Richtungsvektor vom N u l l p u n k t aufgetragen, bestimmt sein Durchstoßpunkt durch die Farbtafel den Fehlpunkt, in Bild 7 mit F, in Bild 6 mit ^1V_p bezeichnet. Werden die unter sich parallelen Richtungen fehlender Farbunterscheidung vom Nullpunkt aus in die Farbtafel projiziert, so ergeben sich die sogenannten Verwechslungsgeraden, die alle im Fehlpunkt, dem Farbort der Fehlfarbe, zusammenlaufen. Bild 8 zeigt für eine protanopische Versuchsperson solche Verwechslungsgeraden und die zugehörigen Fehlpunkte (Paulus, 1978/79). - Soweit Einzelheiten einer Fehlfarbenbestimmung. Bild 9 zeigt schließlich räumlich den Grundfarbenraum $^3V_{Fund} = \, ^3V_{PDT}$. Seine Charakteristika sind: a) Der Basisvektor $\vec{P}$ stellt die protanopische, der Basisvektor $\vec{D}$ die deuteranopische und der Basisvektor $\vec{T}$ die tritanopische Fehlfarbe dar; b) diese drei Basisvektoren oder Grundbezugsfarben sind virtuell: c) alle reellen Farben einschließlich Spektralfarben erhalten ausschließlich positive Farbwerte; d) die Grundspektralwertkurven $\vec{t}(\lambda)$, $\vec{d}(\lambda)$,

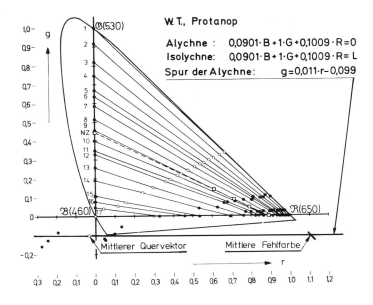

Bild 8: Rechtwinkliges Farbdreieck zum instrumentellen Farbenraum $^3V_{Inst}$. Siebzehn protanopische Verwechslungsgeraden und die durch die neutrale Zone bestimmte Verwechslungsgerade NZ sind gezeigt. Zu jeder Verwechslungsgeraden ist der aus derselben ermittelte Fehlpunkt (= Farbort der Fehlfarbe) angegeben. Der mittlere Fehlpunkt ist das Mittel aus diesen 18 Fehlpunkten. Der mittlere Quervektor ist gemittelt aus 7 helligkeitsfreien Differenzvektoren (vgl. Bild 13). Mittlerer Quervektor und mittlere Fehlfarbe spannen die Alychnenebene auf (aus Paulus, 1978/79).

$\overline{p}(\lambda)$ - Bild 6, rechts - haben keine negativen Kurvenäste; sie können prinzipiell als spektrale Rezeptorempfindlichkeitskurven gedeutet werden.

Bild 10 faßt die Bestimmung des Grundfarbenraumes und der Grundspektralwertfunktionen nochmals zusammen. Der obere Teil zeigt: Nach den Kriterien "protanopisch ununterscheidbar gleich", "deuteranopisch ununterscheidbar gleich" und "tritanopisch ununterscheidbar gleich" werden drei eindimensionale Teilräume ^1V_P, ^1V_D und ^1V_T als Fehlfarben (Nullräume) ausgesondert. Sie bilden unmittelbar als direkte Summe (Symbol ⊕) den Grundfarbenraum $^3V_{Fund} = {}^3V_{PDT}$. (Eine genaue Definition einer direkten Summe von Teilräumen, gleichbedeutend mit einer direkten Zerlegung in Teilräume, wird in Abschnitt 8 an Hand der Gleichungen (7a) und (7b) und in Abschnitt 9 an Hand der Gleichungen (10) und (11) gegeben).

Der untere Teil des Bildes 10 zeigt zwei gleichwertige Wege, die Grundspektralwertfunktionen zu bestimmen. Links sind, wie auf Bild 9 gezeigt, mit den Teilräumen ^1V_P, ^1V_D und ^1V_T, natürlich auch die Basisvektoren $\vec{P}$, $\vec{D}$, $\vec{T}$ gegeben, zumindest der Farbart nach. Damit kann man eine lineare Abbildung zwischen dem instrumentellen Farbenraum und dem Grundfarbenraum herstellen und die Funktionen $\overline{p}(\lambda)$, $\overline{d}(\lambda)$, $\overline{t}(\lambda)$ aus den im instrumentellen Farbenraum gemessenen Funktionen $\overline{b}(\lambda)$, $\overline{g}(\lambda)$, $\overline{r}(\lambda)$ berechnen.

Rechts werden aus den Nullräumen ^1V_P, ^1V_D und ^1V_T drei zweidimensionale Verbindungsräume (Symbol ∨) gebildet. (Auf Bild 9 entsprechen diese Verbindungsräume den Dreiecksseiten). Diese Verbindungsräume werden wieder als Nullräume oder Kerne aufgefaßt. Wie im voraus-

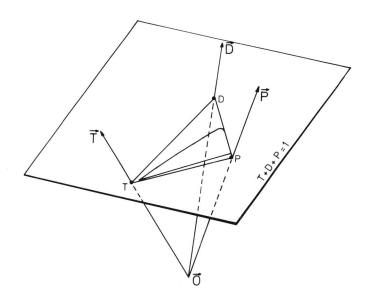

Bild 9: Räumliche Darstellung des Grundfarbenraumes $^3V_{Fund} = {}^3V_{PDT}$ mit der zugehörigen Farbtafel. Innerhalb des Farbdreiecks ist der Spektralfarbenzug, ergänzt um die Purpurgerade, angedeutet (aus Scheibner und Wolf, 1984).

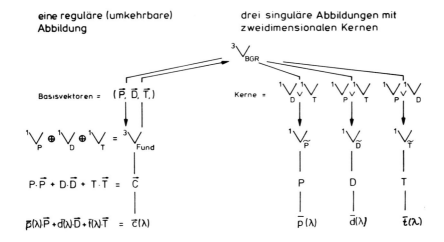

Bild 10: Das Diagramm im oberen Teil zeigt, wie der trichromatische Grundfarbenraum aus drei dichromatischen eindimensionalen Nullräumen zusammengesetzt werden kann. Das Symbol ⊕ bedeutet die Bildung einer direkten Summe aus Teilräumen. Das Schema im unteren Teil zeigt links die Herleitung der Grundspektralwertkurven über eine reguläre Abbildung, rechts über drei singuläre Abbildungen. Das Symbol ∨ bedeutet die Bildung eines Verbindungsraumes aus Teilräumen. Statt von Verbindungsraum spricht man auch von linearer Hülle oder von Erzeugendensystem (Tietz, 1973) oder von Summe von Teilräumen (Cigler, 1977), nicht zu verwechseln mit der mengentheoretischen Vereinigung (Symbol ∪) von Teilräumen.

gegangenen Abschnitt ausgeführt, sind die verbleibenden eindimensionalen Teilräume $^1V_{\bar{P}}$, $^1V_{\bar{D}}$ und $^1V_{\bar{T}}$ nicht eindeutig bestimmbar. Aus den drei Abbildungsgleichungen folgen daher Grundfarbwerte P, D, T, die nur bis auf einen wellenlängen-unabhängigen Skalierungsfaktor festgelegt sind. Das gleiche gilt auch für die Grundspektralwertfunktionen $\bar{p}(\lambda)$, $\bar{d}(\lambda)$, $\bar{t}(\lambda)$.

6. Psychometrischer Exkurs über Wahrnehmungskriterien

Die maßgebende meßtechnische Operation ist - und damit sind wir zunächst wieder im instrumentellen Farbenraum $^3V_{Inst} = {^3V_{BGR}}$ - der Farbabgleich nach dem Kriterium "ununterscheidbar gleich" (Bild 2). Auch zur Aussonderung der eindimensionalen Teilräume ^1V_P, ^1V_D, ^1V_T — traditionell protanopische, deuteranopische, tritanopische Fehlfarbe genannt - bedienen sich die betreffenden dichromatischen Versuchspersonen desselben Kriteriums "ununterscheidbar gleich". Wie vor allem E. Schrödinger (1920) gezeigt hat, prägt dieses Kriterium dem vektoriellen Farbenraum eine lediglich affine, keine metrische geometrische Struktur auf. Durch eine allgemeine lineare Abbildung (Bild 1) wird diese Struktur auch in den Grundfarbenraum $^3V_{Fund}$ übertragen. Sowohl für den instrumentellen Farbenraum als auch für den Grundfarbenraum ist also dieses verhältnismäßig wenig aussagende Kriterium prägend. Durch seinen inhaltsarmen Charakter bewirkt es eine gute Befolgung der Linearität. Es v e r h ü l l t sozusagen die dem Farbensehen innewohnenden Nichtlinearitäten. Es bewirkt in weiten Grenzen eine Unabhängigkeit der linearen Farbmischungsbeziehungen von den Beobachtungsbedingungen, solange diese auf foveales Tagessehen beschränkt sind. Insbesondere behauptet der sogenannte Persistenzsatz von v. Kries (1878), daß ein eingestellter Farbabgleich auch unter dem Einfluß einer chromatischen Adaptation, einer sogenannten Farbumstimmung, erhalten bleibt (Scheibner, 1963, 1966; Terstiege, 1967).

Auf Bild 11 ist eine grobe Zweiteilung einer Farbempfindungsanalyse skizziert, links nach dem Kriterium "ununterscheidbar gleich", rechts nach anderen Kriterien. Die Abzweigung nach links führt auf die sogenannte Dreikomponententheorie. Diese ist somit entscheidend durch das Kriterium "ununterscheidbar gleich" geprägt.

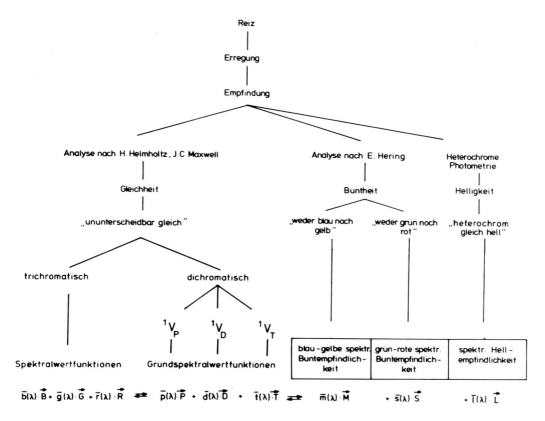

Bild 11: Ein mögliches Einteilungsschema einer Farbempfindungsanalyse. Die Abzweigung nach links führt auf die sog. Dreikomponenten-Theorie, die Abzweigung nach rechts auf die sog. Gegenfarbentheorie. Die Wahrnehmungskriterien sind zwischen Anführungszeichen angegeben. Die unterste Zeile benennt die unseren drei Farbenräumen zugeordneten Spektralwertfunktionen.

Nun lag es schon den alten Sinnesphysiologen am Herzen, mit Wahrnehmungskriterien zu operieren, die mehr aussagen als gerade nur die Gleichheit von Empfindungen oder Wahrnehmungen. Es war vor allem Ewald Hering (1874), der die beiden Kriterien "weder blau noch gelb" und "weder grün noch rot" zur Farbempfindungsanalyse vorschlug. Um zu einer vollständigen trichromatischen Theorie zu gelangen, muß man noch das Kriterium "heterochrom gleich hell" dazunehmen. Auf Bild 11 sind diese drei Kriterien auf der rechten Seite zusammengefaßt; sie führen auf die sogenannte Gegenfarbentheorie. Wie wir im nächsten Abschnitt zeigen, werden durch diese Kriterien zweidimensionale Teilräume des Farbenraumes ausgesondert. Im Gegensatz zum Kriterium "ununterscheidbar gleich" e n t h ü l l e n jedoch diese drei Kriterien die Nichtlinearitäten des Farbensehens, und die aus ihnen folgenden Ergebnisse hängen durchaus von den Beobachtungsbedingungen, besonders von der Farbstimmung, ab. Im übrigen nehmen wir an, daß durch das Aussondern von drei zweidimensionalen Teilräumen die affine Struktur nicht geändert wird, mit anderen Worten, daß der Gegenfarbenraum ebenfalls eine affine, keine metrische geometrische Struktur besitzt. Das ist im Einklang mit dem Abbildungsschema des Bildes 1.

In der visuellen Photometrie (Reeb, 1962; Kaiser, 1981) wird gezeigt, daß sich das Kriterium "heterochrom gleich hell" in Form von verschiedenen Subkriterien realisieren läßt. Eines dieser Subkriterien wird z.B. von der Flimmerphotometrie angewendet. Wir bevorzugten in letzter Zeit ein anderes Subkriterium, nämlich das der minimalen Trennliniendeutlichkeit (Boynton, 1978; Thoma und Scheibner, 1980; Thoma, 1982; Thoma und Scheibner, 1982).

7. Der Gegenfarbenraum $^3V_{Opp}$

Bestimmt man konkret die Farbörter (etwa durch geeignete binäre additive Farbmischungen), auf denen die Kriterien "weder blau noch gelb" und "weder grün noch rot" gelten (Abschnitt 6.), so erhält man für jedes Kriterium eine Linie, die sich quer über den ganzen Bereich der reellen Farben in der Farbtafel zieht. Für das Kriterium "weder blau noch gelb" endet die Linie auf einer Seite bei gesättigtem "einfachen" Grün oder Urgrün, auf der anderen Seite bei gesättigtem "einfachen" Rot (=Purpurrot auf der Purpurgeraden in der Nähe des roten Spektrumendes) oder Urrot; diese Linie ist stark gekrümmt und ist nur in sehr grober Näherung als eine Gerade aufzufassen. Für das Kriterium "weder grün noch rot" endet die Linie auf der einen Seite bei gesättigtem "einfachen" Blau oder Urblau, auf der anderen Seite bei gesättigtem "einfachen" Gelb oder Urgelb; diese Linie ist in einiger Näherung eine Gerade. Die Abweichungen dieser beiden Linien von exakten Geraden sind Ausdruck des sogenannten Abney-Effekts (Abney, 1910, Burns et al., 1984).

Um zu einem l i n e a r e n Gegenfarbenraum zu gelangen, ersetzen wir die beiden gekrümmten Linien durch Geraden. Diese zwei Geraden in der Farbtafel entsprechen dann zwei zweidimensionalen Teilräumen im Vektorraum; man vergleiche dazu Bild 3.

Auf Bild 12 sind diese Ergebnisse schon in die Farbtafel des Grundfarbenraumes übertragen. Auf der Spur $M = 0$ gilt weder "blau noch gelb"; M spielt die Rolle des Farbwertes für eine polare Größe Blau-Gelb, die auf der Spur $M = 0$ das Vorzeichen wechselt. Auf der Spur $S = 0$ gilt "weder grün noch rot", S spielt die Rolle des Farbwertes für eine polare Größe Grün-Rot, die auf der Spur $S = 0$ das Vorzeichen wechselt.

Um zu einem vollständigen Farbendreieck und damit auch zu einem dreidimensionalen Gegenfarbenraum zu kommen, benötigen wir noch einen Farbort, auf dem eine dritte polare Größe Positivhell-Negativhell den Wert Null annimmt. Eine geniale Lösung dieses Problems, das sich ja offenbar für reelle Farben nicht lösen läßt, verdanken wir Erwin Schrödinger (1925). Auf Bild 13 ist diese Lösung auf der Farbtafel des instrumentellen Farbenraumes demonstriert (Thoma, 1982). Verschiedene Farben $\vec{C}_i$, $i = 1$ bis 6, werden heterochrom gleich hell wie eine Vergleichsfarbe $\vec{C}_0$ eingestellt und bestimmt. Dann werden die vektoriellen Differenzen $\vec{C}_i - \vec{C}_0$ berechnet. Die Farbörter dieser leuchtdichtefreien Differenzvektoren liegen recht gut längst einer geraden Linie im virtuellen Bereich der Farbtafel. Auf dieser Geraden gilt somit

L = O, wo L die L e u c h t d i c h t e (=Luminanz) ist. Die Gerade entspricht im Vektorraum einem zweidimensionalen Teilraum, den Schrödinger die "Alychne" (d.h. Lichtlose) genannt hat. Eine moderne Bezeichnung dafür ist "Chrominanzraum" (Scheibner, 1970, 1983).

Die Gerade L = O kann von dem instrumentellen Farbenraum in den Grundfarbenraum übertragen werden (Bild 12, Alychnenspur L = O). Damit haben wir dort ein vollständiges Dreieck. Die Dreieckspunkte machen wir zu neuen Bezugsfarben, den Gegenprimärvalenzen. Ihre Benennungen wählen wir so, wie es auf Bild 14 gezeigt ist. Dieses Bild zeigt zusammenfassend den Gegenfarbenraum $^3V_{Opp} = {}^3V_{MSL}$ mit seinem Farbdreieck. Charakteristisch liegt ein Teil der Farben innerhalb dieses Dreiecks, der andere Teil außerhalb. Es gibt also Farben mit nur positiven Farbwerten und solche mit teils negativen Farbwerten. Links von der Drei-

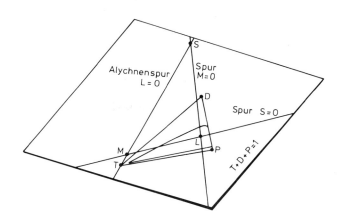

Bild 12: In die Farbtafel des Grundfarbenraumes $^3V_{Fund}$ übertragene linearisierte Farbörter, auf denen "weder blau noch gelb" (M=O), "weder grün noch rot" (S=O) und "ohne Helligkeit" (L=O) gilt (aus Scheibner und Wolf, 1984).

ecksseite M = O liegen die Blau enthaltenden Farben mit M > O, rechts die Gelb enthaltenden mit M < O. Oberhalb der Dreiecksseite S = O liegen die Grün enthaltenden Farben mit S > O, unterhalb die Rot enthaltenden mit S < O. Alle reellen Farben liegen rechts von der Dreiecksseite L = O mit L > O. Damit sind genau die Buntqualitäten zusammengefaßt, wie sie in ihrer Polarität von Hering (1874), und in etwas ungenauerer Art auch schon früher von Schopenhauer (1816), angegeben worden sind.

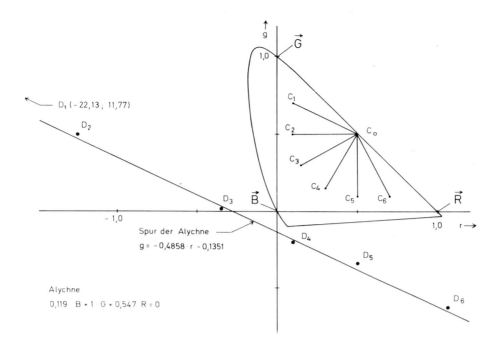

Bild 13: Farbtafel des instrumentellen Farbenraumes $^3V_{Inst} = {}^3V_{BGR}$; Bestimmung einer trichromatischen Alychne aus sechs helligkeitsfreien Differenzvektoren (aus Thoma, 1982).

Bild 15 faßt die Bestimmung des Gegenfarbenraumes und der Gegenspektralwertfunktionen nochmals zusammen. Der obere Teil zeigt: Nach den Kriterien "weder Blau noch Gelb", "weder Grün noch Rot" und "Heterochrom gleich Hell" werden von einem Trichromaten die zweidimensionalen Teilräume $^2V_{BY}$, $^2V_{GR}$ und $^2V_{HH}$ ausgesondert. Diese werden zum Schnitt (Symbol ∧) gebracht, was die eindimensionalen Teilräume ^1V_M, ^1V_S und ^1V_L festlegt. Diese bilden unmittelbar als direkte Summe (Symbol ⊕) den Gegenfarbenraum $^3V_{Opp} = {}^3V_{MSL}$.

Der untere Teil zeigt zwei gleichwertige Wege, die Gegenspektralwertfunktionen zu bestimmen. Links sind, wie auf Bild 14 gezeigt, mit den Teilräumen ^1V_M, ^1V_S und ^1V_L, natürlich auch die Basisvektoren $\vec{M}$, $\vec{S}$, $\vec{L}$ gegeben, zumindest der Farbart nach. Damit kann man eine lineare Abbildung zwischen dem instrumentellen Farbenraum und dem Gegenfarbenraum herstellen und die Funktionen $\overline{m}(\lambda)$, $\overline{s}(\lambda)$, $\overline{l}(\lambda)$, aus den im instrumentellen Farbenraum gemessenen Funktionen $\overline{b}(\lambda)$, $\overline{g}(\lambda)$, $\overline{r}(\lambda)$ berechnen.

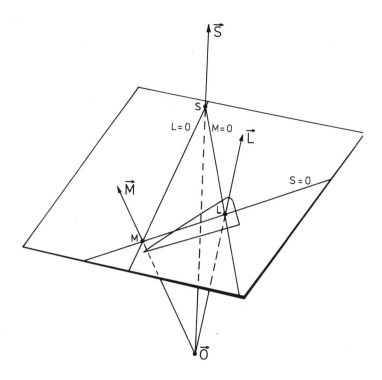

Bild 14: Räumliche Darstellung des Gegenfarbenraumes $^3V_{Opp} = {}^3V_{MSL}$. Nur ein Teil der reellen Farben liegt innerhalb des Dreiecks MSL (aus Scheibner und Wolf, 1984).

Rechts faßt man die experimentell ausgesonderten zweidimensionalen Teilräume $^2V_{BY}$, $^2V_{GR}$ und $^2V_{HH}$ unmittelbar als Nullräume oder Kerne auf. Die durch diese festgelegten linearen Abbildungen legen zwar die verbleibenden eindimensionalen Teilräume $^1V_{\tilde{M}}$, $^1V_{\tilde{S}}$ und $^1V_{\tilde{L}}$ n i c h t eindeutig fest; man kann daher aus den drei Abbildungsgleichungen die Gegenfarbwerte M, S, L und damit auch die Gegenspektralwertfunktionen $\overline{m}(\lambda)$, $\overline{s}(\lambda)$, und $\overline{l}(\lambda)$ nur bis auf einen wellenlängen- u n abhängigen Skalierungsfaktor berechnen. Die Gegenspektralwertfunktion $\overline{l}(\lambda)$ ist identisch mit der spektralen photopischen Hellempfindlichkeit, die in der Lichttechnik üblicherweise mit $V(\lambda)$ bezeichnet wird.

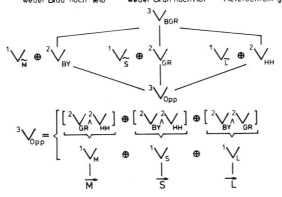

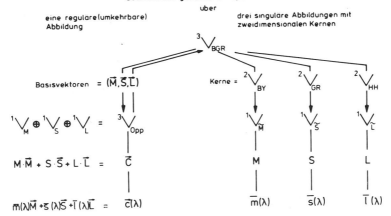

Bild 15: Das Diagramm im oberen Teil zeigt, wie der trichromatische Gegenfarbenraum mit Hilfe von drei trichromatischen zweidimensionalen Teilräumen zusammengesetzt werden kann. Das Symbol ∧ bedeutet die Bildung des Durchschnitts aus Teilräumen.

Das Schema im unteren Teil zeigt links die Herleitung der Gegenspektralwertkurven über eine reguläre Abbildung, rechts über drei singuläre Abbildungen.

8. Die "blaue" Grundvalenz $\vec{T}$ und das physiologische Grundfarbendreieck

Soweit haben wir die drei Typen der Dichromasie ohne Unterschied behandelt. Diese Gleichbehandlung ist z.B. auf den Bildern 9, 10, 11 ersichtlich. Es ist aber schon lange bekannt, daß sich der "blaue" Sehmechanismus in mancher Hinsicht von den beiden anderen unterscheidet (König, 1897), vor allem in der Genetik seines Defekts (Jaeger, 1972; Mollon, 1982b), in seinen erworbenen Defekten (Grützner, 1972; Marré, 1973) und in seinem Beitrag zum Helligkeitssehen (König, 1947). Der Beitrag des blauen Sehmechanismus zum Helligkeitssehen ist nämlich sehr gering, im Grenzfall sogar Null. Dieser Grenzfall ist z.B. auf Bild 12 angenommen, indem der Farbort der blauen Grundvalenz $\vec{T}$ (der Farbort ist auf Bild 12 ohne Überpfeilung bezeichnet) auf der trichromatischen Alychnenspur L = 0 liegt. Im allgemeinen besteht jedoch über diesen Farbort in der Literatur Unsicherheit und Uneinigkeit (Nyberg, 1949, Walraven, 1974), die ursächlich mit den Schwierigkeiten der Tritanopie (Mollon, 1982b, Alpern et al., 1983a) zusammenhängen.

Angesichts dieser Lage haben wir eine neue Bestimmung des eindimensionalen Teilraumes ^1V_T vorgeschlagen, die völlig unabhängig von der Tritanopie ist, dafür aber das Helligkeitssehen des Trichromaten, des Protanopen und des Deuteranopen ausnützt (Wolf und Scheibner, 1983) Für das foveale Tagessehen dieser drei Beobachtertypen nehmen wir gleichermaßen an, daß der Beitrag ihres Blaumechanismus zum Helligkeitssehen Null ist. Der Durchstoß von ^1V_T durch die Farbtafel müßte dann sowohl auf der trichromatischen als auch auf der protanopischen als auch auf der deuteranopischen Alychnenspur liegen. Bild 16 zeigt die Alychnenspur des trichromatischen farbmetrischen Normalbeobachters CIE 1931, eine über fünf Protanopen gemittelte protanopische Alychnenspur (Scheibner und Paulus, 1978; Paulus, 1978/79) sowie eine über fünf Deuteranopen gemittelte deuteranopische Alychnenspur nach Scheibner (1976b), Kröger und Scheibner (1977) und Kröger-Paulus (1980). Das überraschende Ergebnis: Alle drei Alychnenspuren schneiden sich praktisch in einem Punkt. Wir nennen ihn T. Dieses Ergebnis bestätigt natürlich unsere Annahme. Die Normfarbwertanteile (DIN 5033) für T lauten: x = 0,1506; y = 0; z = 0,8494.

Die Fehlfarbe eines Dichromaten liegt definitionsgemäß in (d.h.koplanar zu) seiner Alychnenebene, denn es bedeuten z.B. die beiden Kriterien "protanopisch ununterscheidbar gleich" und "protanopisch heterochrom gleich hell" relational $^1V_P \subset {}^2V_{HH,P}$.

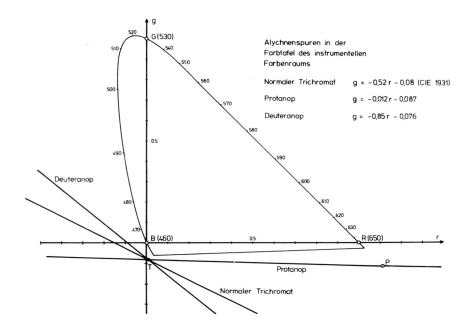

Bild 16: Protanopische, deuteranopische und trichromatische Alychnenspur in der Farbtafel des instrumentellen Farbenraumes $^3V_{Inst} = {}^3V_{BGR}$

Auf Bild 8 kann man dies z.B. für einen Protanopen ersehen: In der Farbtafel liegt der Fehlpunkt auf der (protanopischen) Alychnenspur. Im Einklang damit liegt auch auf Bild 16 der protanopische Fehlpunkt P auf der protanopischen Alychnenspur; der deuteranopische Fehlpunkt liegt auf der deuteranopischen Alychnenspur außerhalb des Bildrahmens. Wenn nun der Punkt T (Bild 9) sowohl auf der protanopischen als auch auf der deuteranopischen Alychnenspur liegt, ist die Dreiecksseite $\overline{T\ D}$ (Bild 9) die deuteranopische und die Dreiecksseite $\overline{T\ P}$ die protanopische Alychnenspur.

Damit ergibt sich ein gleichseitiges Grundfarbendreieck, wie es auf Bild 17 gezeigt ist. In diese Grundfarbtafel ist u.a. auch die trichromatische Alychnenspur aus der instrumentellen Farbtafel (Bild 16) übertragen. Ferner ist auf Bild 17 eine tritanopische Alychnenspur eingezeichnet. Diese muß definitionsgemäß gleichfalls durch den Punkt T laufen. Darüber hinaus fällt sie, wenn sich das tritanopische Hellig-

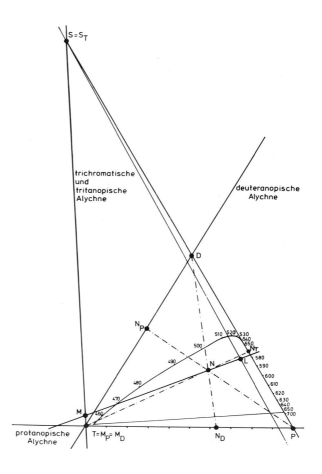

Bild 17: Gleichseitiges Grundfarbendreieck PDT und darauf bezogen das Gegenfarbendreieck MSL. Die neutralen Zonen der Dichromaten sind strichpunktiert. Die Gleichung der trichromatischen Alychne lautet D + 1,8 • P = O bzw. die ihrer Spur d = - 1,8 • p (nach Scheibner, 1983).

keitssehen vom trichromatischen nicht unterscheidet (Wright, 1952), mit der trichromatischen Alychnenspur zusammen.

Auf Bild 18 ist unsere tritanopiefreie Bestimmung der "blauen" Grundvalenz $\vec{T}$ nochmals zusammengefaßt: Wir wollen den Grundfarbenraum $^3V_{Fund}$ als direkte Summe aus drei eindimensionalen Teilräumen zusammensetzen, wobei aber einer, nämlich ^1V_T, noch unbekannt ist. Anstelle eines (sehr seltenen) Tritanopen lassen wir nun Protanopen, Deuteranopen und normale Trichromaten zweidimensionale Teilräume nach dem Kri-

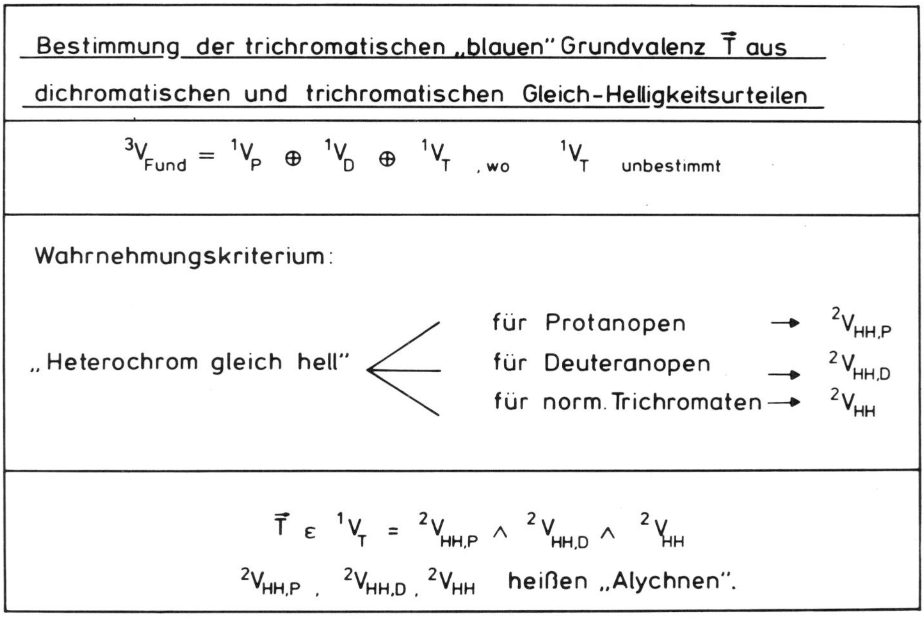

Bestimmung der trichromatischen „blauen" Grundvalenz $\vec{T}$ aus dichromatischen und trichromatischen Gleich-Helligkeitsurteilen

---

$^3V_{Fund} = {}^1V_P \oplus {}^1V_D \oplus {}^1V_T$, wo ^1V_T unbestimmt

---

Wahrnehmungskriterium:

„Heterochrom gleich hell"
- für Protanopen → $^2V_{HH,P}$
- für Deuteranopen → $^2V_{HH,D}$
- für norm. Trichromaten → $^2V_{HH}$

$\vec{T} \in {}^1V_T = {}^2V_{HH,P} \wedge {}^2V_{HH,D} \wedge {}^2V_{HH}$

$^2V_{HH,P}$, $^2V_{HH,D}$, $^2V_{HH}$ heißen „Alychnen".

Bild 18: Protanopische, deuteranopische und trichromatische Alychne bilden ein Ebenenbüschel, dessen Trägergerade der gesuchte eindimensionale Teilraum ^1V_T ist.

terium "heterochrom gleich hell" aussondern (wie auf Bild 13 beschrieben). Deren Schnitt (Symbol $\wedge$) ergibt den eindimensionalen Teilraum ^1V_T und damit $\vec{T}$.

Durch die Heranziehung von d r e i zweidimensionalen Teilräumen ist die Schnittgerade vom geometrischen Standpunkt aus ü b e r bestimmt. Zwei Teilräume (zwei Ebenen) täten es auch. Durch drei wird jedoch die Validität unserer Bestimmung erhöht. - Soweit Bild 18.

Das Grundfarbendreieck (Bild 17) beschreibt das Farbensehen sowohl des Trichromaten als auch der drei Dichromaten auf dem Niveau der retinalen Sehzapfen. Für den Trichromaten lautet eine Farbvektorrepräsentation:

$$\vec{C} = P \cdot \vec{P} + D \cdot \vec{D} + T \cdot \vec{T} \in {}^3V_{Fund} \qquad (1)$$

Die zugehörigen Spektralwerte, die "Grundspektralwerte" $\overline{p}(\lambda)$, $\overline{d}(\lambda)$, $\overline{t}(\lambda)$, sind in der oberen Hälfte des Bildes 19 gezeigt.

Im Prinzip können wir uns vorstellen, die trichromatischen Spektralwertfunktionen seien im instrumentellen Farbenraum $^3V_{Inst}$ gemessen (Bild 5) und von dort gemäß Bild 1 in den Grundfarbenraum $^3V_{Fund}$ transformiert. In Wirklichkeit haben wir die N o r m spektralwerte des farbmetrischen Normalbeobachters CIE 1931 (DIN 5033) in der von Judd (1951) modifizierten Form benutzt und diese in den instrumentellen bzw. Grundfarbenraum transformiert. Tabellierte Daten für Grundspektralwerte geben z.B. Vos (1978), Boynton (1979), Estévez (1979), Boynton and Wisowaty (1980), Wyszecki and Stiles (1982); Tabellen für im instrumentellen Farbenraum definierte Spektralwerte geben z.B. Estévez (1979), Wyszecki and Stiles (1982), Estévez (1982) und Bartleson and Grum (1984). Nach Smith et al. (1983) sind sie weitgehend gleichwertig.

Die Abbildungsgleichungen vom instrumentellen Farbenraum $^3V_{Inst} = {}^3V_{BGR}$ (Wright, 1946) in den Grundfarbenraum $^3V_{Fund} = {}^3V_{PDT}$ lauten in unserem Fall für Farbwerte:

$$P = 0{,}03181 \cdot B + 0{,}8414 \cdot G + 0{,}8200 \cdot R$$
$$D = 0{,}0514 \cdot B + 0{,}9937 \cdot G + 0{,}0999 \cdot R \qquad (2)$$
$$T = 0{,}7990 \cdot B + 0{,}0257 \cdot G$$

Zum physiologischen Grundfarbendreieck ist auf Bild 17 außerdem das vollständige Gegenfarbendreieck MSL eingezeichnet. Damit ist das lineare trichromatische Gegenfarbensehen beschrieben. Ein Farbvektor hat hier die Form

$$\vec{C} = M \cdot \vec{M} + S \cdot \vec{S} + L \cdot \vec{L} \in {}^3V_{Opp} \qquad (3)$$

Bei den Dichromaten ist jeweils ein Farbmechanismus weggefallen. Daher lautet ein Farbvektor im Grundfarbensystem

für den Protanopen $\vec{C} = D \cdot \vec{D} + T \cdot \vec{T}$, (4)
für den Deuteranopen $\vec{C} = P \cdot \vec{P} + T \cdot \vec{T}$, (5)
für den Tritanopen $\vec{C} = P \cdot \vec{P} + D \cdot \vec{D}$. (6)

Die zugehörigen Grundspektralwertfunktionen sind im oberen Teil der Bilder 20, 21 und 22 gezeigt. Wie schon deren Benennung andeutet, sind die einzelnen dieser Kurven identisch mit denen von Bild 19; es f e h l t lediglich immer eine Kurve.

Zur Charakterisierung des Gegenfarbensehens der drei Dichromatentypen sind in Bild 17 strichpunktiert die zugehörigen neutralen Zonen eingezeichnet. Ihnen liegen die folgenden Neutralpunkte im Spektrum zugrunde: für die Protanopie $\lambda_N = 495$ nm, für die Deuteranopie $\lambda_N = 502$ nm, für die Tritanopie $\vec{\lambda}_N$ = 569 nm.

Als Beispiel betrachten wir das Farbensehen des Protanopen. Es ist zunächst im Grundfarbenraum durch die Gleichung (4) beschrieben; d.h. es spielt sich auf der Dreiecksseite $\overline{TD}$ als Punktreihe ab oder, im Sinne der projektiven Geometrie dual äquivalent, auf dem Strahlenbüschel der Verwechslungsgeraden, die durch den Dreieckseckpunkt P als Trägerpunkt laufen. Dieser Trägerpunkt beschreibt ja den Sehmechanismus, der dem Protanopen fehlt. Die duale Beschreibung der protanopischen Farbarten mit Hilfe von Verwechslungsgeraden ist die natürlichere, d.h. informationsreichere, weil man an den Geraden a) reelle und virtuelle Farbarten unmittelbar unterscheiden kann, b) unmittelbar ersehen kann, welche trichromatische Farbarten zu einer dichromatischen Farbart kollabieren.

Das protanopische Gegenfarbensehen wird durch die Vektorgleichung

$$\vec{C} = M_p \cdot \vec{M}_p + N_p \cdot \vec{N}_p \qquad (7)$$

beschrieben. Es spielt sich mit den Bezugsfarben $\vec{M}_p$ und $\vec{N}_p$ auf der Punktreihe $\overline{TD}$ ab oder, dual äquivalent, mit den "Bezugsverwechslungsgeraden" $\overline{M_p P}$ und $\overline{N_p P}$ auf dem Geradenbüschel durch P. Diese letztere (duale) Beschreibungsweise lädt auch hier wieder zu Einblicken ein, indem sie erkennen läßt: a) Die neutrale (unbunte) Verwechslungsgerade $\overline{N_p P}$ ist die Spur, auf der das Kriterium weder blau noch gelb gilt; b) die (virtuelle) Verwechslungsgerade $\overline{M_p P}$ ist die Alychnenspur, d.h. die Spur, auf der das Kriterium "helligkeitsfrei" gilt. Mit anderen Worten: In dem gemäß Gl.(7) zugrunde liegenden protanopischen Gegenfarbenraum $^2V_{Opp,P}$ liegt eine direkte Zerlegung (Symbol $\oplus$) in buntheitsfreie ("neutrale") Luminanz (N_p) und helligkeitsfreie Chrominanz (M_p) vor:

$$^2V_{Opp,P} = {}^1V_{M_p} \oplus {}^1V_{N_p} \qquad (7a)$$

mit

$$^1V_{M_p} \wedge {}^1V_{N_p} = \{\vec{0}\}. \qquad (7b)$$

Im Zusammenhang mit den trichromatischen Farbempfindungen gehen wir in Abschnitt 9 hierauf näher ein.

Für die Deuteranopie und Tritanopie gelten analoge Beschreibungen; insbesondere gilt die wichtige Beziehung $\vec{T} = \vec{M}_p = \vec{M}_D$ (auf Bild 17 ohne Überpfeilung geschrieben, da die Gleichheit der Farbart ausreicht).

Die dichromatischen n e u t r a l e n Verwechslungsgeraden schneiden sich in einem gemeinsamen Punkt, der auf Bild 17 mit N bezeichnet ist. Daraus kann man schließen, daß der Punkt L wohl nicht ganz im unbunten Bereich liegt. Das Auseinanderfallen der zwei Farbörter N und L kann man als ein Maß für die Nichtlinearität der Spur M = O und damit insbesondere des trichromatischen blau-gelben Gegenfarbenmechanismus M auffassen (Larimer et al. 1974; 1975; Ikeda et al. 1982; Elzinga and de Weert, 1984; Ejima and Takahashi, 1984). Das Auseinanderfallen der beiden Farbörter M und T kann man als Hinweis dafür nehmen, daß das Violettsehen des Trichromaten (im kurzwelligen Spektrumsende) einer Erklärung noch immer Schwierigkeiten bereitet (Krauskopf et al., 1982; Börsken, 1984). Auch andere Feinheiten bleiben offen, worauf z.B. Ingling (1982) hinweist. Es ist natürlich klar: Eine lineare Theorie kann nicht die Phänomene erklären, die ihre Ursachen (vermutlich) in Nichtlinearitäten haben.

9. Erregungsübertragung, Farbempfindungen

Die Gleichungen (2) sind Abbildungsgleichungen, die im Sinne von Bild 1 den instrumentellen Farbenraum mit dem Grundfarbenraum verknüpfen. So wichtig Abbildungen, die vom instrumentellen Farbenraum ihren Ausgang nehmen, m e t h o d i s c h sind, so ist doch eine Abbildung, die Σ mit $^3V_{Fund}$ verknüpft (Bild 1), p h y s i o l o g i s c h interessanter. Wir geben solche Gleichungen zunächst für die Trichromasie an:

$$P = c_p \cdot \int \overline{p}(\lambda) \cdot \varphi_\lambda \, d\lambda \qquad (8a)$$
$$D = c_d \cdot \int \overline{d}(\lambda) \cdot \varphi_\lambda \, d\lambda \qquad (8b)$$
$$T = c_t \cdot \int \overline{t}(\lambda) \cdot \varphi_\lambda \, d\lambda \qquad (8c)$$

In diesen Gleichungen bedeuten P, D, T Grundfarbwerte, c_p, c_d, c_t sind Normierungskonstante, $\overline{p}(\lambda)$, $\overline{d}(\lambda)$, $\overline{t}(\lambda)$ sind Grundspektralwertfunktionen, auf Bild 19 graphisch gegeben, φ_λ ist die Strahlungsfunktion, in Leistung dividiert durch Wellenlänge $(\varphi_\lambda d\lambda \in \Sigma)$, λ ist die Lichtwellenlänge. Die Integrationsgrenzen sind das kurzwellige und langwellige Ende des sichtbaren Spektrums. Die Gleichungen (8) ergeben sich aus dem Prinzip der Superposition (Kohlrausch, 1920): Die Addition von Farben erfolgt (Bild 4) komponenten- oder farbwertweise, hier angewendet auf die Farbwerte von Spektralreizen.

Die Gleichungen (8) nehmen eine Zerlegung oder Partition der Menge Σ vor und definieren so die Farbvalenzen (DIN 5033; Scheibner, 1969b): Alle Strahlungsverteilungen φ_λ, die gemäß den Gleichungen (8) auf ein identisches Grundfarbwert-Tripel (P, D, T) führen, gehören derselben Farbvalenz an.

In einer rezeptorphysiologischen Interpretation beschreiben die Gleichungen (8) drei lineare Transduktionsprozesse, d.h. die Umsetzung von der Strahlung zur Erregung und damit den e r s t e n S c h r i t t der Erregungsübertragung. Die Größen $\overline{p}(\lambda)$, $\overline{d}(\lambda)$, $\overline{t}(\lambda)$ spielen dabei die Rolle von spektralen Rezeptorempfindlichkeiten; die Grundfarbwerte P, D, T sind ein Maß für Sehzapfen-Erregungen. Die Dreidimensionalität des Grundfarbenraumes zieht in einfacher Weise die Anzahl drei von Rezeptortypen nach sich.

Den z w e i t e n S c h r i t t der Erregungsübertragung liefert die Abbildung von $^3V_{Fund}$ auf $^3V_{Opp}$ (Bild 1). Bei der Trichromasie lauten diese Abbildungsgleichungen für Farbwerte:

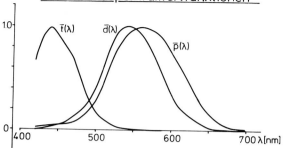

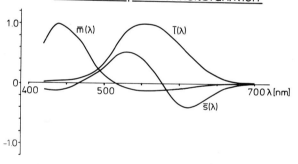

Bild 19: Oben: Kurven der trichromatischen Grundspektralwertfunktionen.

Mitte: Trichromatische Übertragungsgleichungen, geschrieben für Spektralwerte.

Unten: Kurven der trichromatischen Gegen-Spektralwertfunktionen; $\bar{m}(\lambda)$ wird als blau-gelbe Buntempfindlichkeitsfunktion, $\bar{s}(\lambda)$ als grün-rote Buntempfindlichkeitsfunktion, $\bar{l}(\lambda)$ als Hellempfindungsfunktion interpretiert; $\bar{m}(\lambda)$ und $\bar{l}(\lambda)$ sind auf ihr Maximum normiert; für $\bar{s}(\lambda)$ ist bei λ = 494 nm versuchsweise $\bar{s}(\lambda) = \bar{m}(\lambda)$ gesetzt entsprechend einem blau-grünem Buntton-Äquilibrium nach Rubin (1961).

$$M = 1{,}005 \cdot T - 0{,}0477 \cdot D - 0{,}0858 \cdot P$$
$$S = -0{,}1102 \cdot T + 1{,}5117 \cdot D - 1{,}1249 \cdot P \quad (9)$$
$$L = \phantom{-0{,}1102 \cdot T} + 0{,}3661 \cdot D + 0{,}6582 \cdot P$$

In diesen Gleichungen sind P, D, T Grundfarbwerte; sie können als ein Maß der Rezeptorerregung aufgefaßt werden. M, S, L sind Gegenfarbwerte; sie können als ein Maß für postrezeptiorielle Erregungen aufgefaßt werden, die zu einer polaren blau-gelben Buntempfindung (M), zu einer polaren grün-roten Buntempfindung (S) und zur Hellempfindung (L) führen. Die letzte der drei Gleichungen (9) ist gleichzeitig die sogenannte ABNEYsche Gleichung; sie beschreibt im Sinne der Farbmetrik und Photometrie die Leuchtdichte (Abney and Festing, 1886; Scheibner, 1969a).

Spektralwerte sind spezielle Farbwerte. Daher gelten die Abbildungsgleichungen (9) auch für die Spektralwerte. In der Mitte des Bildes 19 sind die Abbildungsgleichungen des zweiten Schrittes für die Spektralwerte geschrieben. Diese Gleichungen geben also den Zusammenhang zwischen den Grundspektralwerten und den Gegenspektralwerten an. Die Kurven der Gegenspektralwerte in Abhängigkeit von der Wellenlänge sind im unteren Teil des Bildes 19 gezeigt. Wenn wir $\overline{p}(\lambda)$, $\overline{d}(\lambda)$, $\overline{t}(\lambda)$ als Rezeptorempfindlichkeiten gedeutet haben, so werden nun diese im zweiten Schritt der Übertragung in eine blau-gelbe Buntempfindlichkeit $\overline{m}(\lambda)$, in eine grün-rote Buntempfindlichkeit $\overline{s}(\lambda)$ und eine Hellempfindlichkeit $\overline{l}(\lambda)$ umgewandelt. Man vergleiche hierzu Bild 11. Die Gegenspektralwerte definieren somit die psychophysischen Übertragungskanäle der Gegenfarbentheorie.

Die Farbempfindungen können von der Darstellung eines Farbvektors $\vec{C}$ im Gegenfarbenraum $^3V_{Opp}$ unmittelbar abgelesen werden (Scheibner und Wolf, 1984). Es gilt:

$$\vec{C} = M \cdot \vec{M} + S \cdot \vec{S} + L \cdot \vec{L} \in {}^3V_{Opp} \quad (3)$$

mit $\quad {}^3V_{Opp} = {}^1V_M \oplus {}^1V_S \oplus {}^1V_L , \quad (10)$

wo $\quad {}^1V_M \wedge {}^1V_S \wedge {}^1V_L = \{\vec{0}\} \quad (11)$

Die additiven Farbkomponenten in Gl. (3) sind der Reihenfolge nach die Blau-Gelb-Chrominanz, die Grün-Rot-Chrominanz und die Luminanz (= Leuchtdichte); sie korrelieren mit Empfindungsqualitäten gemäß der Zuordnung

$M \cdot \vec{M} \in {}^1V_M \subset {}^3V_{Opp}$: blau-gelbe Buntheit (Bläue-Gilbe, Blauheit-Gelbheit)

$S \cdot \vec{S} \in {}^1V_S \subset {}^3V_{Opp}$: grün-rote Buntheit (Grüne-Röte, Grünheit-Rotheit);

$L \cdot \vec{L} \in {}^1V_L \subset {}^3V_{Opp}$: Helligkeit

Wir können uns vorstellen, daß von der Farbe zunächst die L u m i ‐ n a n z abgetrennt wird. Der Teil des Farbenraumes, der so übrig bleibt, ist der Chrominanz-Raum (Scheibner, 1970), von Schrödinger (1925) ursprünglich Alychne genannt. Die C h r o m i n a n z, mit der Empfindung Buntheit korrelierend, setzt sich also, solange keine Metrisierung des Gegenfarbenraumes vorgenommen wird, additiv aus der B l a u - G e l b - C h r o m i n a n z und der G r ü n - R o t ‐ C h r o m i n a n z zusammen. Im Kontrast dazu ist die Bunt s ä t ‐ t i g u n g (oder Farb s ä t t i g u n g) der Quotient aus Chrominanz dividiert durch Luminanz, oder empfindungsgemäß ausgedrückt, Buntheit bezogen auf Helligkeit. Bemerkenswerterweise ist im linearen Gegenfarbenraum der B u n t - o d e r F a r b t o n keine eigenständige Größe. Er tritt nur in Form von attributiven Eigenschaftswörtern auf ("grün-rote" Buntheit usw.). Man kann aber sehr wohl den Buntton als Sinnessubmodalität auffassen und den schon genannten psychophysischen Übertragungskanälen oder gar Klassen von Neuronen zuordnen (Zrenner, 1983). Solche Kanäle sind eine Verschärfung der "Doktrin von den spezifischen Sinnesenergien" von Johannes Müller (1826). Sie stehen nicht im gegenseitigen Verhältnis der Orthogonalität, sondern nach den Gleichungen (10) und (11) im Verhältnis einer direkten additiven Zerlegung, was ein allgemeinerer Begriff als die Orthogonalität ist. Die direkte Zerlegung ist somit eine wichtige Konstituente in der linearen nicht-metrischen Gegenfarbentheorie. Sie erzwingt, daß die "bunten" Primärvalenzen $\vec{M}$ und $\vec{S}$ auf der Alychnenspur $L = 0$ liegen. Diese Eigenschaft wird von den meisten Gegenfarbentheorien in der Literatur, z.B. von der von Hurvich and Jameson (Hurvich, 1981), Guth (Guth et al., 1980) oder K. Richter (1979) nicht ausdrücklich erwähnt und oft auch nur ungefähr erfüllt. Die Formulierung von Krantz (1975) beispielsweise verletzt sie explicite.

Die hier eingeführten Begriffe aus der linearen Gegenfarbentheorie finden sich, obschon in anderer Bezeichnungsweise, zuerst bei Luther (1927). Luther, primär in Begriffen der Farbtafel denkend, spricht z.B. von "Farbmomenten" M_1 und M_2. Hier liegt der Ursprung unserer Bezeichnung M für die blau-gelbe Chrominanz. Das Konzept der linearen trichromatischen Gegenfarbentheorie hat später eine glänzende Anwendung im technischen Farbfernsehen erfahren (Lang, 1978). Insbesondere ist die direkte Zerlegung einer Farbe in Chrominanz und Luminanz nach den Gln. (10) und (11) der unmittelbare Ausdruck für die Kompatibilität des Farbfernsehens mit dem Schwarz-Weiß-Fernsehen (Scheibner, 1969b, 1970).

Wenden wir uns nun den Dichromaten zu. Bei ihnen spielt sich alles in zwei-dimensionalen Räumen ab. Der e r s t e S c h r i t t der Erregungsübertragung wird auch hier durch die Gleichungen (8a, b, c) beschrieben. Für die Protanopie gelten Gln. (8b) und (8c), für die Deuteranopie die Gln. (8a) und (8c), für die Tritanopie die Gln. (8a) und (8b), alle in Übereinstimmung mit den Gleichungen (4), (5), (6). Wie schon im vorigen Abschnitt erwähnt, sind die zugehörigen Grundspektralwertfunktionen in den oberen Hälften der Bilder 20 bis 22 gezeigt. Der z w e i t e S c h r i t t der Erregungsübertragung führt die Grundfarbwerte P, D, T, die hier auch gleichzeitig d i c h r o m a t i s c h e Grundfarbwerte sind, paarweise in dichromatische Gegenfarbwerte über. Wir geben solche Gleichungen beispielhaft für die Protanopie an:

$$M_p = 1{,}02 \cdot T - 0{,}7419 \cdot D$$
$$N_p = D \qquad (12)$$

Die Größe N_p hat hier die analoge Bedeutung, die L beim Trichromaten hat. Anstelle für Farbwerte lassen sich diese Gleichungen auch für Spektralwerte schreiben. In einer solchen Form sind sie für die Protanopie auf Bild 20, für die Deuteranopie auf Bild 21 und für die Tritanopie auf Bild 22 geschrieben. Diese Gleichungen geben an, wie zwei dichromatische Rezeptorempfindlichkeiten in eine dichromatische Buntempfindlichkeitsfunktion und eine dichromatische Hellempfindlichkeitsfunktion überführt werden. Der Bunttonumschlag kommt bei den Buntempfindlichkeitsfunktionen als Vorzeichenwechsel bei der Wellenlänge λ_N des Neutralpunktes zum Ausdruck (Abschnitt 8). Bei der Protanopie und der Deuteranopie ist im Bereich $\lambda > \lambda_N$ ein Rezeptormechanismus ausgefallen, bei der Tritanopie im Bereich $\lambda < \lambda_N$. In diesen Wellenlängenbereichen ist es aus trichromatischer Sicht nicht von vornherein klar, was für eine dichromatische Buntempfindung jeweils vorliegt. Die Erfahrung zeigt: Protanope und Deuteranope sehen für $\lambda > \lambda_N$ Gelb; kurzgefaßt, diese Dichromaten haben ein Blau-Gelb-Sehen. Für die Tritanopie herrscht in der Literatur die Meinung vor, für $\lambda < \lambda_N$ sehe der Tritanop Grün. Anderer Auffassung sind z.B. Alpern et al. (1983b); nach ihnen sieht der Tritanop für $\lambda < \lambda_N$ Blau. Zusammenfassend hätte der Tritanop entweder ein Grün-Rot-Sehen oder ein Blau-Rot-Sehen.

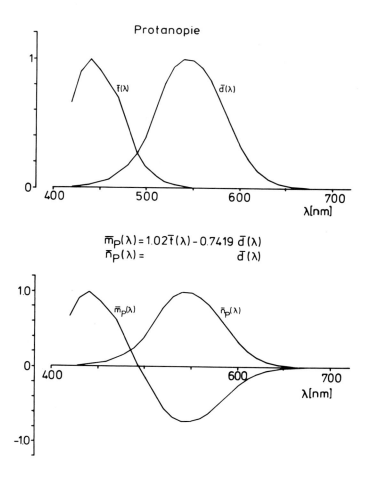

Bild 20: Oben: Kurven der protanopischen Grundspektralwertfunktionen.

Mitte: Protanopische Übertragungsgleichungen, geschrieben für Spektralwerte.

Unten: Kurven der protanopischen Gegenspektralwertfunktionen; $\overline{m}_p(\lambda)$ kann als blau-gelbe Buntempfindlichkeit, $\overline{n}_p(\lambda)$ als (neutrale) Hellempfindlichkeit interpretiert werden.

Zur Buntempfindlichkeit $\vec{s}_T(\lambda)$ des Tritanopen (Bild 22) noch ein Kommentar: Am kurzwelligen Spektrumsende zeigt diese Kurve kleine negative Werte, als ob eine schwache Violettempfindung bei diesen Wellenlängen vorläge. Wir glauben, daß diese vermeintliche Tetartanopie ein Artefakt ist, das durch den gewählten Normalbeobachter (CIE 1931, modifiziert von Judd, 1951) hervorgebracht wird. Bei Verwendung der von

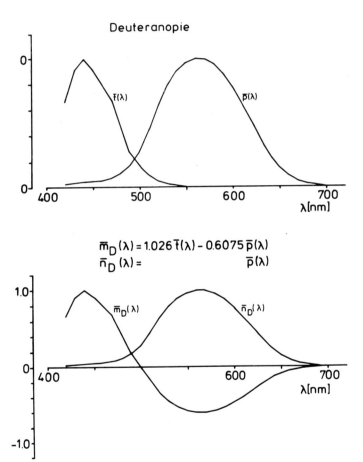

Bild 21: Oben: Kurven der deuteranopischen Grundspektralwertfunktionen.

Mitte: Deuteranopische Übertragungsgleichungen, geschrieben für Spektralwerte.

Unten: Kurven der deuteranopischen Gegenspektralwertfunktionen; $\overline{m}_D(\lambda)$ kann als blau-gelbe Buntempfindlichkeit, $\vec{n}_D(\lambda)$ als (neutrale) Hellempfindlichkeit interpretiert werden.

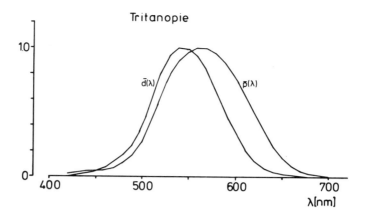

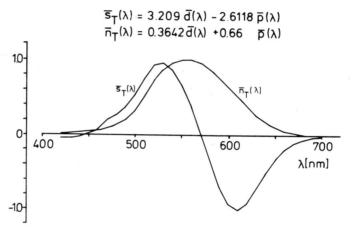

Bild 22: Oben: Kurven der tritanopischen Grundspektralwertfunktionen.

Mitte: Tritanopische Übertragungsgleichungen, geschrieben für Spektralwerte.

Unten: Kurven der tritanopischen Gegenspektralwertfunktionen; $\overline{s}_T(\lambda)$ kann als grün-rote Buntempfindlichkeit, $\overline{n}_T(\lambda)$ als (neutrale) Hellempfindlichkeit interpretiert werden. Ergänzende Angaben zu $\overline{s}_T(\lambda)$ im Text.

Estevez (1982) angegebenen Normalbeobachterwerte würde der ganze kurzwellige Bereich $\overline{s}_T(\lambda)$ positive Werte zeigen.

10. Photochemische und elektrophysiologische Befunde

Die Psychophysik verknüpft die Reize unmittelbar mit den Empfindungen, ohne über die dazwischen ablaufenden Erregungsvorgänge etwas aussagen zu können. Verbesserte photochemische und vor allem elektrophysiologische Verfahren haben es in den letzten Jahrzehnten ermöglicht, auch über die Erregungsvorgänge etwas zu erfahren. Aus naheliegenden Gründen stammen die meisten Ergebnisse jedoch aus Versuchen an Tieren und sind daher nur mit Vorbehalt auf den Menschen übertragbar.

Für das Farbensehen sind anatomisch drei Bereiche von bevorzugtem Interesse: a) die Netzhaut oder Retina, b) der Thalamus im Zwischenhirn, und da vor allem der seitliche Kniehöcker oder das Corpus geniculatum laterale, c) die Sehrinde im Neocortex.

Anatomisch etwas ausführlicher wollen wir nur auf die Netzhaut eingehen. Hinsichtlich des Neocortex verweisen wir auf eine neu erschienene deutschsprachige Darstellung von Creutzfeldt (1983), ferner auf van Essen und Maunsell (1983).

Bild 23 zeigt einen halbschematischen Querschnitt einer Wirbeltiernetzhaut mit ihren klassischen fünf neuronalen Bauelementen, den Rezeptoren (Sehstäbchen und Sehzapfen), Horizontalzellen, Bipolarzellen, Amakrinzellen und Ganglienzellen. Das Bild zeigt ferner zwei plexiforme Schichten, eine äußere und eine innere. Die Fortsätze der Ganglienzellen zentralwärts, ihre "Axone", bilden den optischen Nerv. Die in Bild 23 angegebenen Benennungen sind im Einklang mit der neueren anatomischen Nomenklatur, wie sie seit 1975 festgelegt ist (International Anatomical Nomenclature Committee, 1977).

Der durch die Gleichungen (8a, b, c) beschriebene Transduktionsprozeß spielt sich in den Außensegmenten der Sehzapfen ab. (Die Sehstäbchen sind am Farbensehen nicht beteiligt). Die Anfangsprozesse fallen in das weite Gebiet der Photochemie (Knowless and Dartnall, 1977; Stieve, 1984). Seit etwa 20 Jahren wissen wir sicher, daß es drei Sorten von Zapfen-Photopigmenten und - weil keine Pigmentmischungen in einem Sehzapfen auftreten - drei Sehzapfentypen gibt (Marks et al., 1964). Die drei Sehpigmente heißen Cyanolab, Chlorolab und Erythrolab (Rushton, 1964). Maßgebend ist ihre spektrale Absorption (Dartnall, 1953). Bild 24 zeigt den spektralen Verlauf der auf 1 (log 1 = 0) normierten Absorption für die drei Sorten von Zapfen-Photopigmenten gleichbedeutend mit der relativen spektralen Empfindlichkeit von drei Typen von Sehzapfen, wobei einmal die auftreffende Strahlung auf dem Niveau der Rezep-

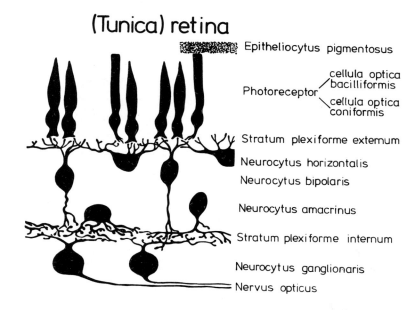

Bild 23: Querschnitt durch die Netzhaut. Die gezeigten Neuronen sollen einzelne angefärbte Zellen andeuten. Benennungen nach der neuen anatomischen Nomenklatur 1975.

toren im Auge, das andere Mal (prä-)korneal, also v o r dem Auge festgelegt ist. Bei dieser zweiten (im Bild 24 unteren) Darstellung ist also noch die zusätzliche innerhalb des Auges absorbierte Strahlung berücksichtigt; die kurzwelligen Flanken werden dadurch steiler. - Über neuere derartige Ergebnisse berichten Dartnall et al. (1983); MacNichol et al. (1983) und Mansfield et al. (1984).

Die Absorption von Strahlung in den Rezeptoren führt letztlich zu einer Erregung der Rezeptoren in Form einer sogenannten Hyperpolarisation der Rezeptormembran. Über die molekular-biologischen Grundlagen solcher Vorgänge weiß man heute einiges (Carterall, 1984). Die Hyperpolarisation - eine Vergrößerung der elektrischen Rezeptormembranspannung - wird über spezielle Kontaktstellen, die sogenannten S y n a p s e n, auf benachbarte Neurone übertragen und gelangt so elektrotonisch schließlich zu den Ganglienzellen. Dort werden die Spannungsänderungen - ihr Informationsgehalt steckt in der Größe ihrer Amplituden - umgewandelt in Nervenaktionspotentiale, etwa 0,5 ms dauernde elektrische Impulse, bei denen der Informationsgehalt in deren Frequenz liegt. Die so umkodier-

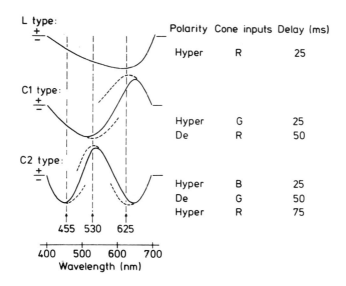

Bild 26: Empfindlichkeit der intrazellulären bivarianten Potentialänderungen in den Horizontalzellentypen L, C1, C2. Rechts sind der vorgeschaltete Sehzapfentyp und die Verzögerung der Reaktion angedeutet. Aus Stell (1980).

phasisch, der Horizontalzellen-Typ C2 verhält sich bivariant triphasisch. Solche intrazelluläre elektrische Potentialänderungen wurden zuerst von Svaetichin (1953, 1956) gemessen, bereiteten der Interpretation aber lange Zeit Schwierigkeiten.

Die Umkodierung am Ausgang der Netzhaut macht aus der Bivarianz einer elektrotonischen Erregung eine Zunahme oder Abnahme der Impulsfrequenz. Das setzt tonisch antwortende Neurone voraus, d.h. Neurone, die schon ohne Erregungszufuhr eine spontane Ruhefrequenz zeigen und gemäß der ankommenden Erregung diese ihre Frequenz erhöhen oder erniedrigen.
Bild 27 zeigt das Erregungsverhalten tonischer Neurone im Zwischenhirn (Corpus geniculatum laterale) eines Javaner-Affen (Macaca irus) in Abhängigkeit von der Lichtwellenlänge (Abszisse) und von der Strahlungsintensität (Kurvensymbole). Für einen gewissen Wellenlängenbereich nimmt die Impulsfrequenz zu, für einen anderen ab. Die beiden Bereiche sind durch einen Neutralpunkt getrennt. Mit einfachen Farbbezeichnungen ist angedeutet, welche Buntempfindung durch Strahlung der Wellenlängebereiche beim Menschen ausgelöst wird.

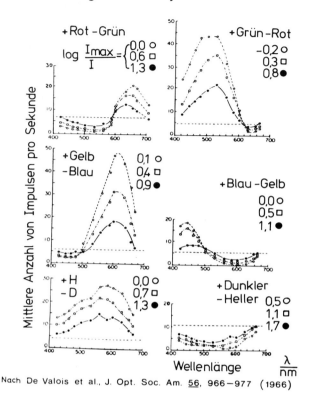

Nach De Valois et al., J. Opt. Soc. Am. 56, 966–977 (1966)

Bild 27: Reaktionen tonischer Neurone im Zwischenhirn (Corpus geniculatum laterale) des Javaneraffen. In Abhängigkeit von der Wellenlänge (Abszissen) sind die mittleren Anzahlen von Aktionspotentialen je Sekunde aufgetragen (Ordinaten). Die jeweils drei Kurven gelten für verschiedene Helligkeit. Die waagrechten gestrichelten Geraden bedeuten die Grundfrequenz der Spontanaktivität. Nach DeValois (1973).

Oberhalb des Corpus geniculatum laterale wird der Zusammenhang zwischen Reiz und Erregung einzelner Neurone sehr viel unübersichtlicher. So konnte Zeki (1980) im Kortex eine Vielzahl von Aktionsspektren ableiten, die (ein wenig) an die Abstimmkurven des auditorischen Systems erinnern. Möglicherweise liegt in diesen Kurven der Schlüssel für die Bunttonempfindung.

11. Synopsis

Wir wollen die Farbverarbeitung im menschlichen visuellen System einer abschließenden Betrachtung unterziehen und kehren zu diesem Zweck zu der in den vorangehenden Abschnitten dargestellten linearen Farbentheorie zurück.

Der erste Schritt (Bild 1) führt von Σ auf $^3V_{Fund}$ oder vom Reiz auf ein Grundfarbwert-Tripel (P,D,T); dazu gehört das Farbdreieck PDT, Bild 17. In einem solchen Tripel von Grundfarbwerten steckt die gesamte von den drei Rezeptortypen übertragene Information, nicht nur die Farbinformation. An spezieller Farbinformation enthält es die farbmetrische Metamerie, d.h. die Zusammenfassung von Reizen zu Farbvalenzen, und die linearen additiven Farbmischungsbeziehungen. Denn diese Eigenschaften bleiben bei den umkehrbaren Abbildungen des Bildes 1 erhalten, dies ganz im Sinne des Erlanger Programms von Felix Klein (1872). Geometrisch sind es die Parallelitätseigenschaften, die gegen solche Abbildungen invariant sind oder bei ihnen erhalten bleiben. Daher kommt die technische Farbmetrik mit einem System aus, das dem Grundfarbensystem entspricht. Kennzeichnend ist das nur positive Vorzeichen der Grundfarbwerte, ein Ausdruck von Information, die mehr als Farbe enthält, weil die einzelnen Grundfarbwerte eines Tripels hoch miteinander korrelieren.

Der Übergang vom Grundfarbenraum zum Gegenfarbenraum (Bild 1) wirft einen großen Teil derjenigen Information, die nichts mit Farbensehen zu tun hat, aus den von uns betrachteten Übertragungswegen hinaus. Dieser Informationsanteil findet sich natürlich auf anderen Übertragungswegen wieder. Mit anderen Worten, es setzt sogleich hinter den Rezeptoren eine divergierende Parallelverarbeitung ein (Stone and Dreher, 1982). Für die Farbverarbeitung bedeutet dies: Die Farbwerttripel (P,D,T) werden zu Farbwerttripeln (M,S,L) entflochten; das Farbdreieck PDT (Bild 17) wird in vier Identifikationsbereiche gemäß den zwei Heringschen Wahrnehmungskriterien (Bild 11) eingeteilt. Während sich die Grundfarbwert-Tripel (P,D,T) in e i n e m der acht Oktanten des Grundfarbenraumes abspielen, haben die Gegenfarbwert-Tripel (M,S,L) an vier Oktanten des Gegenfarbenraumes Anteil; dementsprechend kommen in den Tripeln (M,S,L) vier mögliche Vorzeichenkombinationen vor. Eine solche Entflechtung zeigt sich auch im Wechsel von den drei univarianten Spektralwertfunktionen $\overline{p}(\lambda)$, $\overline{d}(\lambda)$, $\overline{t}(\lambda)$ zu einer monophasischen Spektralwertfunktion $\overline{l}(\lambda)$, einer diphasischen Spektralwertfunktion $\overline{m}(\lambda)$ und einer triphasischen Spektralwertfunktion $\overline{s}(\lambda)$. Diese Art der Informationsverarbeitung wird besonders von Buchsbaum und Gottschalk betont (Buchsbaum und Gottschalk, 1983; Gottschalk und Buchsbaum, 1983) und "Dekorrelation" genannt. Der gewichtigste Anteil, der aus einer solchen Entflechtung hervorgeht, ist nach dieser Auffassung der monophasische, d.h. die Leuchtdichte L, bzw. die Hellempfindlichkeit $\overline{l}(\lambda)$.

Ganz im Einklang mit der von uns skizzierten linearen Farbentheorie ist eine solche "Dekorrelation" n i c h t; denn sie setzt orthogonale Beziehungen im Bezugsraum schon voraus, also eine spezielle metrische Struktur, die wir vermieden haben, da vorläufig kein zwingender Grund dafür ersichtlich war. Aber vielleicht ist der Anlaß, die Kodierung von der Anfangserregung bis zur Farbempfindung zu beschreiben (Fukurotani, 1982) Grund genug, die Struktur des Farbenraumes zu verfeinern.

Für alle Typen von Farbbeobachtern schneiden sich die Alychenspuren in der Farbtafel in einem Punkt, nämlich dem Farbort T auf Bild 17. Das ist eine sehr auffällige Eigenschaft und zeigt offenbar die wichtige instrumentelle (und vermutlich auch phylogenetische) Rolle des B l a u mechanismus bei der Formierung der postrezeptoriellen Erregung, die die Farbinformation trägt. Denn das Ausfiltern der Farbinformation aus der gesamten visuellen Information ist natürlich gleichbedeutend mit der F o r m i e r u n g der Farbinformation an sich. Wir sehen darin eine a k t i v e Leistung der Netzhaut.

In unserer linearen Theorie zeigt sich dieser Vorgang in den charakteristischen Differenzen bei der Bildung der Gegenfarbwerte M und S (Gleichungen (9) bzw. Bilder 19 bis 22). In dieser Auffassung, die Blaurezeptoren seien der Dreh- und Angelpunkt der Farbformierung, bleiben zugegebenermaßen Fragen offen, wie ein t r i t a n o p i s c h e s Gegenfarbensehen (Bild 22) funktioniert. Aber möglicherweise gibt es ein solches in reiner Form überhaupt nicht, da die Tritanopie nicht den klaren rezessiven Vererbungsmodus aufweist wie die Protanopie und die Deuteranopie. Außerdem bestehen Zweifel (Alpern et al., 1983 a,b), ob die auftretende Tritanopie eine auf einem Fehlen des "blauen" Rezeptortyps beruhende einfache "Ausfall"-Dichromasie ist, wie sie auf unserem Bild 22 dargestellt ist. Eine solche Sachlage würde unserer tritanopiefreien Bestimmung von $\vec{T}$(Abschnitt 8) noch mehr Gewicht verleihen.

Im weiteren kehren wir wieder zur Trichromasie zurück und wollen da an zwei ausgezeichneten Stellen der Übertragungskette einen Vergleich von psychophysischen Ergebnissen mit photochemischen bzw. elektrophysiologischen vornehmen. Dazu betrachten wir zum ersten die unteren Kurven

des Bildes 24 (korneale leistungsbezogene Empfindlichkeitskurven) und
die Kurven $\overline{p}(\lambda)$, $\overline{d}(\lambda)$, $\overline{t}(\lambda)$ aus dem Bild 19. D i e Ü b e r e i n -
s t i m m u n g i s t r e c h t g u t. Damit ist auch die Wellen-
längenabhängigkeit der Transduktionsprozesse durch die Gleichungen (8)
g u t beschrieben. Die Intensitätsabhängigkeit wird durch die psychophysischen Gleichungen (8) global sicher n i c h t r i c h t i g beschrieben, weil diese Gleichungen eine unbeschränkte Linearität zwischen der Strahlungsfunktion und den resultierenden Grundfarbwerten
(P,D,T) aussagen.

Wir können zum zweiten die Kurven des Bildes 27 mit den spektralen Ge-
genfarbwertfunktionen $\overline{m}(\lambda)$, $\overline{s}(\lambda)$ und $\overline{l}(\lambda)$ des Bildes 19 vergleichen.
Dabei muß man beachten, daß die gestrichelten waagerechten Linien auf
Bild 27 (Spontanfrequenz) interpretatorisch der Nullinie auf Bild 19
entsprechen. Elektrophysiologisch kommen auf Bild 27 Kurven vor, die an
der getrichelten waagerechten Linie ungefähr gespiegelt sind. Dem ent-
spräche eine Vorzeichenumkehr der Kurven auf Bild 19, was man leicht
erreichen könnte. E i n e g r u n d s ä t z l i c h e Ü b e r e i n -
s t i m m u n g i s t e r k e n n b a r, aber Einzelheiten stimmen
nicht ganz überein. Vor allem geben die elektrophysiologischen Daten
bislang keinen Hinweis auf ein Violettsehen: Die beiden Grün-Rot-Kur-
ven auf Bild 27 sind nicht triphasisch, wie es Kurve $\overline{s}(\lambda)$ auf Bild 19
ist. Auch die Lage der Neutralpunkte stimmt nicht genau überein. Einzel-
ableitungen an retinalen Ganglienzellen und genikulären Neuronen haben
darüber hinaus zu der Auffassung geführt (Gouras und Eggers, 1984; Schiller und Colby, 1983), daß sich vor allem der Hell-Dunkel-Übertragungska-
nal $\overline{l}(\lambda)$ und der Blau-Gelb-Übertragungskanal $\overline{m}(\lambda)$ erst oberhalb des
Zwischenhirns klar ausbilden. Es bleibt ja noch der überaus wichtige
Cortex cerebri (Creutzfeldt, 1983). Vorliegende Ergebnisse u.a. von
Michael (1979), Livingstone and Hubel (1984) oder Zeki (1980) lassen jedoch keine befriedigende einheitliche Erklärung einer k o r t i k a -
l e n Farbverarbeitung zu.

In welchem Maße die erwähnten an einzelnen retinalen Ganglienzellen und
genikulären Neuronen erhobenen Befunde der Müllerschen Doktrin von den
spezifischen Sinnesenergien widersprechen (Müller, 1826), müssen wir
offen lassen. Diese Doktrin sagt in weiterentwickelter Form aus:
a) Nach einer divergierenden Parallelverarbeitung, die gleichzeitig mit
einer Umkodierung von Amplituden auf Impulsfrequenz einhergeht, liegen
in den parallelen Übertragungspfaden formierte Erregungen vor, die mit
mehr oder minder gut abgrenzbaren Sinnessubmodalitäten bzw. Empfindungs-

qualitäten korrelieren.

b) Auf einem solchen Übertragungspfad verändert eine Variation der Impulsfrequenz die Art oder die Natur des Empfindungsmerkmals n i c h t, sondern nur seine Stärke. -

Je mehr sich die Erregung der Gehirnrinde nähert, desto größere Massen von Neuronen werden im allgemeinen von der Erregung erfaßt. Daher hat die Überzeugung Platz gegriffen (Freeman, 1983), Empfindungen, Wahrnehmungen und (in der Fortsetzung daran auch) Bewegungen seien durch makroskopische, kooperative M a s s e n aktionen von Neuronen bestimmt. Ableitungen von e i n z e l n e n Neuronen sind daher nur bedingt aussagekräftig.

Wir können abschließend feststellen: In Übereinstimmung mit den alten Helmholtzschen Vorstellungen (Helmholtz, 1867) beginnt zwar das Farbensehen peripher in der Netzhaut mit drei Sorten von Photopigmenten und auch mit drei Typen von Sehzapfen; auf diesem Niveau haben wir eine gute Übereinstimmung zwischen psychophysischen und photochemischen bzw. elektrophysiologischen Ergebnissen. Die Sehzapfen sind dann aber nicht so, wie es den Helmholtzschen Vorstellungen entspricht, direkt und auf getrennten Wegen mit dem visuellen Kortex verbunden, sondern sofort hinter den Rezeptoren (und auch weiter zentralwärts) finden sich Q u e r verschaltungen (Bild 25) u.a. zu dem Zwecke, die Farbinformation herauszufiltern und getrennt weiter zu leiten. Von hier an zeigt sich nur eine mäßige Übereinstimmung zwischen psychophysischen und elektrophysiologischen Ergebnissen (Gouras and Zrenner, 1981; Scheibner, 1983).

12. Schlußbetrachtung: Das Farbsystem CIE 1931 aus physiologischer Sicht

Die Dreikomponententheorie und ihr Schema wird im Farbsystem CIE 1931 (DIN 5033), angewendet, ergänzt um Helligkeitsaussagen aus der Gegenfarbentheorie. Der Teil der Gegenfarbentheorie, der aus den beiden HERINGschen Kriterien folgt, Bild 11, wird in diesem Farbsystem n i c h t ausgenutzt. In dem neuen CIELAB-System 1976 dagegen (DIN 5033), das Farbtoleranzen in den Griff bekommen möchte, sind auch diese Konzepte der Gegenfarbentheorie mit eingebracht.

Um eine anschauliche Brücke zwischen der Farbphysiologie und der Farbmetrik zu schlagen, möchten wir einen Zusammenhang zwischen dem physiologischen Grundfarbendreieck und dem CIE 1931-Farbdreieck herstellen. Auf der linken Seite des Bildes 28 ist ein Grundfarbendreieck gezeigt, dieses Mal aber um 90° nach links gekippt, um die trichromatische Alychnenspur als horizontale Basis zu haben. Auf der rechten Seite ist das Farbendreieck CIE 1931 in der üblichen rechtwinkligen Form gezeigt. Mit dem Helligkeitsaspekt aus der Gegenfarbentheorie (Bild 11) sind die trichromatische Alychne und der Farbort S=X in das Farbsystem CIE1931 eingebracht.

Als charakteristisch für die beiden Figuren des Bildes 28 können wir folgendes ansehen:
a) Die Dreiecke PDT und XYZ überlappen sich in beiden Figuren nur geringfügig derart, daß der Bereich der reellen Farben groteskerweise entweder nur innerhalb des Dreiecks PDT (links) oder nur innerhalb des Dreiecks XYZ (rechts) liegt.
b) Den Wunsch vorangesetzt, zwei leuchtdichtefreie Normfarbwerte zu haben, ist neben der "blauen" Norm-Bezugsfarbe (Z) ausgerechnet die "rote" Norm-Bezugsfarbe (X) leuchtdichtefrei gemacht, d.h. auf die Alychnenspur plaziert. Das ist eine gewaltsame Lösung angesichts einer Konfiguration (Bild 28 links), in der die "rote" Grund-Bezugsfarbe P einen Abstand von der Alychne aufweist, der etwa das doppelte der "grünen" Grund-Bezugsfarbe D beträgt. Das heißt, die Grund-Bezugsfarbe P ist genähert doppelt so hell wie die Grund-Bezugsfarbe D.

Nun kann man die Farbtafel als projektive Ebene auffassen. Durch eine projektive Abbildung kann man ein Farbdreieck in ein anderes umwandeln. Wir führen eine p r o j e k t i v e Abbildung in der Farbtafel auf eine l i n e a r e Abbildung im vektoriellen Farbenraum zurück: An Stelle der Elemente der projektiven Ebene, nämlich Punkte und Geraden, betrachten wir die zugehörige eindimensionalen und zweidimensionalen Teilräume im zugrunde liegenden Vektorraum; man vergleiche hierzu

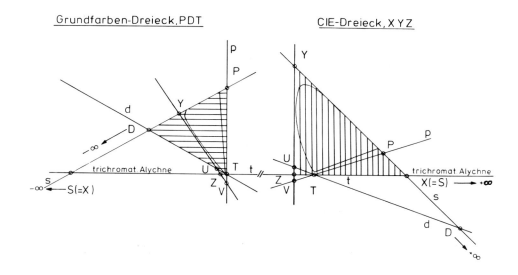

Bild 28: Auf der linken Hälfte sind das P D T-Dreieck und das X Y Z-Dreieck im Bezugssystem PDT (waagrecht schraffiertes Dreieck), auf der rechten Hälfte im Bezugssystem XYZ (senkrecht schraffiertes Dreieck) gezeigt. Betrachtet man jede Hälfte getrennt als projektive Ebene, so besteht zwischen links und rechts (und umgekehrt) eine projektive Abbildung. p protanopische, d deuteranopische, t tritanopische und trichromatische Alychnenspur.

Bild 3. Mit Hilfe einer l i n e a r e n Abbildung werden diese Teilräume in die gewünschte Konfiguration abgebildet. Durch Übergang zu neuen Farbwertanteilen (Definition auf Bild 4) liegt damit das neue projektive Gebilde fest. Bei einer solchen projektiven Abbildung bleiben Gerade als Gerade erhalten und der Schnittpunkt zweier Geraden bleibt ebenfalls erhalten. Betrachtet man getrennt die linke und die rechte Hälfte von Bild 28 als eine projektive Ebene, so erweisen sich die beiden Bedingungen für beide Hälften als erfüllt. Das rechte Gebilde ist also eine projektive Abbildung des linken und umgekehrt.

Um plausibel zu machen, wie bei einer solchen Abbildung aus dem linken Gebilde das rechte wird, lassen wir im linken Gebilde den Punkt S auf der Geraden t und den Punkt D auf der Geraden s nach links bis ins Unendliche wandern; auf der rechten Seite des rechten Gebildes taucht (zuerst) der Punkt S=X mit Vorzeichenwechsel wieder auf. Dadurch wird der l a n g wellige Spektralfarbenzug und seine tangierende Gerade s= $\overline{P Y D S}$ zunächst in eine waagerechte Lage gebracht (für S=X im Unendlichen) und dann nach rechts heruntergezogen, bis schließlich auch der Punkt D rechts unten im Endlichen auftaucht.

Eine bessere Lösung wäre hier gewesen, den Punkt S=X durchaus über Unendlich wandern zu lassen, nicht dagegen den Punkt D. Diese "grüne" Grund-Bezugsfarbe hätte oberhalb von Y(rechte Hälfte von Bild 28) verbleiben sollen, so ähnlich wie es auf dem Bild 5 (dort zwar mit Bezug auf die instrumentellen Bezugsfarben BGR) gezeigt ist.

Eine grundsätzlich "physiologischere" Lösung wäre die folgende gewesen. Wenn man schon zwei Normfarbwerte leuchtdichtefrei haben will, so hätte man durchaus den Farbort S mit einer Norm-Bezugsfarbe identifizieren können, aber mit einer "grünen". Z hätte man (Bild 28, links) etwas rechts von T auf der Alychenspur, eine "rote" Norm-Bezugsfarbe hätte man in der Nähe von P lokalisieren können. Dann wären der "blaue" und der "grüne" Normfarbwert leuchtdichtefrei gewesen und der "rote" Normfarbwert hätte allein die Leuchtdichte getragen.

Vom physiologischen Standpunkt ist also das Farbsystem CIE 1931 etwas mißraten. Man sollte aber nicht unfair sein: Ende der zwanziger Jahre, als das Farbsystem CIE 1931 konzipiert wurde, war das Grundfarbendreieck PDT nur sehr ungenau bekannt, insbesondere die deuteranopische Grundfarbe D.

ZUSAMMENFASSUNG

Es wird ein Ausschnitt aus der Farbenlehre und der Farbphysiologie geboten unter dem Gesichtspunkt einer linearen Übertragungstheorie. Zu diesem Zweck wird eine Farbreizmenge, ein instrumenteller Farbenraum, ein Grundfarbenraum und ein Gegenfarbenraum eingeführt. Die lineare Übertragung wird durch ausgewählte mathematische lineare Abbildungen zwischen diesen Strukturen beschrieben. Eine wichtige Rolle spielen gewisse Farbfehlsichtige, die sogenannten Dichromaten. Der blaue Sehmechanismus erfährt eine besondere Behandlung. Die psychophysischen Ergebnisse werden mit biophysikalischen und elektrophysiologischen Befunden verglichen. Zum Schluß wird ein kritischer Blick auf das Farbsystem CIE 1931 geworfen.

14. Schrifttum

Abney, W. de W. (1910), On the change in hue of spectrum colours by dilution with white light. Proc. Roy. Soc. London A 83, 120 - 127

Abney, W. de W. and Festing, E. R. (1886), Colour photometry, Phil. Trans. Roy. Soc. London 177/II, 423 - 456

Agoston, G. A. (1979), Color theory and its application in art and design. Springer Verlag, Berlin, Heidelberg, New York

Alpern, M., Kitahara, K. and Krantz, D. H. (1983 a), Classical tritanopia. J. Physiol. 335, 655 - 681

Alpern, M., Kitahara, K. and Krantz, D. H. (1983 b), Perception of colour in unilateral tritanopia. J. Physiol. 335, 683 - 697

Bartleson, C. J. and Grum, F. (ed.) (1984), Visual measurements (Optical radiation measurements, Vol. 4), Academic Press, New York

Billmeyer, F. W. and Wyszecki, G. (ed.) (1978) AIC COLOR 77, Adam Hilger, Bristol

Bird, J. F. and Massof, R. W. (1978), A general zone theory of color and brightness II. The space time field. J. Opt. Soc. Am. 68, 1471 - 1481

Boynton, R. M. (1978), Ten years of research with the minimally distinct border. In: Armington, J. C., Krauskopf, J. and Wooten, B. R. (ed.), Visual psychophysics and physiology. Academic Press, New York

Boynton, R. M. (1979), Human color vision. Holt, Rinehart and Winston, New York

Boynton, R. M. and Wisowaty, J. J. (1980), Equations for chromatic discrimination models. J. Opt. Soc. Am. 70, 1471 - 1476

Börsken, N. (1984), Kein Nebenmaximum der Absorption des Erythrolabs im Violettbereich, Dissertation, Universität Freiburg

Brisley, W. (1977), Grundbegriffe der linearen Algebra. Vandenhoeck, Göttingen

Buchsbaum, G. and Gottschalk, A. (1983), Trichomacy, opponent colours coding and optimum colour information transmission in the retina. Proc. Roy. Soc. London B 220, 89 - 113

Burns, S. A., Elsner, A. E., Pokorny, J. and Smith, V. C. (1984), The Abney effect: Chromaticity coordinates of unique and other constant hues. Vision Res. 24, 479 - 489

von Campenhausen, Ch. (1981), Die Sinne des Menschen. Bd. I:

Einführung in die Psychophysik der Wahrnehmung; Bd. II: Anleitung zu Beobachtungen und Experimenten. G. Thieme, Stuttgart

Carterall, W. A. (1984), The molecular basis of neuronal excitability. Science 223, 653 - 661

Cigler, J. (1976/77), Einführung in die lineare Algebra und Geometrie, 1. Teil/2. Teil. Manz, Wien

Creutzfeldt, O. D. (1983), Cortex cerebri. Leistung, strukturelle und funktionelle Organisation der Hirnrinde. Springer, Berlin, Tokyo

Crouzy, R. (1975), Le processus biophysique de la vision des couleurs. Lux 82, 2 - 8

Dartnall, H. J. A. (1953), The interprtation of spectral sensitivity curves. Brit. medical Bullet. 9, 24 - 30

Dartnall, H. J. A., Bowmaker, J. K. and Mollon, J. D. (1983), Human visual pigments: microspectrophotometric results from the eyes of seven persons. Proc. Roy. Soc. London B 220, 115 - 130

Daw, N. W. (1984), The psychology and physiology of colour vision. TINS 7, 330 - 335

Deutsche Normen, DIN 5033, Farbmessung (1979), Beuth, Berlin, insbesondere Teil 2: Normvalenzsysteme

DeValois, R. L. (1973), Central mechanisms of color vision. In: Handbook of sensory physiology. Vol. VII/3, part A, ed. by R. Jung, Springer, Berlin, Heidelberg

Ejima, Y. and Takahashi, S. (1984), Bezold-Brücke hue shift and nonlinearity in opponent-colors process. Vision Res. 24, 1897 - 1904

Elzinga, C. H. and de Weert, Ch. M.M. (1984), Nonlinear codes for the yellow/blue mechanism. Vision Res. 24, 911 - 922

Elzinga, C. H. (1985), On the measurement of color and brightness. Thesis, Nijmegen, Niederlande

van Essen, D. C. and Maunsell, J. H. R. (1983), Hierarchical organisation and functional streams in the visual cortex. TINS 6, 370 - 375

Estévez Uscanga, O. (1979), On the fundamental data-base of normal and dichromatic color vision. Krips Repro, Meppel, Niederlande

Estévez, O. (1982), A better colorimetric standard observer for color-vision studies: The Stiles and Burch 2° color matching functions. Col. Res. Applicat. 7, 131 - 134

Freeman, W. J. (1983), Dynamics of image formation by nerve cell assemblies. In: Basar, E, Flohr, H., Haken, H. and Mandell, A. J. (ed.) Synergetics of the brain. Springer, Berlin, Heidelberg, New York, Tokyo

Frieser, H. (1953), Die Graßmannschen Gesetze. Die Farbe 2, 91 - 97

Fukurotani, K. (1982), Color information coding of horizontal-cell responses in fish retina. Col. Res. Applicat. 7, 146 - 148

Gerdes, H.-R. (1979), Das Wahrnehmen von Lichtzeichen an der achromatischen und chromatischen Schwelle. Dissertation, Darmstadt

Gottschalk, A. and Buchsbaum, G. (1983), Information theoretic aspects of color signal processing in the visual system. IEEE Transact. Syst. Man and Cybernetics SMC-13, 864 - 873

Gouras, P. and Zrenner, E. (1981), Color vision: A review from a neurophysiological perspective. In: Ottoson, D. (ed.), Progress in sensory physiology 1, Springer, Berlin, Heidelberg, New York

Gouras, P. and Eggers, H. (1984), Hering's opponent colour channels do not exsist in the primate retinogeniculate pathway. Ophthalmic Res. 16, 31 - 35

Graßmann, H. (1853), Zur Theorie der Farbenmischung. Poggendorffs Ann. d. Physik 89, 69 - 84

Grüsser, O.-J. (1983), Die funktionelle Organisation der Säugetiernetzhaut - physiologische und pathophysiologische Aspekte. Fortschr. Ophthalmol. 80, 502 - 515

Grützner, P. (1972), Acquired color vision defects. In: Jameson, D. and Hurvich, L. M. (ed.), Handbook of sensory physiology, Vol. VII/4, 643 - 659, Springer, Berlin, Heidelberg, New York

Grum, F. and Bartleson, C. J. (ed.) (1980), Color measurement. (Optical radiation measurements, Vol.2). Academic Press, New York

Guth, S. L., Massof, R. W. and Bezschawel, T. (1980), Vector model for normal and dichromatic color vision, J. Opt. Soc. Am. 70, 197 - 212

Helmholtz, H. (1867), Handbuch der physiologischen Optik. Voss, Hamburg

Hering, E. (1874), Zur Lehre vom Lichtsinn. Sechste Mitteilung. Grundzüge einer Theorie des Farbensinnes. Sitzungsber. Kaiserl. Akad. Wiss. Wien (Mathem. Nat. Classe Abth. III) 70, 169 - 204

Holla, K. (1982), Gegenfarben als 2-dimensionales Mermal bei der Verwendung eines Modells der ersten Stufen des menschlichen visuellen

Systems zur Vorverarbeitung von Farbbildern. Fortschr.-Ber. VDI-Z, Reihe 10, Nr. 19, VDI-Verlag, Düsseldorf

Hurvich, L. M. (1981), Color vision. Sinauer, Sunderland, Mass.

Ikeda, M., Ayama, M. and Ohmi, M. (1982), Additivity failure of chromatic valence in the opponent-color theory. Color Res. Applic. 7, 197 - 204

Ingling, C. R. and Tsou, B. H. (1977), Orthogonal combinations of three visual channels. Vision Res. 17, 1075 - 1082

Ingling, C. R. (1982), The transformation from cone to channel sensitivities. Color Res. Applic. 7, 191 - 196

International Anatomical Nomenclature Committee (ed.) (1977), Nomina anatomica, 4th edition, Nomina histologica and nomina embryologica. Excerpta Medica, Amsterdam

Jaeger, W. (1972), Genetics of congenital colour deficiencies. In: Jameson, D. and Hurvich, L. M. (ed.), Handbook of sensory physiology, Vol. VII/4, 625 - 642, Springer, Berlin, Heidelberg, New York

Judd, D. B. (1951), Secret. Rep. Colorimetry and artificial daylight. In: Proceed. 12th session CIE Stockholm, Vol. I. Techn. Committee No. 7, p. 11. Abgedruckt auch in Wyszecki, S. and Stiles, W. S. (1982), p. 331

Judd, D. B. and Wyszecki, G. (1975), Color in business, science and industry, 3rd edition. Wiley, New York

Kaiser, P. K. (1981), Photopic and mesopic photometry: Yesterday, today and tomorrow. In: The Colour Group (ed.), Golden jubilee of colour in the CIE. The Society of Dyers and Colourists, Bradford, West Yorkshire

Klauder, A. (1983/84), Gegenfarbensehen und Grundspektralwerte des Protanopen. Dissertation, Düsseldorf, 1982. Auch Die Farbe 31 (im Druck)

Klein, F. (1872), Vergleichende Betrachtungen über neuere geometrische Forschungen. A. Deichert, Erlangen

Knowles, A. and Dartnall, H. J. A. (1977), The photobiology of Vision. In: Davson, H. (ed.), The eye, Vol. 2B, Academic Press, New York

König, A. (1897), Über "Blaublindheit". Sitzungsber. Akad. Wiss. Berlin (8. Juli 1897), 718 - 731. Nachgedruckt in: Engelmann, Th. (ed.) Arthur König, Gesammelte Abhandlungen zur Physiologischen Optik. Barth, Leipzig 1903

König, H. (1947), Der Begriff der Helligkeit. Griffon, Neuchatel

Kohlrausch, K. W. F. (1920), Beiträge zur Farbenlehre I. Physik. Zeitschrift, 21, 396 - 403

Krantz, D. H. (1975), Color measurement and color theory: II. Opponent-colors theory. J. Mathem Psychology 12, 304 - 327

Krauskopf, J., Williams, D. R. and Heeley, D. W. (1982), Cardinal directions of color space. Vision Res. 22, 1123 - 1131

von Kries, J. (1878), Beitrag zur Physiologie der Gesichtsempfindungen. Arch. Anat. Physiol., physiol. Abt., 503 - 524

von Kries, J. (1897), Über Farbensysteme. Z. Psychol. Physiol. d. Sinnesorgane 13, 241 - 324

Kröger, A. und Scheibner, H. (1977), Reduktion der Deuteranopie aus der Trichromasie. Ber. Dt. Ophthalm. Ges. 75, 515 - 517

Kröger-Paulus, A. (1980), Reduktion der Deuteranopie aus der normalen Trichromasie. Dissertation, Düsseldorf, 1979. Die Farbe 28, 73 - 116

Land, E. H. (1983), Recent advances in retinex theory and some implications for cortical computations: Color vision and the natural image. Proc. Nat. Acad. Sci. USA 80, 5163 - 5169

Lang, H. (1978), Farbmetrik und Farbfernsehen. Oldenbourg, München, Wien

Larimer, J., Krantz, D. H. and Cicerone, C. M. (1974), Opponent-process additivity - I: Red/green equilibria. Vision Res. 14, 1127 - 1140

Larimer, J., Krantz, D. H. and Cicerone, C. M. (1975), Opponent-process additivity - II: Yellow/blue equilibria and nonlinear models. Vision Res. 15, 713 - 731

Le Grand, Y. (1972), Optique physiologique, Tome II, Lumière et Couleurs. Masson, Paris

Lennie, P. (1984), Recent developments in the physiology of color vision. TINS 7, 243 - 248

Livingstone, M. S. and Hubel, D. H. (1984), Anatomy and physiology of a color system in the primate visual cortex. J. Neurosci. 4, 309 - 356

Luther, R. (1927), Aus dem Gebiet der Farbreiz-Metrik. Z. techn. Phys. 8, 540 - 558

MacAdam, D. L. (1981), Color measurements. Springer, Berlin, Heidelberg, New York

MacNichol, E. F., Levine, J. S., Mansfield,R.J.W., Lipetz, L. E. and Collins, B. A. (1983), Microspectrophotometry of visual pigments in primate photoreceptors. In: Mollon, J. D. and Sharpe, L. T. (ed.), Colour vision, physiology and psychophysics. Academic Press, London

Mansfield, R. J. W., Levine, J. S., Lipetz, L. E., Collins, B. A., Raymond, G. and MacNichol, E. F. (1984), Blue-sensitive cones in the primate retina: microspetrophometry of the visual pigment. Exp. Brain Res. 56, 389 - 394

Marré, M. (1973), The investigation of acquired colour vision deficiencies. In: Association internationale de la couleur, AIC (ed.), Colour 73. Hilger, London, 99 - 135

Marks, W. B., Dobelle, W. H. and MacNichol, E. F. (1964), Visual pigments of single primate cones, Science 143, 1181 - 1183

Massof, R. W. and Bird, J. F. (1978), A general zone theory of color and brightness vision. I. Basic formulations. J. Opt. Soc. Am. 68, 1465 - 1471

Michael, Chr. R. (1983), Color processing in primate striate cortex. In: Mollon, J. D. and Sharpe, L. T. (ed.), Colour vision, physiology and psychophysics. Academic Press, London

Miescher, K., Richter, K und Valberg, A. (1982), Farbe und Farbsehen. Farbe und Design 23/24, 2 - 23

Mollon, J. D. (1982 a), Color Vision. Ann. Rev. Psychol. 33, 41 - 85

Mollon, J. D. (1982 b), A taxonomy of tritanopias. In: Verriest, G. (ed.), Colour vision deficiencies VI. Junk, The Hague, Boston, London

Mollon, J. D. and Sharpe, L. T. (ed.) (1983), Colour vision, physiology and psychophysics. Academic Press, London

de Monasterio, F. M. (1984), Electrophysiology of color vision. In: Verriest, G. (ed.), Colour vision deficiencies VII, Junk, The Hague, Boston, Lancaster

Müller, J. (1826), Über die phantastischen Lichterscheinungen. Hölscher, Coblenz. Nachdruck 1968, Zentralantiquariat Leipzig

Nyberg (Nuberg), N. D. (1949), Die Bestimmung der Lage der blauen Grundvalenz in der Farbtafel (Russ.). Dokl. Akad. Nauk UdSSR 65, 159 - 162

Ostwald, W. (1923), Die Farbenlehre, 2. Aufl., Bd.1: Mathetische Farbenlehre, Bd. 2: Physikalische Farbenlehre. Unesma, Leipzig

Paulus, W. (1978/79), Fehlfarben und Alychnen von Protanopen und Protanomalen und ihre Bedeutung für das Farbensehen der normalen Trichromaten. Dissertation, Düsseldorf, 1978. Die Farbe 27, 59 - 127

Paulus, W. und Scheibner, H. (1978), Fehlfarben und Univarianz, Ber. Dt. Ophthalm. Ges. 75, 518 - 521

Pokorny, J., Smith, V. S., Verriest, G, and Pinckers, A. J. L. G. (ed.) (1979), Congenital and acquired color vision defects. Grune and Stratton, New York

Pokorny, J. and Smith, V. C. (1984), Metameric matches relevant for assessment of color vision. In: Verriest, G. (ed.), Colour vision deficiencies VII. Junk, The Hague, Boston, Lancaster

Reeb, O. (1962), Grundlagen der Photometrie. Braun, Karlsruhe

Richter, K. (1979), Beschreibung von Problemen der höheren Farbmetrik mit Hilfe des Gegebfarbensystems. Bundesanstalt für Materialprüfung, Berlin

Richter, M. (1976), Einführung in die Farbmetrik. de Gruyter, Berlin

Richter, M. (ed.) (1981), AIC COLOR 81, Deutsche Farbwissenschaftl. Ges. Berlin (2 Bände)

Rubin, M. L. (1961), Spectral hue loci of normal and anomalous trichromats. Am. J. Ophthalmol. 52, 166 - 172

Rushton, W. A. H. (1964), Colour blindness and cone pigments. Am. J. Optom. Physiol. Opt. 41, 265 - 282

Scheibner, H. (1963), Untersuchungen zur Farbumstimmung des menschlichen Auges. Die Farbe 12, 6 - 58

Scheibner, H. (1966), On colours of the same appearance. Optica Acta 13, 205 - 210

Scheibner, H. (1968), Dichromasie als Homomorphismus der Trichromasie. Optica Acta 15, 329 - 338

Scheibner, H. (1969 a), Zum Verhältnis der Photometrie zur Farbmetrik. Lichttechnik 21, 107A - 110A

Scheibner, H. (1969 b), Über die Begriffe Farbvalenz, Farbart und Chrominanz in der Farbmetrik. Die Farbe 18, 221 - 232

Scheibner, H. (1970), Chrominanz und Farbart (Chromatizität) beim Farbfernsehen. Optica Acta 17, 143 - 150

Scheibner, H. (1976 a), Prüfung von Farbsinnstörungen, Med. Klinik 71, 1452 - 1459

Scheibner, H. (1976 b), Missing colours (Fehlfarben) of deuteranopes and extreme deuteranomalous observers. In: Verriest, G. (ed.), Colour vision deficiencies III, 21 - 26, Karger, Basel

Scheibner, H. (1976 c), Die physiologischen Vorstellungen über das Farbensehen in unserer Zeit. Die Farbe 25, 48 - 62

Scheibner, H. (1983), Physiologie und Psychophysik des Sehens. LICHT-Forschung 5, 3 - 10

Scheibner, H. und Schmidt, B. (1969), Zum Begriff der spektralen visuellen Empfindlichkeit, mit elektroretinographischen Ergebnissen am Hund. A. v. Graefes Arch. Klin. Exp. Ophthalmol. 177, 124 - 135

Scheibner, H. und Paulus, W. (1978), An analysis of protanopic colour vision. In: Verriest, G. (ed.), Colour vision deficiencies IV, Karger, Basel

Scheibner, H. und Wolf, E. (1981), Direkte Zerlegungen, isomorphe und homomorphe Abbildungen in der linearen Farbentheorie. In: Richter, M. (ed.), AIC COLOR 81, Deutsche Farbenwissenschaftliche Gesellschaft, Berlin

Scheibner, H. and Wolf, E. (1984), The linear opponent colour space. In: Zrenner, E. (ed.), Special test of visual function. Karger, Basel

Scheufens, P. (1983/84), Fehlfarben, Alychnen und Konvergenzabgleiche von Deuteranopen bei großer Reizfläche. Dissertation, Düsseldorf, 1983 Auch: Die Farbe 31 (im Druck)

Schiller, P. and Colby, C. L. (1983), The responses of single cells in the lateral geniculate nucleus of the rhesus monkey to color and luminance contrast. Vision Res. 23, 1631 - 1641

Schopenhauer, A. (1816), Ueber das Sehn und die Farben. Leipzig. Nachgedruckt z.B. in: Frauenstädt, J. (ed.), Arthur Schopenhauers sämtliche Werke. 2. Aufl. Brockhaus, Leipzig 1916, 1. Bd.

Schrödinger, E. (1920), Grundlinien einer Theorie der Farbenmetrik im Tagessehen. Ann. Physik(IV), 63, 397 - 456, 471 - 520. Nachgedruckt in: Österreichische Akademie der Wissenschaften (ed.), Erwin Schrödinger, Gesammelte Abhandlungen, Bd. 4, 33 - 134, Vieweg, Braunschweig, Wiesbaden, 1984

Schrödinger, E. (1925), Über das Verhältnis der Vierfarben- zur Dreifarbentheorie. Sitzungsber. Akad. Wiss. Wien (IIa) 134, 471 - 490. Nachgedruckt in: Österreichische Akademie der Wissenschaften (ed.), Erwin Schrödinger, Gesammelte Abhandlungen. Bd. 4, 163 - 182. Vieweg,

Braunschweig, Wiesbaden, 1984

Schultz, U. (1982), Umfeld und Farbabstandsurteil. Die Farbe 30, 69 - 123

Smith, V. C., Pokorny, J. and Zaidi, Q. (1983), How do sets of color-matching functions differ? In: Mollon, J. D. and Sharpe, L. T. (ed.), Colour vision, Physiology and psychophysics. Academic Press, London

Stell, W. K. (1980), Photoreceptor-specific synaptic pathways in goldfish retina: A world of colour, a wealth of connections. In: Verriest, G. (ed.), Colour vision deficiencies V, Hilger, Bristol

Stieve, H. (1984), Biophysik des Sehvorgangs. Physik. Blätter 40, 205 - 210

Stiles, W. S. (1978), Mechanisms of colour vision. Academic Press, London

Stöcker, H. (1980), Psychophysische Untersuchungen zur Charakterisierung der Deuteranomalie durch die beiden langwelligen Zapfenpigmente. Dissertation, Düsseldorf

Stone, J. and Dreher, B. (1982), Parallel processing of information in the visual pathways. A general principle of sensory coding? TINS 5, 441 - 446

Svaetichin, G. (1953), The cone action potential. Acta Physiol. Scand. 29 (Suppl. 106), 565 - 599

Svaetichin, G. (1956), Spectral response curves from single cones. Acta Physiol. Scand. 39 (Suppl. 134), 18 - 46

Terstiege, H. (1967), Untersuchungen zum Persistenz- und Koeffizientensatz. Die Farbe 16, 1 - 120

Thoma, W. (1982), Trennlinien-Distinktibilität und tritanopische Buntsättigung. Dissertation, Düsseldorf. Auch: Die Farbe 30, (1982), 167 - 197

Thoma, W. und Scheibner, H. (1980), Die spektrale tritanopische Sättigungsfunktion beschreibt die spektrale Distinktibilität. Farbe und Design 17, 49 - 52

Thoma, W. and Scheibner, H. (1982), Tritanopic saturation and borderline distinctivity. In: Verriest, G. (ed.), Colour vision deficiencies VI, Junk, The Hague, Boston, London

Tietz, H. (1973), Lineare Geometrie. Vandenhoeck, Göttingen

Tomita, T. (1984), Neurophysiology of the retina. In: Dawson, W. W.

and Enoch, J. M. (ed.), Foundation of sensory science. Springer, Berlin, Heidelberg, New York, Tokyo

Vos, J. J. (1978), Colorimetric and photometric properties of a 2° fundamental observer. Color Res. Applicat. 3, 125 - 128

Walraven, J. (1981), Chromatic induction. Thesis, Elinkwijk, Utrecht

Walraven, P. L. (1974), A closer look at the tritanopic convergence point, Vision Res. 14, 1339 - 1343

Wasserman, G. S. (1978), Color vision:An historical introduction.Wiley, New York

Wienrich, M. (1982), Vergleichende Untersuchungen zur Verarbeitung chromatischer Reize in retinalen Ganglienzellen von Makaken und Katzen. Dissertation, Gießen

Wolf, E. and Scheibner, H. (1983), The blue fundamental primary - a revision based on dichromatic alychnes. In: Mollon, J. D. and Sharpe, L. T. (ed.), Colour vision, Physiology and psychophysics. Academic Press, London

Wright, W. D. (1928/29), A re-determination of the trichromatic coefficients of the spectral colours. Trans. Opt. Soc. London 30, 144 - 164

Wright, W. D. (1946), Researches on normal and defective colour vision. Kimpton, London

Wright, W. D. (1952), The characteristics of tritanopia. J. Opt. Soc. Am. 42, 509 - 521

Wright, W. D. (1984), The perception of light and colour. In: Dawson, W. W. and Enoch, J. M. (ed.), Foundations of sensory science. Springer, Berlin, Heidelberg, New York, Tokyo

Wyszecki, G. and Stiles, W. S. (1982), Color Science. 2nd ed. Wiley, New York

Zanen, A. (1978), Perception des couleurs. J. Fr. Ophthalmol. 12, 753 - 780

Zeki, S. M. (1980), The representation of colours in the cerebral cortex. Nature 284, 412 - 418

Zrenner, E. (1983), Neurophysiological aspects of color vision in primates. Springer, Berlin, Heidelberg, New York

Anschrift der Verfasser:
H. Scheibner, E. Wolf
Physiologisches Institut II
der Universität Düsseldorf
Moorenstr. 5
D-4000 Düsseldorf

Die Funktion der Akkommodation des menschlichen Auges

The Accommodation of the Human Eye

Helmut Krueger

Institut für Hygiene und Arbeitsphysiologie
Eidgenössische Technische Hochschule, Zürich

SUMMARY

A good visual acuity in different distances not only requires a high resolution of the retina but as well a good function of convergence and accommodation. Whereas convergence can be controlled intentionally in most cases, this cannot be done for accommodation. Our knowledge of accommodation and convergence is based on subjective and objective methods and also on functional anatomic investigations.

Convergence and accommodation are loosely connected with each other. Only deviations from the ideal connection must be corrected by fusion. Each artificial manipulation of this connection between convergence and accommodation is combined with additional effort of fusion. The resting value of accommodation is not the far point but a myopic one. It is determined by the dynamic equilibrium of the sympathetic (desaccommodation) and the parasympathetic (accommodation) nervous system. The resting point drifts towards the far point with increasing age. It is unstable. Recognition rate for small targets does not reach 100%.

Accommodation varies around values which shift towards the resting point with increasing unsharpness of targets. Therefore unsharp targets should be avoided. Accommodation shows chromatic errors like the eye-optics. This error increases with the saturation of colours. Edges of different spectral colours of equal luminance give uncertain values of accommodation. The dynamic amount of accommodation and its velocity decrease at the age of 40 to 55 years. Latency increases. The dynamic values of convergence remain constant.

Very slow variations of target distances result in unremarkable asymmetric responses of convergence and accommodation.

1. Einleitung

Ein differenziertes visuelles System befähigt den Menschen, sich in seiner dreidimensionalen Umwelt auch über grössere Distanzen zu orientieren. Zwei in festem Abstand zu einander stehende Empfängerorgane erlauben ihm, Sehobjekte von Interesse gleichzeitig von zwei verschiedenen Standpunkten aus zu betrachten. Dabei werden geringe Unterschiede der Bilder beider Augen allerdings nicht bewusst. Nur der aufmerksame Beobachter wird in einfachen Situationen die teilweise vorhandene Duplizität der gesehenen Objekte erkennen; denn im Gehirn werden die von beiden Augen gelieferten unterschiedlichen Ansichten eines angeblickten Sehobjektes zu e i n e m Bild der Realität verschmolzen. Dieses allein wird vom unkritischen Beobachter wahrgenommen und liefert, zusammen mit der Vorstellung über die Grösse bekannter Sehobjekte, ein verarbeitetes, nun bewusstes Bild vom Sehobjekt im Raum.

Die von beiden Augen gelieferten Einzelbilder werden nur zu einem einzigen zentralnervösen Gesamtbild verschmolzen, wenn der Mensch das Sehobjekt fixiert. Dieses wird damit zum Fixationsobjekt. Die Ausrichtung beider Augenachsen auf das Fixationsobjekt wird Vergenz genannt. Die Vergenz kennzeichnet im Gegensatz zur Version gegensinnige Augenbewegungen.

Wie jedes optische System unterliegt auch die Augenoptik den Gesetzen der physikalischen Optik. Die Brechkraft der Optik muss der gewünschten Sehentfernung angepasst werden. Dieser Vorgang wird Akkomodation genannt.

Der Gebrauch der Begriffe Vergenz und Akkommodation ist allerdings nicht eindeutig. Unter einer mehr dynamisch funktionellen Betrachtungsweise kann darunter jeweils der Vorgang der Einstellung gesehen werden. Anderseits wird unter dem Aspekt der statischen Endeinstellung auch ein erreichter Endwert bei zeitlich konstanten Sehbedingungen verstanden. Für das Folgende soll deshalb nachstehende Definition getroffen werden: Feste Einstellungen bei konstanten Sehbedingungen werden als Vergenz- bzw. Akkommodationseinstellung bezeichnet. Der dynamische Vorgang wird hingegen Vergenz (Kon- bzw. Divergenz) sowie Akkommodation genannt.

Vergenz- und Akkommodationseinstellung sind Istwerte zweier motorischer Regelsysteme, von denen anzunehmen ist, dass sie nur bedingt dem Willen unterstellt sind, die also weitgehend autonom arbeiten. Beide Regelsysteme arbeiten nicht unabhängig voneinander. Vielmehr ist mit jeder Akkommodationseinstellung auch bei fehlendem Vergenzreiz (z.B. einäugiger Beobachtung) eine akkommodative Vergenzeinstellung verbunden und umgekehrt mit jeder Einstellung der Vergenz auch eine zugehörige vergenzinduzierte der Akkommodation /10, 32, 12/.

Ein Regelsystem hat bekanntlich die Aufgabe, auch bei Störsignalen eine möglichst gute Einstellung der Sollwerte zu gewährleisten. Daraus folgt, dass sich Störungen erst dann in den statischen Einstellungen zeigen werden, wenn die Funktionsbreite des Regelsystems überschritten ist. Andererseits steht aber zu erwarten, dass sich Fehlfunktionen allererst in der Dynamik zeigen. Daher sollte für die binokulare Funktion des Gesichtssinnes sowohl aus arbeitsphysiologischer als auch klinischer Sicht ein fundamentales Interesse an der Dynamik von Vergenz und Akkommodation bestehen.

Im Laufe des Lebens sinkt die Akkommodationsfähigkeit des menschlichen Auges. Nach den Erhebungen von DUANE / 8 / verbleibt in fortgeschrittenem Alter nur ein Rest von ca. 1 dpt. Dieser rein elastomechanisch bedingte Funktionsverlust (z.B. FISHER, 1973) wird die Dynamik des Regelsystems nicht unbeeinflusst lassen.

2. Funktionelle Anatomie

Trotz der gegebenen Verknüpfung von Akkommodation und Vergenz sollen beide Grössen getrennt voneinander besprochen werden.

2.1 Vergenz

Für die Vergenz müssen horizontale, gegensinnige Augenbewegungen durchgeführt werden. Hierfür steht dem Auge ein gegeneinander wirkendes Muskelpaar (m. rectus lateralis und medialis) zur Verfügung, das von zwei verschiedenen Nerven inerviert wird (n. oculomotorius und n. abducens). Die Vergenz kann bewusst gesteuert werden, wenn ein unbewegter Gegenstand willentlich angeblickt und fixiert wird. Allerdings gelingt diese bewusste Steuerung nicht immer. Es muss ein autonomer Anteil überlagert sein, wie die praktische Erfahrung zeigt. Periodische Sehobjektstrukturen, wie z.B. Lochrasterplatten, können ein fehlerhaftes Einrasten der Vergenz bewirken. Die verschiedenen Einstellungen von Akkommodation und Vergenz führen dann zu einem unangenehmen Sehgefühl. Diesen Zustand zu überwinden, bedarf es grösster Sehanstrengung. In vielen Fällen hilft ein Lidschlag.

Die Differenz (Disparität) zwischen den beiden verfügbaren Netzhautbildern liefert das Eingangssignal des Regelkreises.

2.2 Akkommodation

Als brechende Fläche dient dem Auge in erster Linie die sphärisch ausgeformte, durchsichtige Hornhaut. In der eigentlichen Augenlinse steht ihm zusätzlich ein Element zur Veränderung der Brechkraft zur Verfügung. Hierzu muss die Krümmung der Linsenoberfläche verändert werden. Die Augenlinse baut sich aus einer Kapsel und Linsenfasern auf, die zwiebelschalenartig ineinandergelegte Lamellen bilden. Ohne äussere Zugkräfte nimmt sie aufgrund ihrer elastischen Eigenschaften eine eher kugelförmige Gestalt mit erhöhter Brechkraft an.

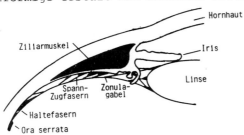

Abb. 1: Anatomie des Ziliarmuskels

Die Augenlinse wird gemäss Abb. 1 mit Haltefasern im Auge fixiert. Diese Fasern sind einmal gabelförmig an der Linse befestigt und andererseits an der Aderhautmembrane festgeheftet. Zusätzlich verbinden Spannfasern die Haltefasern mit dem radial-ringförmigen Akkommodationsmuskel (Ciliarmuskel)/9/.

Wenn der Ciliarmuskel sich kontrahiert, arbeitet er gegen die elastischen Kräfte der Aderhaut und zieht die Haltefasern in Richtung Linse. Die Linse krümmt sich, ihren elastischen Kräften folgend. Die Brechkraft nimmt zu. Im umgekehrten Fall einer Abnahme der Aktivität des Ciliarmuskels ziehen elastische Kräfte der Aderhaut/6/ über die Haltefasern die Linse flach. Es stellt sich ein Zustand verminderter Brechkraft ein.

Die Akkommodation ist also anatomisch ein asymmetrisches Geschehen. Während die Akkommodation zu höheren Brechkräften durch die aktive Kontraktion des Ciliarmuskels und die Wechselwirkung zweier elastischer Kräfte (Aderhaut, Linse) bestimmt wird, beruht die Desakkommodation vor allem auf der passiven Wirkung der zwei elastischen Kräfte, da sich ein Muskel nicht aktiv entspannen kann, sondern nur passiv gedehnt werden kann.

Als Eingangsgrösse kann wohl die Unschärfe des fovealen Netzhautbildes angenommen werden, wie Untersuchungen an Schwachsichtigen (Amblyope) zeigen/35/.Die chromatische Aberration scheint keine Rolle zu spielen/46/.

3. Methodik

Die Untersuchung des motorischen Systems kann unter zwei verschiedenen Aspekten erfolgen. Steht die kontinuierliche Erfassung von physikalischen Sollwerten im Vordergrund, wird die Wahl auf objektive Messverfahren fallen. Soll jedoch der gesamte Wahrnehmungsprozess eingeschlossen werden, so müssen subjektive Verfahren eingesetzt werden, die dann allerdings als Kriterium nur den Seherfolg haben und die Dynamik eines Regelkreises nur unter grossem Zeitaufwand erfassen lassen.

3.1 Subjektive Messmethodik

Subjektive Methoden sind integrative Methoden. Sie lassen keine Differenzierung zwischen Akkommodation und Vergenz zu, so dass mit ihnen nur Reaktionen der Entfernungsverstellungen beider Augen erfasst werden können.

Sie wurden in der Vergangenheit immer wieder zur Untersuchung der Entfernungseinstellung eingesetzt, z.B./38,31/. Allen Verfahren gemeinsam ist eine kurzzeitige Darbietung von Sehzeichen, deren Entfernung sprunghaft geändert wird. Es wird diejenige Darbietungszeit gemessen, die gerade notwendig ist, in der neuen Sehentfernung eine Identifikationsaufgabe mit einer vorgegebenen Wahrscheinlichkeit richtig zu lösen. Die ermittelten Zeitwerte setzen sich also aus einer Zeit für die Aenderung der Sehentfernung sowie einer für die Identifikation zusammen.

Diese Methode lässt sich für den praktischen Einsatz standardisieren, indem der Ablauf automatisiert wird /15/.

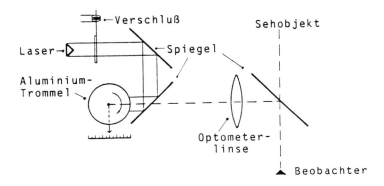

Abb.2: LASER-Optometer, Prinzip n. /26/

Als Identifikationsaufgabe kann einmal das Erkennen einfacher Sehzeichen (Optotypen) herangezogen werden. Eine bessere Eignung muss allerdings heute in vielen Fällen dem Laseroptometer zugesprochen werden, dessen Einführung auf Untersuchungen von KNOLL /18/ zurückgeht. Bei diesem Verfahren wird als Sehzeichen eine mit kohärentem Laser-Licht beleuchtete Fläche verwendet, die sich relativ zum Beobachter bewegt (Abb. 2). Der Beobachter sieht dann eine granulierte Struktur, die sich im allgemeinen mit oder entgegen der Laufrichtung zu bewegen scheint. Nur wenn die Oberfläche zur Retina konjugiert ist, ist einem allgemeinen "Kochen" keine Bewegung überlagert. Körnung und Schärfe der Granulation sind vom Visus des Beobachters praktisch unabhängig. Das Messkriterium ist nicht die Schärfe oder ein vom Visus abhängiges Objekt, sondern der Stillstand eines bewegten Bildes.

Die Genauigkeit eines Laseroptometers ist sehr gut (±0,05 dpt), wie eigene Messungen mit gelähmtem Akkommodationsmuskel zeigten.

Mit einer Darbietungszeit im Bereich der Latenzzeit des untersuchten motorischen Systems, lässt sich ebenfalls ein eingestellter Istwert ermitteln sowie die zeitliche Verteilung um diesen Wert, wenn die Messung hinreichend häufig wiederholt wird. Weitergehende Analysen des zeitlichen Verhaltens mit subjektiven Methoden wären zu zeitaufwendig und wegen der Beanspruchung der untersuchten Personen auch unzuverlässig.

3.2 Objektive Messmethodik

Für eine differentielle Beurteilung der Funktion des motorischen Systems für die Entfernungseinstellung bedarf es objektiver Messmethoden.

Vergenz

Die Messung gegensinniger Augenbewegungen stellt besondere Anforderungen an Auflösungsvermögen und Stabilität, da die zu messenden Winkeländerungen der Augenachsen kleiner als bei Versionen sind. Eine Aenderung der Sehentfernung von 0 auf 1 dpt entspricht bei einem Augenabstand von 65 mm nur einer Aenderung von $1,9°$. So ist ein Auflösungsvermögen von mindestens 20 Minuten zu fordern, das ungefähr 0,1 dpt Entfernungsänderung entspricht. Ein solches Auflösungsvermögen lässt sich mit einer Halbleiterkamera auf der Basis von ladungsgekoppelten Photoelementen (CCD) erreichen /23/. Ein zeitliches Auflösungsvermögen von 100 Hz reicht für Untersuchungen der vorliegenden Art aus.

Akkommodation

Eine objektive Messung der Brechkraft des menschlichen Auges mit hinreichender Genauigkeit und zeitlicher Auflösung ist ein technisches Problem. Grundproblem aller abbildenden Verfahren ist der im Vergleich zu den sonstigen brechenden Flächen des Auges geringe diffuse Reflexionsgrad der Netzhaut. Sieht man einmal von mehr qualitativen Methoden ab, die Potentialänderungen des Akkommodationsmuskels oder die Verschiebung der Linsenvorderfläche heranziehen, verwendet die Mehrzahl der beschriebenen Geräte das Scheinerverfahren /5, 37, 47, 7/.

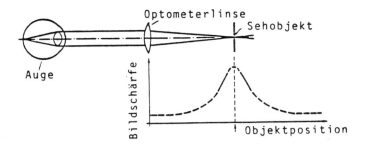

Abb. 3: Akkommodometer, Prinzip n. /24/

Für die vorliegenden Untersuchungen wurde eine Kombination zwischen einem Schneiden- und einem Bildschärfe-Verfahren gewählt (Abb.3). Als Testzeichen wurde ein wenig sichtbarer im nahen Infrarot (820 mm) leuchtender, waagrechter Balken gewählt. Die Beleuchtung mit sehr kleiner Apertur gewährleistete, dass er keinen zusätzlichen Akkomodationsreiz liefert. Eine genaue Beschreibung findet sich bei/23/. Das eingesetzte Gerät hat bei einem technischen Auflösungsvermögen von 0.05 dpt eine maximale ausreichende Dynamik von 20 dpt/s. In früheren Untersuchungen wurde mit einer anderen Messtechnik bei jüngeren Personen eine maximale Geschwindigkeit der Akkommodation von ca. 15 dpt/s gefunden/22/.

4. Zusammenspiel von Vergenz- und Akkommodationseinstellung

Eine richtige Funktion des Auges setzt eine exakte Abstimmung von Vergenz- und Akkommodationseinstellung voraus. Diese kann mit einem Vergenz-Akkommodationsdiagramm erfasst werden, wie es von FINCHAM u. WALTON/10/experimentell bestimmt wurde und in Abb. 4 schematisch verdeutlicht ist. Zu beachten ist allerdings, dass aus messtechnischen Gründen in der Praxis üblicherweise auf der Ordinate nicht die Akkommodation selber, sondern die Akkommodationsanforderung aufgetragen wird und sich damit unkontrollierte Abweichungen ergeben können.

Den Idealfall der Abstimmung von Vergenz- und Akkommodationseinstellung spiegelt die sogenannte DONDERS-Linie wider. Erfreulich wäre es daher, wenn sich auch ohne Vergenzreiz bei einäugiger Beobachtung ein der Donders-Linie entsprechender Vergenzwert einstellen würde und umgekehrt.

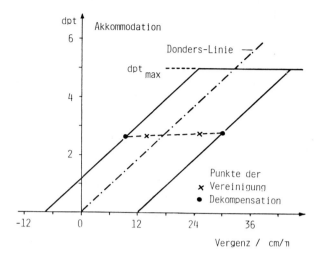

Abb. 4: Diagramm zum Zusammenwirken von Vergenz- und
Akkommodationseinstellung (s. Text)

Im Normalfall werden Punkte vorliegen, deren Verbindungslinie (Phorie-Linie) nicht mit der Linie von DONDERS zusammenfällt. Damit es nicht zu Doppelbildern kommt, muss dann eine zusätzliche Fusionsleistung erbracht werden. Diese Fusionsarbeit ist im Akutversuch mit einem Anstrengungsgefühl verbunden.

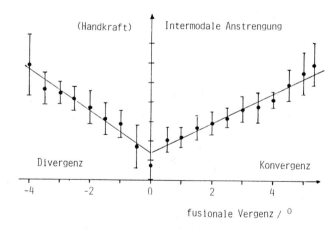

Abb. 5: Mit zusätzlicher Fusion empfundene Anstrengung

Abb. 5 zeigt das Ergebnis eines solchen Versuches mit 10 Studenten, bei denen künstlich in das Zusammenspiel beider Augen eingegriffen wurde, so dass eine ungewohnte, zusätzliche Fusionsanstrengung für das Einfachsehen aufgebracht werden musste. Der Grad der Anstrengung wurde im intermodalen Intensitätsvergleich nach der Methode von Stevens (1960) mit einem Handdynamometer über eine gleich grosse, willentlich erzeugte Handkraft ermittelt. Als leichte Fusionsvorlage diente ein Malteserkreuz mit sehr gutem Kontrast. Im Ergebnis kann die Beobachtung festgehalten werden, dass bereits sehr geringe Eingriffe in die Kopplung als Fusionsanstrengung wahrgenommen werden.

Wenn Phorie- und Donderslinie nicht zusammenfallen, wird von einer Heterophorie gesprochen. Diese bleibt latent solange die Fusionsleistung des Regelsystems in der statischen Einstellung ausreicht. Daneben gibt es ausserhalb eines Grenzbereiches mit einer Zone unscharfen Sehens ein Gebiet, in dem das beidäugige Sehen zerfällt und Doppelbilder auftreten (Abb. 4). Es kommt zum Schielen. Die Werte des Aufbrechens und der Wiedervereinigung unterscheiden sich. Letzterer ist zur Donders-Linie hin verschoben und hängt zudem von der Struktur des gewählten Sehobjektes ab. Auf Texte reagieren Versuchspersonen im Versuch empfindlicher als auf ein Malteserkreuz, das einen eindeutigeren Fusionsreiz darstellt.

Es steht zu vermuten, dass Personen zwischen 45 und 50 Jahren mit langsam sinkender Akkommodationsbreite auf Störungen in der Fusion empfindlicher als junge Personen reagieren.

5. Zusammenwirken von Vergenz und Akkommodation

Während die statische Einstellung von Vergenz und Akkommodation in Form der Abb. 4 recht gut erfasst werden kann, ist das Wissen über die Dynamik des Zusammenwirkens von Vergenz und Akkommodation sehr lückenhaft. Es beschränkt sich im wesentlichen auf qualitative Registrierbeispiele. So sollen nur einige Gesichtspunkte zusammengestellt werden, die sich aus dem Verfasser vorliegendem Untersuchungsmaterial von annähernd 150 Versuchspersonen ableiten lassen.

Danach sind die Verhaltensweisen der Versuchspersonen sehr unterschiedlich. Während ein grosser Teil sehr gut akkommodieren und

vergieren kann, muss ein anderer trotz guter Vergierfähigkeit das
Akkommodieren erst erlernen. Bei monokularer Beobachtung eilt die
Vergenz erwartungsgemäss bei der Mehrzahl der Personen der allein ge-
reizten Akkommodation hinterher. Es gibt aber auch Personen, bei denen die Vergenz trotz fehlenden Vergenzreizes der Akkommodation vor-
auseilt und auch vorzeitig abgeschlossen ist. Allerdings reicht das
vorliegende Untersuchungsmaterial für eine endgültige Beurteilung
nicht aus.

Sehr langsame Aenderungen der Entfernung der Sehobjekte werden von
den Probanden nicht diagnostiziert. Dennoch folgen Akkommodationseinstellung und Vergenzeinstellung in der richtigen Grösse. Daraus
kann wohl geschlossen werden, dass zwar das Ansteuern eines Objektes
willkürlich erfolgt, die Feinregulierung und das Festhalten bei gefundener Endeinstellung aber automatisch erfolgt.

6. Akkommodationseinstellung (Statik)

In diesem Abschnitt werden die Eigenschaften der Akkommodation bei
fester Sehobjektentfernung behandelt.

6.1 Ruhewert der Akkommodationseinstellung

Ueblicherweise wird vorausgesetzt, dass der Zustand der Einstellung
der Akkommodation auf den Fernpunkt derjenige der Ruhe mit minimaler
Akkommodationsanstrengung ist. Die Grundidee ist, dass sich der Akkommodationsmuskel dann im Zustand maximaler willentlich beeinfluss-
barer Erschlaffung oder, besser gesagt, niedrigster nervöser Anspannung befindet.

Im Gegensatz zu dieser Annahme zeigte sich aber, dass sich im reiz-
leeren oder auch im reizarmen Gesichtsfeld im allgemeinen ein vom
Fernpunkt abweichender Ruhewert der Akkommodation einstellt. Eine
solche reizlose Situation liegt im Dunkeln, aber auch im struktur-
armen Hellen bei Nebel vor. Verschiedene Autoren haben den Ruhewert
der Akkommodationseinstellung unter verschiedenen Randbedingungen
untersucht /19, 48, 2, 4, 16, 17, 27, 39/. Immer wurde ein Mittelwert
zwischen Fernpunkt und Nahpunkt der Entfernungseinstellung gefunden,

der je nach Autor und Versuchsbedingung Ruhemyopie oder auch Nachtmyopie genannt wird. Die in der Literatur angeführten Werte liegen zwischen 0 und 4 dpt. Eigene Erhebungen mit dem Laseroptometer ergaben für ein Kollektiv von 30 Studenten einen Mittelwert von 1,25 dpt (80 cm) mit je einer Varianz von 0,6 dpt/27/. Vermutlich ist auch ein Teil der Instrumentenmyopie, die von SCHOBER/40,14,42/ eingehend untersucht wurde, ein Ausdruck des von 0 dpt abweichenden Ruhewertes der Akkommodation.

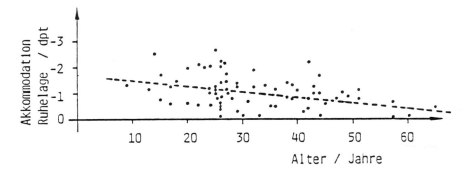

Abb. 6: Altersverlauf der objektiv gemessenen Akkommodationsruhelage
---- Regressionsgerade (-1,76 dpt + 0,022 *Alter)

Im Laufe des Lebens verschiebt sich der mittlere Wert des Ruhewertes der Akkommodationseinstellung in Richtung Fernpunkt. In Abb. 6 sind die Ergebnisse eines Kollektivs von 100 Personen zusammengestellt. Dieses Ergebnis steht mit der Abnahme der Akkommodationsbreite im Einklang. Mit zunehmendem Alter nimmt demnach der Einfluss der Nachtmyopie ab (0,22 dpt je 10 Jahre).

Der Ruhewert schwankt von Person zu Person nicht unerheblich. Neben Werten von beinahe 0 dpt werden solche von 2,5 dpt (40 cm Sehentfernung) und mehr gefunden. Aber auch intraindividuell können die Schwankungen von Tag zu Tag und über längere Zeiten erheblich sein/28,42/. Die von OWENS/36/berichtete Langzeitstabilität wurde nicht gefunden. Innerhalb von 6 Monaten schwankten die Werte in einem Bereich von 0,7 dpt. Selbst im Minutenbereich ergeben sich Schwankungen, die über die bei vorhandenem Fixationsobjekt hinausgehen. Abb.7 zeigt die Verteilung der Erkennungsrate für ein Sehzeichen (Landoltring) mit einer Visusanforderung von 0,7 in Abhängigkeit von der Sehentfernung. In einem Fall wurde das Sehzeichen kurzzeitig im leeren Feld dargeboten

und im anderen bei vorhandenem Fixationszeichen mit der Entfernung
des Ruhewertes der Akkommodation. Die grösseren Schwankungen der Akkommodation im leeren Feld senken die maximale Erkennungswahrscheinlichkeit unter 100% und strecken den Entfernungsbereich, in dem Zeichen noch mit verminderter Wahrscheinlichkeit erkannt werden können.

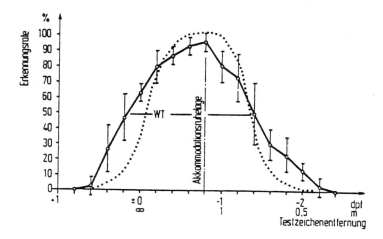

Abb.7: Erkennungsrate im optisch leeren Feld ohne Akkommodationsreiz
WT: Wahrnehmungstiefe für eine 50%-Erkennungsrate
....Vergleichswerte mit Akkommodationsreiz

Die Eigenschaften des Ruhewertes lassen sich funktionell anatomisch verstehen. Danach würde eine Akkommodation in die Nähe eine stärkere Wirkung des Parasympathicus fordern und diejenige in die Ferne eine solche des Sympathicus. Der Ruhewert spiegelt demnach ein dynamisches Gleichgewicht zwischen beiden nervösen Einflüssen wider. Jede Entfernung von diesem naturgemäss recht instabilen Wert würde eine überwiegende Aktivierung der Wirkung des einen oder andern Partners bedeuten.

Zwei Befunde sprechen für eine solche funktionelle Asymmetrie der Akkommodation bezüglich der Lage des Ruhewertes. Hartmann / 3 / fand in einem kleinen Kollektiv Studenten eine deutliche Zunahme der subjektiv gemessenen Akkommodationszeit von etwa 400 ms, wenn die Ausgangswerte weniger als 1 m (1 dpt) und die Endwerte mehr als 1 m entfernt lagen. Dieser Wert würde im Mittel dem Ruhewert entsprechen. OESTBERG / 34 / untersuchte mit einem Laseroptometer den Ruhewert vor und nach Bildschirmarbeit. Er fand nach Arbeit eine geringe Verschiebung des Wertes in die Nähe. Diese Veränderung könnte eine Verschiebung im dynamischen Gleichgewicht des vegetativen Nervensystem (Sympathicus - Parasymapthicus) beschreiben und damit eine operationale Messgrösse für die Beanspruchung durch die Arbeit sein.

6.2 Sollwertabweichungen der Akkommodationseinstellung

Die Akkommodation hat die Aufgabe, ein möglichst scharfes Netzhautbild zu erreichen. Wie die statischen Versuche zur Koppelung von Akkommodation und Vergenz zeigen, geschieht dieses in einem komplexen Regelkreis und nicht im Sinne einer vorprogrammierten Steuerung über die bedeutend exakter geführte Vergenz.

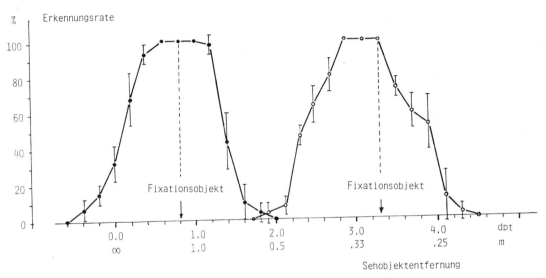

Abb.8: Verteilung der Erkennungsrate für verschiedene Sehentfernungen

Für ein Fixationsobjekt in der Entfernung der Ruhelage breitet sich der Schärfentiefenbereich mit 100%-Erkennungsrate symmetrisch zur Sollentfernung aus. Liegt das Objekt weiter in der Nähe, ist der Akkommodationsaufwand nur so gross, dass es gerade in den Bereich der Schärfentiefe fällt. Allerdings darf nicht verschwiegen werden, dass es auch Personen gibt, die im Gegensatz zum regeltheoretischen Ansatz von Toates / 45 / eine Sollwertabweichung von nahezu 0 dpt erreichen. Wahrscheinlich hängt im täglichen Gebrauch die Sollwertabweichung von der Grösse des Sehobjektes ab. Nach Untersuchungen von NEDALL u. KNOLL / 33 / steigt sie mit sinkender Sehschärfeanforderung.

Solange bei der Untersuchung des Funktionssystems für die Entfernungseinstellung mit idealen, scharfen Sehobjekten grossen Kontrastes gearbeitet wird, kann mit einfachen Funktionsmodellen des Regelsystems gearbeitet werden, wie sie von STARK et al./43/ und TOATES /45/ vorgeschlagen wurden. Ihre Anwendung setzt allerdings die Vorstellung eines erreichbaren, besten Konstrastes voraus, wenn allein die durch Sollwertabweichung hervorgerufene zeitlich konstante Unschärfe als Regelsignal herangezogen werden soll.

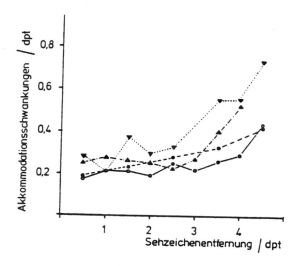

Abb.9: Schwankungen der objektiv registrierten Akkommodationseinstellung bei längerer Zeit unveränderter Sehentfernung
Δ,ρ beidäugig; ▼,● einäugig

Jeder Akkommodationseinstellung sind kurzzeitliche Schwankungen überlagert. Abb. 9 gibt einen Anhalt über Grösse und Akkommodationsabhängigkeit dieser Schwankungen wieder. Die Zunahme der Amplitude mit steigendem Akkommodationswert entspricht den Ergebnissen von ARNULF et al. / 3 / . Die Sehschärfe selber wird zumindest im Fernpunkt von diesen Schwankungen nicht beeinflusst, wie MILLODOT / 30 / bei Versuchen mit gelähmtem Ciliarmuskel nachweisen konnte. Diese Schwankungen der Akkommodation wären auch unabhängig von der "Schärfe" des Sehobjektes geeignet, ein Regelsignal zu liefern. Da sie die Möglichkeit bieten, die Schärfe zeitlich nacheinander in zwei verschiedenen Entfernungen zu messen, könnten sie ein eindeutiges Signal für die Richtung auf eine schärfere Einstellung des Auges hin bieten.

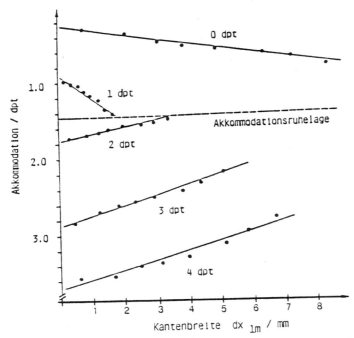

Abb.10: Einfluss der "Schärfe" (Kantenbreite des Leuchtdichteübergangs dx_{1m} bezogen auf eine Sehentfernung von 1m) des Sehobjektes auf die Akkommodationseinstellung als Funktion der Akkommodationsanforderung (0, 1, 2, 3, 4 dpt)

Aus dieser Sicht, aber auch aus praktischen Gründen, ist die Frage von Bedeutung, welchen Einfluss unscharfe Sehzeichen auf die Akkomodationseinstellung haben. Unscharfe Sehobjekte sind am Arbeitsplatz weit verbreitet. Seien es schlechte Durchschläge im Büro, verschmutzte Windschutzscheiben oder auch Bildschirme mit Reflexschutz. Abb.10 fasst das Ergebnis einer solchen Studie für verschiedene Sehentfernungen zusammen. Als Schärfemass ist die Kantenbreite bei geometrischer Projektion auf eine Ebene in 1 m Sehentfernung aufgetragen. Nähere Versuchsangaben finden sich bei KORGE und KRUEGER / 20 /. Bereits geringe Unschärfen führen zu einem Abdriften der Akkommodation in Richtung Ruhelage.

Beim Vorliegen der Vorstellung eines "idealen Schärfewertes" entsprechend der oben angeführten Modelle hätte eigentlich ein starkes Akkomodationssignal im Regelkreis entstehen sollen, das in der Praxis nicht beobachtet wurde. Die Frage nach dem Eingangssignal für den Akkommodationsregelkreis bleibt also offen. Unschärfe des Retinabildes ist ein Akkommodationsreiz, obwohl die Unschärfe des Sehobjektes nur ein unzureichender ist/41/.

Für die Praxis lässt sich aus den Ergebnissen ableiten, dass unscharfe Zeichen vermieden werden sollten, da sie neben der eigenen Objektunschärfe zu einer weiteren, physiologisch bedingten Funktionsunschärfe Anlass geben. Die Verbesserung durch eine unterstützende Vergenz bei beidäugiger Beobachtung ist nur gering/21/.

6.3 Einfluss der chromatischen Aberration

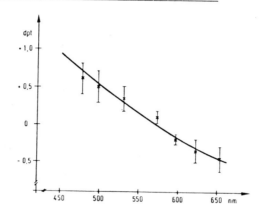

Abb.11: Vergleich von monokular gemessener Einstellung der Akkommodation und chromatischem Fehler des Auges.

Die Dioptrik des menschlichen Auges weist im Vergleich zu technischen Systemen eine beachtliche chromatische Aberration auf, die bis zu 2 dpt zwischen dem blauen und dem roten Ende des Spektralfarbenzugs betragen kann. Wie Nachmessungen mit dem Laser-Optometer zeigen, schlägt sich dieser chromatische Fehler voll auf die bei reinen Spektralfarben bestimmten Akkommodationswerte nieder. Abb. 11 zeigt die Mittelwerte von 10 Personen. Die physikalischen Werte sind als Linie eingetragen. Diesen typischen chromatischen Verlauf der Akkommodationseinstellung haben auch Prot- und Deuteranomale.

Eine Entsättigung der Farben mit weissem Licht bei gleichbleibender mittlerer Leuchtdichte führt zu einer deutlichen Verschiebung der Akkommodationseinstellung auf den Unbuntwert (Abb. 12). Wahrscheinlich ist das Energiemaximum der retinalen Leuchtdichteverteilung der adäquate Reiz. So sind auch bei Bildschirmfarben die chromatischen Unterschiede der Akkommodationseinstellung geringer als die der chromatischen Aberration für reine Spektralfarben entsprechenden /26/.

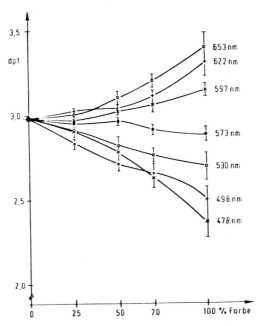

Abb.12: Einfluss der Sättigung verschiedener Farben auf die Akkomodationseinstellung

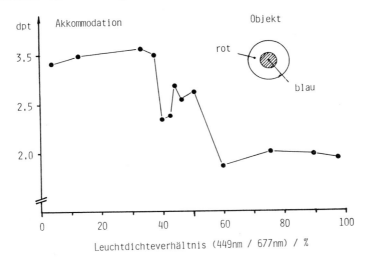

Abb.13: Einfluss zweier Spektralfarben auf die Akkommodationseinstellung

Ueber den Einfluss von Farbmischungen auf die Akkommodationseinstellung liegen bisher nur vereinzelte Ergebnisse vor. Aufgrund der vorliegenden Ergebnisse kann bei gleicher Leuchtdichte zweier Spektralfarben mit zwei Energiemaxima in zwei Sehentfernungen gerechnet werden, von denen jeweils nur eines scharf eingestellt werden kann. Abb. 13 zeigt das Ergebnis eines entsprechenden Versuches. Bei zahlenmässig etwa gleicher Leuchtdichte kommt es zu unsicherer Entfernungseinstellung und damit verbundenen unangenehmen Empfindungen. Ein Pendeln zwischen beiden Werten im eigentlichen Sinn wurde nicht beobachtet.

7. AKKOMMODATION (Dynamik)

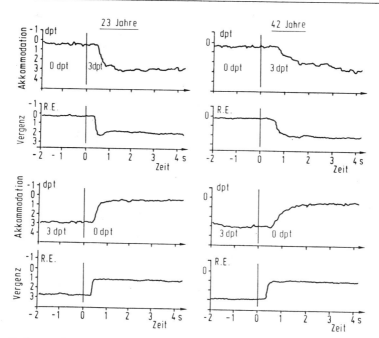

Abb.14: Zeitverlauf von Akkommodation und Vergenz

Willentlich wird die Akkommodationseinstellung vor allem sprunghaft geändert. Deshalb wurde in einem ersten Schritt der Reaktionsverlauf auf sprunghafte Aenderungen der Sehobjekte betrachtet. Die folgenden Ergebnisse beruhen auf den Daten eines Kollektivs von 100 Personen unterschiedlichen Alters. Es wurden die Reaktionen auf 12 verschiedene Sprünge zwischen den Entfernungen 0,3 dpt (3 m), 1 dpt (1 m),

2 dpt (0,5 m) und 3 dpt (0,33 m) gewählt, die im täglichen Gebrauch
anzutreffen sind. Die Sprünge erfolgten in zufälliger Reihenfolge zu
unbekannter Zeit. Damit wurde ein immer wieder beobachtetes Vorausakkommodieren unterbunden. In Abb. 14 sind exemplarisch die Ergebnisse
für verschiedene Altersgruppen zusammengestellt. Alle Ergebnisse beziehen sich auf beidäugige Beobachtung. Die Vielfalt der 12 Sprungantworten ist in den folgenden Punkten zur besseren Uebersicht zu
einem Mittelwert zusammengefasst. Für die Reaktionszeiten wurde der
Mittelwert genommen. Für die Berechnung von Reaktionsamplitude und
Reaktionsgeschwindigkeit wurden hingegen auf den Sollwert normierte
prozentuale Werte herangezogen. Die Akkommodationswerte wurden jeweils 2 sec vor und 4 sec nach dem Reiz aufgenommen.

7.1 Amplitude der Akkommodation

Die Akkommodation wurde als dynamischer Vorgang der Akkommodationseinstellung definiert, der eine bestimmte Zeit benötigt. Vom dynamischen Gebrauch der Akkommodation wird vorausgesetzt, dass diese in
absehbarer Zeit abgeschlossen ist. Akkommodationszeiten von vielen
Sekunden sind dann nicht mehr zu akzeptieren, selbst wenn sie über
längere Zeit zu einer besseren Einstellung der Akkommodation führen.
Als Endwert der Akkommodation wurde deshalb die innerhalb von 4 sec
erreichbare Akkommodationseinstellung gewertet. Diese Einschränkung
bedeutet besonders bei Personen über 40 Jahren eine zunehmende Einschränkung, die mit u.U. 10 und mehr Sekunden grossen Akkommodationszeiten den Rest verbleibender Akkommodationskraft dynamisch nicht
mehr einsetzen können.

Wie der Abb. 15 zu entnehmen ist, sinkt die dynamisch erreichbare
Amplitude beginnend mit dem 40. Lebensjahr bis zum 55. Lebensjahr
linear auf den Wert Null ab. Der Streubereich ist im Vergleich zu
den Werten der gleichzeitig bestimmten Vergenz erheblich.

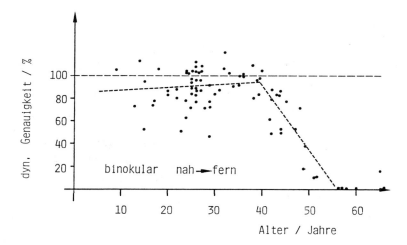

Abb.15: Aktuelle Einstellgenauigkeit der Akkommodation 4s nach Reizbeginn bei beidäugiger Beobachung

7.2 Reaktionszeit der Akkommodation

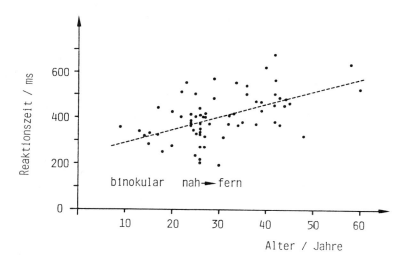

Abb.16: Gemittelte Reaktionszeit der Akkommodationseinstellung bei beidäugiger Beobachtung

Die mittlere Reaktionszeit weist in der jüngsten Altergruppe mit annähernd 300 ms einen ähnlichen Wert, wie die Vergenz auf Abb. 16.

Während letztere aber bis zum 40.-45. Lebensjahr konstant bleibt, steigt diejenige der Akkommodation fortlaufend um etwa 55 ms je Lebensjahrzehnt an. Da die Vergenz diesen Anstieg der Reaktionszeit nicht hat, muss geschlossen werden, dass die Verlängerung der Reaktionszeit der Akkommodation auf einer verlängerten Latenzzeit beruht.

7.3 Geschwindigkeit der Akkommodation

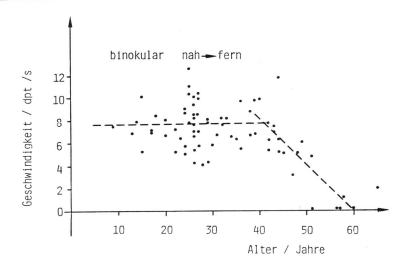

Abb.17: Maximale Aenderungsgeschwindigkeit der Akkommodationseinstellung bei beidäugiger Beobachtung

Die maximale Akkommodationsgeschwindigkeit zeigt einen ähnlichen Verlauf wie die Amplitude (Abb. 17). Im Gegensatz zu derjenigen der Vergenz sinkt sie beginnend mit 7-8 dpt/s bis zum 60. Lebensjahr linear auf den Wert Null ab.

8. Asymmetrie der Akkommodation

Der funktionelle, anatomische Aufbau des Akkommodationsregelkreises und die antagonistische, nervöse Versorgung des Akkommodationsmuskels durch sympathisches und parasympathisches Nervensystem/29/ lässt ein asymmetrisches Verhalten der Akkommodation bezüglich muskulär passiver Entspannung und aktiver Anspannung erwarten. Die unterschiedlichen

Einstellzeiten für beide Verlaufsrichtungen /13, 38/ sind Hinweise hierfür. Diese Asymmetrie kommt aber auch im Verlauf der Akkommodationseinstellung zum Ausdruck, wenn sich das Sehobjekt sehr langsam, für den Beobachter nicht merkbar, in der Entfernung bewegt. In allen Aufzeichnungen wurde unter diesen Bedingungen eine deutlich glattere muskulär aktive fern-nah-Reaktion beobachtet.

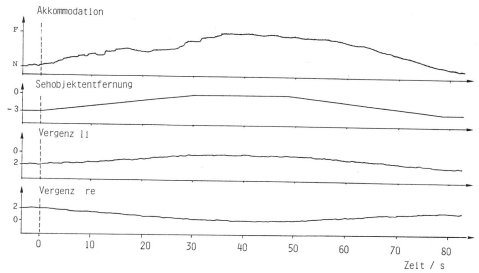

Abb. 18: Reaktion auf unmerkbar, langsame Aenderung der Sehentfernung

9. Schlussbemerkung

Die Zusammenstellung einiger Fakten über das Akkommodationsgeschehen zeigt, dass manche Frage offen bleibt. Das dynamische Zusammenspiel zwischen Akkommodation und Vergenz ist nur teilweise bekannt. Dasselbe gilt für den adäquaten Akkommodationsreiz. Nicht erwähnt wurden die zahlreichen pharmakologischen Einflüsse auf die Akkommodation. Im praktischen Gebrauch der akkommodativen Funktionen sollte besonders die Gruppe der 40- bis 55-jährigen gestört sein, die deshalb neben derjenigen der jugendlichen Studenten vermehrt in die Betrachtung der Leistungsfähigkeit des visuellen Systems einbezogen werden sollte.

ZUSAMMENFASSUNG

Eine gute Sehschärfe in verschiedenen Sehdistanzen erfordert nicht allein ein hohes Auflösungsvermögen der Netzhaut, sondern gleichermassen eine aufeinander abgestimmte Funktion von Konvergenz und Akkommodation. Während die Konvergenz willentlich kontrolliert werden kann, gilt dieses für die Akkommodation nur bedingt. Unsere Kenntnis der Funktion von Akkommodation und Konvergenz beruht auf subjektiven und objektiven Untersuchungsmethoden sowie Ergebnissen der funktionellen Anatomie.

Konvergenz und Akkommodation sind, abgesehen von einer eingeschränkten Zone, fest miteinander verknüpft. Nur Abweichungen von der idealen Verknüpfung müssen mittels Fusion korrigiert werden. Jeder künstliche Eingriff in dieses Zusammenspiel von Akkommodation und Konvergenz geht daher mit einer merkbaren Fusionsanstrengung einher.

Die Ruheeinstellung der Akkommodation beim Fehlen eines Sehobjektes ist nicht diejenige des Fernpunktes, sondern in die Nähe verschoben. Sie wird durch das variable dynamische Gleichgewicht vom sympathischen (Desakkommodation) und parasympathischen (Akkommodation) Nervensystem bestimmt. Die Ruheeinstellung verschiebt sich mit zunehmendem Alter auf den Fernpunkt. Ihr Wert ist instabil, so dass die Erkennungsrate für eingeblendete, kleine Sehobjekte deshalb nicht 100% erreicht.

Die Akkommodationseinstellung verschiebt sich mit zunehmender Unschärfe der Sehobjekte auf diejenige der Ruhe. Deshalb sollten unscharfe Sehobjekte vermieden werden.

Die chromatischen Fehler der Augenoptik spiegeln sich in der Akkommodation wider. Die chromatischen Abweichungen sinken mit zunehmender Entsättigung der Spektralfarben. Kanten, an denen verschiedene Spektralfarben gleicher Leuchtdichte aneinandergrenzen, ergeben unsichere Akkommodationseinstellungen.

Die in dynamischen Vorgängen erreichten Amplituden und Geschwindigkeiten der Akkommodation sinken im Sehbereich bis herunter zu 3 dpt zwischen dem 45. und dem 55. Jahr auf Null ab. Die Latenzzeit steigt. Die Dynamik der Konvergenz bleibt dagegen unverändert.

Sehr langsame Aenderungen der Sehobjektentfernung führen zu asymmetrischen Antworten von Konvergenz und Akkommodation, welche subjektiv nicht wahrgenommen werden.

10. Literatur

1. ALLEN, M.J.: The influence of age on the speed of accomodation
   Am.J. Optom 33 (1956) 201-208

2. ALPERN, M. u. LARSON, B.F.: Vergence and accommodation: IV, effect of luminance quantity on the AC/A Am. J. Ophthalmol. 49 (1960) 1140-1149

3. ARNULF, A. u. DUPUY, O.: Contribution à l'étude des microfluctuations d'accommodation de l'oeil, Revue d'Optique 39 (1960) 195-208

4. CAMPBELL, F.W.: Twilight myopia, J.Opt.Soc.Am. 43 (1953) 925-926

5. CAMPBELL, F.W. u. ROBSON, J.G.: High-speed infrared Optometer
   J. Opt. Soc. Am. 49 (1959) 268-272

6. COLEMAN, D.J.: Unified model for accommodative mechanism.
   Am. J. Ophthalmol. 69 (1970) 1063-1079

7. CORNSWEET, T.N. u. CRANE, H.D.: Servo-controlled infrared optometer
   J. Opt. Soc. Am. 60 (1970) 548-554

8. DUANE, A.: Studies in monocular and binocular accommodation with their clinical applications.
   Amer. J. Ophthalm. Ser.III 5 (1926) 865-872

9. ERCHENBRECHT, J.F. u. ROHEN: Rasterelektronen mikroskopische Untersuchungen über den Zonulaapparat höherer Primaten als weiterer Beitrag zu einer neuen Akkommodationstheorie
   Alb. v. Greafes Arch. Ophthalmol. 193 (1975) 19-32

10. FINCHAM, E.F. u. WALTON, J.: The reciprocal actions of accomodation and convergence, J. Physiol. 137 (1957) 488-508

11. FISHER, R.F.: Some Experimental studies of human accommodation and presbyopia, Proc. Roy. Soc. Med. 66 (1973) 1037

12. FRY, G.A.: Further experiments on the accommodation-convergence relationship, Am. J. Optom. 36 (1939) 325-336

13. HARTMANN, E.: Beleuchtung und Sehen am Arbeitsplatz, Goldmann, München (1970)

14. HENNESY, R.T.: Instrument myopia, J.Opt.Soc. Am. 65 (1975) 1114-1120

15. HESSEN, J. u. KRUEGER, H.: Integrierende Treppenmethode für psychophysische Schwellenbestimmungen mit vorgebbarem Schwellenwert
    Miomed. Techn. 26 (1981) 258-262

16. JVANOFF, A.: Night binocular convergence and night myopia
    J. Opt. Soc. Am. 45 (1955) 769-770

17. KNOLL, H.A.: A brief history of "nocturnal myopia" and related phenomena, Am. J. Optom. 29 (1952) 69-81

18. KNOLL, H.A.: Measuring ametropia with a gas laser, a preliminary report. An. J. Optom. 43 (1966) 415-418

19. KOOMEN, M., SCOLNIK, R. u. TOUSEY, R.: A study of night myopia J. Opt. Soc. Am. 41 (1951) 80-90

20. KORGE, A. u. KRUEGER, H.: Die Auswirkung der Zeichenschärfe auf die Akkommodationsleistung. Vorh. Deutsche Ges. f. Arbeitsmed. Gentner Stuttgart (1983)

21. KORGE, A. u. KRUEGER, H.: Influence of edge sharpness on the accommodation of the human eye, Graefes Arch. Oin.a.exp. Ophthalm. im Druck 1984

22. KRUEGER, H.: Kontinuierliche objektive Messung der Akkommodation des menschlichen Auges, Optica acta 19 (1972) 351-353

23. KRUEGER, H.: Gerät zur simultanen Registrierung von Blickrichtung, Vergenz und Pupillenweite, Biomed. Techn. 27 (1982) 59-63

24. KRUEGER, H. u. HESSEN, J.: Objektive kontinuierliche Messung der Refraktion des Auges, Biomed. Techn. 27 (1982) 142-147

25. KRUEGER, H., HESSEN, J. u. ZUELCH, J.: Bedeutung der Akkommodation für das Sehen am Arbeitsplatz, Z.f.Arbeitswiss. 36 (1982) 159-163

26. KRUEGER, H. u. MADER, R.: Der Einfluss der Farbsättigung auf den chromatischen Fehler der Akkommodation des menschlichen Auges Fortschritte der Ophthalmologie 79 (1982)

27. LEIBOWITZ, H.W. u. OWENS, D.A.: Night myopia and the intermediate dark focus of accommodation, J.Opt. Soc. Am. 65 (1975) 1121-1128

28. McCANDLESS, W.H.: The time-course of night and space myopia, Life Support Systems Lab. Publication Rev. 1-39 (1962)

29. MEESMANN, A.: Experimentelle Untersuchung über die antagonistische Innervation der Ciliarmuskulatur, Albr. v. Graefe's Arch. Ophthalmol. 152 (1952) 335-356

30. MILLODOT, M.: Effet des microfluctuations de l'accommodation sur l'acuite visuelle, Vis. Res. 8 (1968) 73-80

31. MIZUKAWA, T., NAKABAYASHI, M. u. MANABE, R.: Studies on accommodation I; Accommodometer Kap. J. Ophthalmol. 7 (1963) 29-36

32. MORGAN, M.W.: Accommodation and its relationship to convergence Am. J. Optom. 21 (1944) 183-195

33. NEDALL, M.C., u. KNOLL, H.A.: The effect of luminance target configuration and lenses upon the refractive state of the eye Am. J. Optom. 33 (1956) 24-42

34. OESTBERG, O.: Accommodation and visual fatigue in display work in GRANDJEAN a. VIGLIANI: Ergonomic aspects of visual display terminals, Taylor & Francis, London (1980

35. OTTO, J. u. SAFRA, D.: Ueber das Akkommodationsverhalten hochgradig amblyoper Augen, kl. Mbl. Augenheilk. 165 (1974) 175-179

36. OWENS, R.L. u. HIGGINS, K.E.: Long-term stability of the dark focus of accommodation, Am. J. Optom. Physiol. Ptics 60 (1983) 32-38

37. RANDLE, R.J.: Volitional control of visual accommodation AGARD Proceedings No. 82, 1970

38. REITNAUER, P.G.: Zeitverhältnisse der Akkommodation des menschlichen Augen und ihre Veränderungen unter experimentellen Ermüdungsbedingungen, Z. Psychol. 161 (1957) 107-152

39. SCHOBER, H.: Ueber die Akkommodationsruhelage Optik 11 (1954) 282-290

40. SCHOBER, H., DEHLER, N. u. KASSEL, R.: Instrumental myopia while working with microscopes, J. Opt. Soc. Am. 57 (1967) 575-577

41. SMITHLINE, L.M.: Accommodative response to blurr, J.Opt.Soc. Am. 64 (1974) 1512-1516

42. SMITH, G.: The accommodative resting states, instrument accommodation and their measurement, Optica acta 30 (1983) 347-359

43. STARK, L., TAKAHASHI Y. u. HAMES, G.: Nonlinear servoanalysis of human lens accommodation, IEEE Trans. Syst.Sci.Cybern. SSC-1 (1965) 75-83

44. STEVENS, S.S.: The psychophysics of sensory function, Amer. Scientist 48 (1960) 226

45. TOATES, F.M.: Studies on the control of accommodation and convergence, Measur. Control. 5 (1972) 58-61

46. TROELSTRA, A., ZUBER, B.L., MILLER, D. u. STARK, L.: Accommodative Tracking: a trial-and-error function, Vis Res. 4 (1964) 585-594

47. WARSHAWSKY, J.: High resolution optometer for the continuous measurement of accommodation, J. Opt. Soc. Am. 54 (1964) 375-379

48. WHITESIDE, T.C.D.: Accommodation of the human eye in a bright and empty visual field, J. Physiol. 118 (1952) 65

Anschrift des Verfassers:

Prof. Dr. Dr. Helmut Krueger
Institut für Hygiene und Arbeitsphysiologie
Eidgen. Techn. Hochschule Zürich
ETH-Zentrum
CH-8092 Zürich

Kontrastübertragung des Auges als Filterfunktion für die Diskrimination visueller Reizmuster

Contrast Sensitivity of the Eye as a Filtering Function
for the Discrimination of Visual Stimuli

Karl Reinhard Kimmel
Forschungsinstitut für Anthropotechnik
Wachtberg-Werthhoven

SUMMARY

The ergonomic design of visual displays is an important task in the development of the man-machine interface with complex vehicle or process guidance systems. One aspect of this task is the design of symbol sets. At present there is no known method by which the suitability of a symbol set can be evaluated without conducting expensive and time-consuming psychophysical tests. The algorithm presented in this paper allows first order prediction of ranking visual stimuli with regard to form discrimination performed by humans. As an essential feature this model comprises the use of the human visual modulation transfer function (MTF) as a filter of the spatial frequency components of the stimuli. The procedure generates a distance metric upon which visual discrimination errors are predicted or against which human errors can be correlated. The method is tested on the results of a recognition task with thermal images.

1. Einleitung

Zur Entlastung des Operateurs bei Fahrzeug- und Prozeßführungsaufgaben kommt der ergonomischen Gestaltung der visuellen Anzeigen von Prozeßdaten eine große Bedeutung zu. Ein Teilkomplex aus diesem Aufgabenbereich ist die Gestaltung optimaler Zeichensätze, wobei Optimalität hier den Formaspekt von Zeichen im Sinne einer minimalen interindividuellen Verwechselbarkeit bedeutet. (Selbstverständlich gehört zu einer optimalen Informationsdarstellung auch die Optimierung anderer visueller Parameter, wie Symbolhelligkeit, Kontrast, Farbgebung usw.) Beispiele für derartige Aufgabenstellungen sind etwa in der Gestaltung von Symbolen für Bildschirmanzeigen in Flugzeugcockpits oder auch alphanumerischen Symbolen für Terminals zu sehen.

Solange man über keine analytischen Methoden verfügt, ist die empirisch vorgenommene Spezifikation von Mustersätzen eine sehr zeitraubende und auch subjektive Aufgabe. Es wäre aber wünschenswert, Methoden und Modelle zur Hand zu haben, die die Vorhersage menschlicher Formidentifikationsleistungen erlauben. Dem steht jedoch entgegen, daß die Funktionsweise des menschlichen Mustererkennungsvorganges prinzipiell noch nicht richtig verstanden wird: Die Ergebnisse der einzelnen Wissenszweige, die sich mit dem visuellen System beschäftigen, ergeben noch kein konsistentes Bild, das zu einem geschlossenen Modell vereinigt werden könnte. (Dieser Umstand drückt sich dadurch aus, daß die Leistungen künstlicher Mustererkennungssysteme nicht annähernd die des menschlichen visuellen Systems erreichen.)

Für bestimmte einfache Aufgabenstellungen im Bereich der künstlichen Mustererkennung gibt es gut funktionierende Verfahren. Sie berechnen aus der Helligkeitsverteilung von Bildvorlagen nach einem bestimmten Algorithmus Parametersätze, die diese als einen Punkt in einem abstrakten n-dimensionalen Raum repräsentieren. Die Zuordnung von Bildvorlagen zu den Individuen eines Mustersatzes erfolgt nach dem Prinzip der kürzesten Distanz, entsprechend der Vorstellung, daß die Ähnlichkeit einer Bildvorlage mit jenem Individuum eines Mustersatzes am größten ist, zu dem der geringste Abstand besteht. Dieser Schluß ist wegen der Stetigkeitseigenschaften der Transformationsverfahren der linearen Systemtheorie gerechtfertigt.

Derartige Verfahren haben als "Modelle" menschlicher Mustererkennungsleistungen einen rein "heuristischen" Charakter, d.h. die Recht-

fertigung, von einem Modell zu sprechen, kommt einzig und allein aus
gewissen Übereinstimmungen der Systemleistungen. Es ist in keinem
Fall erlaubt, aus der Übereinstimmung von Ergebnissen auf die Struktur menschlicher Wahrnehmungsvorgänge zu schließen.

Der Ansatz zur Beschreibung der menschlichen Musterdiskrimination,
über den in der vorliegenden Arbeit berichtet wird, basiert auf dem
genannten Distanzprinzip in einem Merkmalsraum, hat jedoch die Besonderheit, daß als "menschliche Komponente" die psychophysisch gemessene Kontrastübertragungsfunktion oder Modulationsübertragungsfunktion (MÜF) zur Gewichtung der Distanzmetrik herangezogen wird.

2. Kontrastübertragung des Auges
2.1 Modulationsübertragungsfunktion

Nach der Theorie linearer optischer Systeme ergibt sich die Intensitätsverteilung b(u,v) in der Bildebene durch Faltung der Intensitätsverteilung o(x,y) in der Objektebene mit der Punktbildfunktion p(u,v) gemäß

$$b(u,v) = \int_{-\infty}^{+\infty} \int_{-\infty}^{+\infty} o(x,y) \, p(u-x,v-y) \, dxdy \tag{1}$$

Vorausgesetzt wird dabei außer der Linearität des Übertragungssystems
die Ortsinvarianz und Stabilität der Punktbildfunktion. Durch
Fouriertransformation im Ortsfrequenzbereich folgt daraus

$$B(f) = P(f) \cdot O(f) \tag{2}$$

mit f als (zweidimensionaler) Ortsfrequenz.

Gl. (2) beschreibt die optische Abbildung als eine Frequenzfilterung
mit P(f) als Übertragungsfunktion. Der Betrag von P(f) ist die Modulationsübertragungsfunktion (MÜF), die die Schwächung des Modulationsgrades sinusförmiger Gitter verschiedener Ortsfrequenzen f angibt. Der Vorteil von Gl. (2) liegt darin, daß man zusammengesetzte
optische Systeme durch das Produkt der Übertragungsfunktionen der
Teilsysteme beschreiben kann.

Zur Anwendung dieses Fourierkonzeptes auf die Kontrastübertragung des visuellen Systems bestimmt man den gerade noch auflösbaren Modulationsgrad bzw. Kontrast

$$m = \frac{L_{max} - L_{min}}{L_{max} + L_{min}} \qquad (3)$$

bei verschiedenen Ortsfrequenzen eines Sinusgitters, wobei L_{max} und L_{min} die maximale und minimale Leuchtdichte einer Gitterperiode bedeuten. Der reziproke Schwellenwert des Kontrastes (Kontrastempfindlichkeit) als Funktion der Ortsfrequenz wird als visuelle Modulations- bzw. Kontrastübertragungsfunktion angesetzt.

Dieses Vorgehen unterstellt zunächst, daß die eingangs genannten Voraussetzungen der Fourieroptik erfüllt sind, was sicher nur näherungsweise und bereichsweise gilt. So muß man z.B. die unterschiedliche Auflösung verschiedener Netzhautorte beachten (s. Gl. (4) und (5)) und allgemein alle Einflußgrößen, die auch die "klassische" Sehschärfe und Kontrastempfindlichkeit bestimmen (vgl. Abschnitt 2.2). Im Gültigkeitsbereich einer MÜF müßte sich die Systemantwort beliebiger Gitterstrukturen und beliebiger aperiodischer Objekte nach der Fouriertheorie vorhersagen lassen. Ob dies auch für überschwellige Reizobjekte gilt, bleibt zunächst offen. Hierauf kommen wir in Abschnitt 2.3 zurück.

2.2 Parametereinflüsse

a) Retinale Beleuchtungsstärke

Sowohl Patel /1/ als auch von Nes und Bouman /2/ haben gezeigt, daß die Kontrastschwelle eine nichtmonotone Funktion der Ortsfrequenz für relativ hohe Pegel der retinalen Beleuchtungsstärke ist, aber bei abnehmender Beleuchtungsstärke dazu neigt, immer weniger nichtmonoton zu werden. Wie in Bild 1 gezeigt wird, vergrößert sich die Empfindlichkeit mit der Vergrößerung der Ortsfrequenz bis ungefähr 3 /cpd/ (cycles per degree), wenn die retinale Beleuchtungsstärke in der Größenordnung von 90-900 /Trolands/[*]) ist. Aber bei 10 /Trolands/ liegt die maximale Empfindlichkeit nur bei 1 /cpd/.

---

[*]) Troland ist die Einheit für das Produkt aus Leuchtdichte und Pupillenfläche (1 trol = 1 $cd/m^2 \cdot 1\ mm^2$). Dieses Produkt bestimmt die retinale Beleuchtungsstärke.

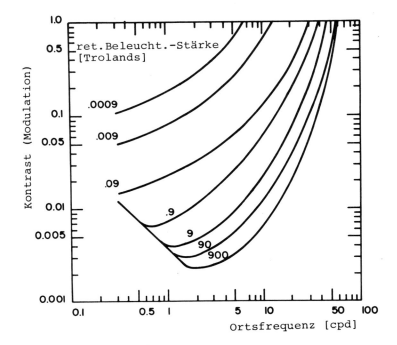

Bild 1: Einfluß der retinalen Beleuchtungsstärke auf die Kontrastschwelle (van Nes und Bouman /2/)

b) Orientierung

Es ist lange bekannt, daß die Sehschärfe für nichtperiodische Objekte, wie einzelne und gestrichelte Linien, größer bei horizontaler und vertikaler Anordnung als bei einer anderen Winkelorientierung ist. Die Ergebnisse für verschiedene Winkelorientierungen der Sinusgitter sind im Bild 2 wiedergegeben. Danach ist das visuelle System am empfindlichsten für horizontale und vertikale Gitter und relativ unempfindlich bei den Orientierungen von 45° und 135°.

c) Betrachtungsabstand

Der Betrachtungsabstand spielt beim Auflösungsvermögen für Sinusgitter ebenfalls eine Rolle. Der Grund hierfür ist in der Änderung der Brennweite der Augenlinse, welche das Ausmaß verschiedener sphärischer, chromatischer und astigmatischer Aberrationen ändert, zu suchen. Im allgemeinen wird die MÜF der Linse reduziert, wenn auf eine kürzere Distanz akkommodiert wird (Bild 3).

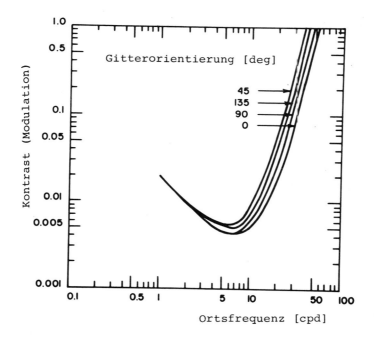

Bild 2: Einfluß der Gitterorientierung auf die Kontrastschwelle (/3/, /4/)

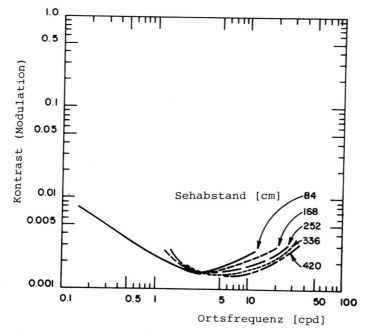

Bild 3: Einfluß des Sehabstandes auf die Kontrastschwelle (/5/)

An Bild 3 erkennt man, daß bei den vorliegenden Versuchsbedingungen eines Betrachtungsabstandes von 4 /m/ (vgl. Abschnitt 4) die höchste Ortsfrequenzauflösung von 8 /cpd/ erreicht wird (Gl. (4)).

2.3 Vergleich von Sinus- und Rechteckgittern

Für die Messung der Kontrastschwelle werden entweder Sinus- oder Rechteckgitter benutzt. Rechteckmuster sind leichter zu erzeugen als Sinusmuster, die der MÜF zugrundeliegen. Ein Vergleich der Empfindlichkeit für beide Muster, der von Campbell und Robson /6/ durchgeführt wurde, ist in Bild 4 zu sehen. (Frühere Messungen haben u.a. De Palma und Lowry /7/ durchgeführt.)

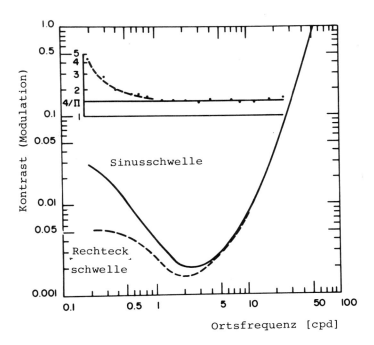

Bild 4: Vergleich von Sinus- und Rechteckgitter (Campbell und Robson /6/). Die Kontrastschwelle beim Rechteckgitter liegt durchweg tiefer als beim Sinusgitter

Das Ergebnis lautet, daß die Empfindlichkeit für Rechteckgitter, besonders unterhalb von 6 /cpd/ größer ist als für Sinusgitter. Es zeigt, sehr verkürzt hier dargestellt, daß das visuelle System sich für Rechteckmodulation wie ein Fourieranalysator verhält, solange die höheren Harmonischen im Bereich höherer Empfindlichkeit angesiedelt

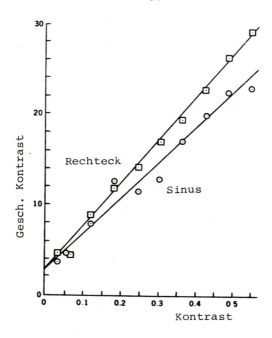

Bild 5: Typische Ergebnisse der Kontrastschätzung für Sinus- und Rechteckgitter. Die Kontrastschätzachse stellt die durch die Vpn den Reizen zugewiesene Kontrastgröße, die Kontrastachse stellt den Leuchtdichte-Kontrast dar (Ginsburg, Cannon, und Nelson /8/).

sind. Weil die Empfindlichkeit oberhalb von 3 /cpd/ stark abnimmt, ist der Beitrag der Komponenten höherer Ordnung vernachlässigbar, so daß nur das Verhältnis der Grundschwingungsamplituden die unterschiedliche Kontrastschwelle bestimmt. Wir sehen in Bild 4 oben, daß der Wert von $4/\pi$ ($\cong 1.27$), der das Verhältnis für Rechteck und Sinusschwingung gleicher Frequenz darstellt, recht gut durch die Messungen bestätigt wird. Zu kleinen Ortsfrequenzen hin wird die Empfindlichkeit für Rechteckgitter zunehmend größer als für Sinusgitter, weil die Amplitude der dritten Harmonischen die Kontrastschwelle für Sinusschwingungen bei der Frequenz der Harmonischen zunehmend überschreitet.

Hiervon ausgehend untersuchten Ginsburg, Cannon und Nelson /8/ die Kontrastwahrnehmung bei überschwelligen Reizen. Sie benutzten für ihre Untersuchungen zwei verschiedene Verfahren, und zwar das Kontrastabgleichverfahren und das Größenschätzverfahren. Die Übereinstimmung zwischen den Ergebnissen der Größenschätzung und des Kontrastabgleichs ist ausgezeichnet für alle Kontraste und Ortsfrequenzen und weist auf eine lineare Verarbeitung der Ortsfrequenzen hin. Die durch lineare Regression gewonnenen Ausgleichsgeraden (Bild 5) für Sinus- und Rechteckgitter weisen wiederum den Faktor 1.27 auf und zeigen, daß der empfundene Kontrast einer Rechteckschwingung direkt proportional dem Betrag ihrer Grundfrequenz ist und vorwiegend linear über einen weiten Bereich von Ortsfrequenzen und Kontrasten verarbeitet wird.

3. Modellbildung zur Musterdiskrimination

Die Retina des Auges liefert die Codierung des externen visuellen Feldes in Form von pulsfrequenz-modulierter Information, wobei die höchste Auflösung auf den fovealen Bereich beschränkt ist, und dieser umfaßt gerade 1/10000 des gesamten visuellen Feldes. Die retinale Information wird über den optischen Nerven über das Corpus geniculatum laterale retinotop zum primären visuellen Cortex (Area 17) geleitet. Dieser ist strukturell eine flache, dünne Schicht, die aus relativ unabhängigen kleinen säulenförmigen Einheiten (vgl. Hubel und Wiesel /9/) aufgebaut ist. Während die Verarbeitungsstufen bis zum Niveau der Area 17 (wenigstens qualitativ) relativ gut bekannt sind, trifft das für die weitergehenden Verbindungen nicht zu. Ein Blick auf die cortikale neuronale Struktur zeigt, warum das so ist: Die dichte und anscheinend zufällige Verschaltung ist denkbar ungeeignet, um durch die bekannten neurophysiologischen Methoden aufgedeckt werden zu können.

Deshalb kann eine Modellierung von Verarbeitungsleistungen nur von vermuteten Systemzusammenhängen ausgehen und eine Rechtfertigung allenfalls aus der Äquivalenz von Leistungen erhalten. In diesem Zusammenhang ist der Beitrag von Kabrisky /10/ zu sehen, der am Anfang der Kette steht, die zur vorliegenden Modellentwicklung führte. Kabrisky vermutete, daß die zweidimensionale Mustererkennung auf Kreuzkorrelationsprozessen zwischen Area 17 und 18 beruhen könnte. Der Kreuzkorrelationsmechanismus hat aber den Nachteil, daß bereits kleine Veränderungen im Eingangsmuster zu einem Versagen des Algorithmus führen. Überdies verlangt ein Kreuzkorrelationsalgorithmus einen unzulässig hohen Speicheraufwand für das Mustergedächtnis.

Um diese Probleme zu umgehen, nahm Kabrisky die Fouriertransformation als eine mögliche cortikale Transformation an. Diese Änderung wurde beeinflußt durch die Veröffentlichung von Ergebnissen zur menschlichen Kontrastwahrnehmungsschwelle für Sinusmuster verschiedener Frequenz durch Campbell und Kulikowski /3/ bzw. Campbell und Robson /6/, die den Ausgangspunkt für die im vorigen Kapitel beschriebene visuelle MÜF darstellen. Diese Ergebnisse, zusammen mit den Erkenntnissen von Hubel und Wiesel /9/ zur Wirkungsweise des primären Cortex, waren Anlaß zu einer Behandlung des visuellen Systems mit Fouriermethoden und Ausgangspunkt einer Reihe von Ansätzen, wie etwa dem matched-filter-Konzept, nach dem das visuelle System aus einer Anzahl parallel arbeitender speziell abgestimmter Frequenzfilter besteht.

Die Anwendbarkeit des Fourierkonzeptes bei der Klassifizierung einfacher Muster mit den niedrigen Harmonischen der Fouriertransformation durch Kreuzkorrelation im Frequenzgebiet wurde von Radoy /11/ demonstriert. Von Carl und Hall /12/ wurde gezeigt, daß die Walsh-Transformation qualitativ der Fouriertransformation entspricht und ähnliche Ergebnisse erzielbar sind. Weitere Untersuchungen von Kabrisky und Carl /13/ zeigten, daß es eine ganze Klasse von eng verwandten Transformationen mit eindeutigen Frequenz-/Sequenz-Deutungen gibt, die vergleichbare Ergebnisse liefern (bei Tiefpaßfilterung). Mahaffey /14/ hat eine fourierähnliche Transformation vorgeschlagen, womit die Vorgänge auf Area 18 unter Einschluß des Prinzips der lateralen Inhibition abgebildet werden sollten.

Bei all diesen Ansätzen ist nun aber kritisch anzumerken, daß es ein ganzes Spektrum von Möglichkeiten gibt, die alle zu den gleichen oder ähnlichen Ergebnissen führen. Diese Klassifikationsalgorithmen beruhen darauf, daß Distanzen zwischen den Individuen von Mustersätzen ermittelt werden, indem die Muster nach bestimmten Regeln in Merkmalsvektoren umgewandelt werden. Da aber alle diese Transformationsalgorithmen bijektive Abbildungen zwischen Objekt- und Bildraum darstellen, ist es klar, daß verschiedenen Reizobjekten stets auch wohlunterschiedene Elemente des Merkmalsraumes entsprechen.

Die numerische Übereinstimmung von Klassifikationsleistungen ist jedoch kein Beleg für ihre Richtigkeit; sie besagt lediglich, daß für einen bestimmten Satz von Reizen die Leistungskriterien übereinstimmen. Sie besitzen somit keinen Erklärungswert. Weiterhin wäre zu fragen, ob solche Transformationen überhaupt nötig sind, da sie

maßerhaltend sind (isomorph und isometrisch) und Distanzen zwischen
Objekten ohne weiteres auch im Objektraum angegeben werden können.

Wir wollen nachfolgend das Konzept PREVIP (Predictor of Visual Performance) betrachten, das unseren eigenen Modellrechnungen zugrundeliegt und das von Gagnon /15/ eingebracht wurde.

Dieser Beitrag besteht in der zusätzlichen Einbindung der visuellen Modulationsübertragungsfunktion, wie sie von Cowger /16/ und Hilz und Cavonius /17/ durch psychophysische Experimente gewonnen wurde. Mit diesem Konzept der Integration real gemessener Eigenschaften des visuellen Systems verläßt man das Gebiet der rein systemtheoretischen Beschreibung des Mustererkennungsprozesses.

Die experimentellen Befunde der genannten Autoren können durch die Funktion

$$W(f) = (f/f_o) \cdot \exp(1-f/f_o) \cdot \exp(-\theta/7) \tag{4}$$

mit

$$f_o = 8 \cdot \exp(-2\theta/30) \tag{5}$$

näherungsweise wiedergegeben werden, wobei f die Ortsfrequenz, f_o die Ortsfrequenz maximaler Empfindlichkeit und θ den Winkel zwischen der visuellen Achse des Auges und dem peripheren "Aufmerksamkeitspunkt" bedeuten. $W(f)$ ist der Wert der menschlichen visuellen Kontrastempfindlichkeit relativ zur maximalen Empfindlichkeit der MÜF bei $\theta=0$ und $f=f_o$. Diese maximale Empfindlichkeit wird in Anlehnung an das übliche Vorgehen in der Optik willkürlich gleich Eins gesetzt. Die Gleichungen (4) und (5) gelten für ein kleines visuelles Objekt am Aufmerksamkeitspunkt. Das Bild 6 zeigt die MÜF in räumlicher Darstellung. Es ist zu sehen, daß sie im wesentlichen einen Bandpaß darstellt, mit einem Maximum bei 8 /cpd/. Weiterhin erkennt man, daß sich das Maximum mit wachsender Exzentrizität θ an die θ-Achse heranschiebt und außerdem exponentiell abgeschwächt wird.

Für den angenommenen Mechanismus der Verarbeitung von Frequenzkomponenten der visuellen Reize ist die MÜF nun die Filterfunktion, mit der die einzelnen Frequenzen bewertet werden. Aus den Darlegungen von Abschnitt 2.3 wird klar, daß die Ortsfrequenzkomponenten von beliebig

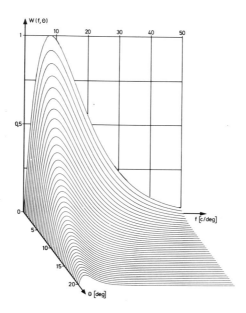

Bild 6: Die visuelle Kontrastübertragungsfunktion als Funktion der Frequenz f und der Exzentrizität θ

zusammengesetzten Objekten im Gültigkeitsbereich der MÜF nicht miteinander interagieren und linear superponibel sind. Damit können Muster beliebiger Kontrastverhältnisse von PREVIP bewertet werden. Als Ergebnis dieser Bewertung ergibt sich für jeden Reiz ein modifizierter Merkmalsvektor im n-dimensionalen Parameterraum und die "Nähe" von zwei Reizen wird als Maß für die "Leichtigkeit" ihrer Verwechslung herangezogen. Es wird zunächst für einen gegebenen Mustersatz die Matrix der Distanzen in Form des euklidischen Abstandes berechnet

$$d_{ij} = \left(\sum_{k=1}^{N} (x_k^{(i)} - x_k^{(j)})^2 \right)^{\frac{1}{2}} \tag{6}$$

Hierin bedeutet $x_k^{(i)}$ bzw. $x_k^{(j)}$ die mit $W(f_k)$ gewichtete Amplitude der Frequenzkomponente k von Muster i bzw. j. Aus d_{ij} ermittelt man die Matrix der "Nähe" durch

$$a_{ij} = \begin{cases} 1-d_{ij} & d_{ij} \leq 1 \\ 0 & d_{ij} > 1. \end{cases} \qquad (7)$$

Die Umrechnung der Distanzmatrix in eine Matrix der Nähe ist sinnvoll, weil die Versuchsergebnisse in Form von "Verwechslungshäufigkeiten" (-wahrscheinlichkeiten) vorliegen und ein Vergleich zwischen Modell- und Versuchsergebnissen leichter möglich ist.

Damit ist der Modellmechanismus beschrieben. Wir werden im folgenden auf den Vergleich experimenteller Ergebnisse aus einem Musterdiskriminationsexperiment mit den entsprechenden Vorhersagen des gerade dargestellten Modellansatzes eingehen.

4. Vergleich mit experimentellen Ergebnissen

Die experimentellen Ergebnisse wurden einer Berichtsreihe von van Meeteren und Schipper /18/ entnommen. Darin wird über eine Versuchsreihe berichtet, die zur Bestimmung der erforderlichen Abtastzeilenzahl von Infrarotnachtsichtgeräten durchgeführt wurde. Zu diesem Zweck wurden Wärmebilder von sechs Militärfahrzeugen im Gelände aufgenommen, und zwar in Front-, Seiten- und Schräganaicht bei 2 verschiedenen Aufwärmgraden. In diesen Untersuchungen wurden Erkennungsexperimente mit Diapositiven durchgeführt, bei denen Verwechslungshäufigkeiten für die einzelnen Versuchsbedingungen ermittelt wurden. Die Ergebnisse einer dieser Versuchsreihen mit 4 Fahrzeugen in Frontalansicht wurden von uns herausgegriffen. Die Fahrzeugdiavorlagen wurden unter einem Winkel von 4.5 x 2.5 Grad bei einem Betrachtungsabstand von ca. 4 /m/ in zufälliger Folge präsentiert, deren Geschwindigkeit die Vpn selbst bestimmten. Die Ergebnisse stützen sich auf 6 Versuchspersonen, die insgesamt 7 Versuchssitzungen mit je 80 Präsentationen zu absolvieren hatten. Bild 7 zeigt einen Ausschnitt des Reizmaterials (Seitenansichten).

Die Bildvorlagen, in Form von Diapositiven, wurden mit einer Auflösung von 5 bit digitalisiert und im Format 128 x 128 Bildpunkte gerastert. Anschließend erfolgte eine zweidimensionale Fourieranalyse und die Gewichtung der Frequenzkomponenten mit $W(f)$.

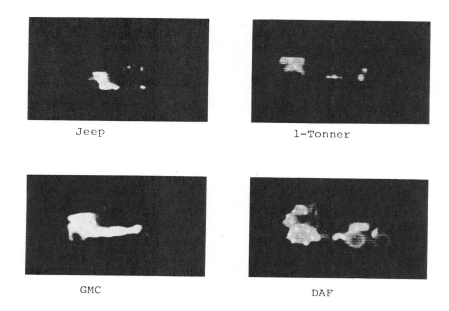

Bild 7: Bildvorlagen für 4 Reize in Seitenansicht (Wärmebilder von Kfz)

In der folgenden Tabelle 1 sehen wir das Ergebnis der Distanzberechnung entsprechend Gl. (6) und die Matrix der Ordnungsreihenfolge.

Tabelle 1: Symmetrische Distanzmatrix (links) und Ordnungsreihenfolge (rechts)

	M1	M2	M3	M4
M1	0.000	0.186	0.264	0.257
M2	0.186	0.000	0.234	0.311
M3	0.264	0.234	0.000	0.264
M4	0.257	0.311	0.264	0.000

M1	M1	M2	M4	M3
M2	M2	M1	M3	M4
M3	M3	M2	M1	M4
M4	M4	M1	M3	M2

Die Distanzmatrix ist symmetrisch und die Elemente der Hauptdiagonalen sind gleich Null, wie es im Falle, daß ein Mustersatz mit sich selbst verglichen wird, sein muß. Die Ordnungsreihenfolge entsteht durch die Anordnung der Musternummern nach der Größe der Musterabstände aus der Matrix der linken Seite, wobei die Spalte ganz links das jeweilge Vergleichsmuster enthält. Tabelle 2 enthält die experimentellen Daten aus dem Laborversuch (links) und die Matrix der Nähe,

Tabelle 2: Experimentelle Ergebnisse (links) und Modellvorhersagen (rechts)

	M1	M2	M3	M4		M1	M2	M4	M3
M1	0.47	0.30	0.13	0.07	M1	1.000	0.814	0.743	0.736

	M2	M1	M3	M4		M1	M2	M3	M4
M2	0.62	0.12	0.12	0.12	M2	1.000	0.814	0.766	0.689

	M3	M2	M1	M4		M1	M2	M3	M4
M3	0.40	0.29	0.20	0.11	M3	1.000	0.766	0.736	0.736

	M4	M2	M3	M1		M1	M2	M3	M4
M4	0.50	0.17	0.16	0.05	M4	1.000	0.743	0.736	0.689

die aus den Distanzmaßen berechnet wurde (Gl. (7)) auf der rechten Seite, wobei die Matrix links (d.h. die Versuchsergebnisse) nach fallender Verwechslungswahrscheinlichkeit geordnet sind und die Werte rechts entsprechend der obigen Ordnungsreihenfolge (Tabelle 1).

Es gibt verschiedene Verfahren zur Güteprüfung der Modellvorhersage. Eine Bewertungsmöglichkeit ergibt sich durch die Berechnung des Spearmanschen Rangkorrelationskoeffizienten r_s für die Reihen der beiden Matrizen in Tabelle 2. Dieser gibt ein Maß für die Übereinstimmung der experimentell gefundenen Rangreihe mit der vom Modell berechneten Rangreihe. Für die Reihen 1 und 4 erhält man einen Wert von $r_s = 0.8$, was eine Rangkorrelation zwischen Experiment und Modell mit einer Irrtumswahrscheinlichkeit von 5 % bedeutet. Für die Reihen 2 und 3 ist $r_s = 1$, da Modell und Experiment keine Rangunterschiede zeigen.

5. Diskussion

Das hier gewählte Distanzmaß gibt die gemessenen Verwechslungshäufigkeiten der Muster in erster Näherung richtig wieder. Auffällig ist nur die Abweichung der vierten Reihen in Tabelle 2. Während das Experiment M_2 und M_1 sehr deutlich unterscheidet, kommt dies im Modell nicht zum Ausdruck, auch nicht in der Rangfolge.

Sicher gibt es verschiedene Gründe für die Unterschiede zwischen Modell und Experiment. Das Prädiktionsmodell enthält keinerlei Rauscheinflüsse der Darbietung (Quantisierungsrauschen) und der Beobachtung (visuelles Grundrauschen). Weiterhin weisen die Muster M_1 bis

M_4 unterschiedliche Verwechslungshäufigkeiten mit sich selbst auf (vgl. Spalte 1 in Tabelle 2 links), was im Modell nicht erfaßt wird. Schließlich enthält das Modell keinerlei "Vorinformationen" etwa über Art und Umfang des Testmaterials. Vor allem aber muß man beachten, daß die Distanzwerte im Parameterraum auf sehr unterschiedliche Weise zustande kommen können. So könnte die Orientierung der Distanzvektoren eine wichtige Rolle spielen.

Wir ziehen hieraus den Schluß, daß die Struktur der Formwahrnehmung komplizierter ist, als es das PREVIP-Konzept wiedergibt. Der große Vorteil dieses Modells besteht aber darin, daß es parameterfrei arbeitet, d.h. daß es keine Parameter enthält, die im nachhinein an Versuchsergebnisse angepaßt werden müssen, um den Grad der Übereinstimmung zu erhöhen. Künftige Weiterentwicklungen dieses Modells müßten versuchen, die obengenannten Defizite zu berücksichtigen.

ZUSAMMENFASSUNG

Der ergonomische Entwurf der Anzeigen in komplexen Fahrzeug- und Prozeßführungssystemen stellt eine wichtige Teilaufgabe im Rahmen der Entwicklung des Mensch-Maschine-Interfaces dar. Ein Teilaspekt ist hierbei der Entwurf optimaler Symbolmengen. Gegenwärtig gibt es keine bekannte Methode, mit der die Eignung von Zeichensätzen für bestimmte Einsatzzwecke evaluiert werden könnte, ohne teure und zeitaufwendige psychophysische Experimente durchzuführen.

Der in der vorliegenden Arbeit dargestellte Algorithmus erlaubt eine näherungsweise Vorhersage der menschlichen Leistungsfähigkeit in Form der interindividuellen Verwechslungshäufigkeiten durch die Ermittlung einer Distanzmetrik. Hierzu benutzt der Modellalgorithmus als wesentliches Element die menschliche visuelle Modulationsübertragungsfunktion (MÜF) zur Filterung der räumlichen Frequenzkomponenten der Reize. Die Anwendbarkeit der Methode wird anhand von experimentellen Ergebnissen überprüft.

6. Literatur

/1/ Patel, A.S.: Spatial resolution by the human visual system. The effect of mean retinal illuminance. Journal of the Optical Society of America, 1966, 56, 689-694.

/2/ van Nes, F.C. und Bouman, M.A.: Spatial modulation transfer in the human eye. Journal of the Optical Society of America, 1967, 57, 401-406.

/3/ Campbell, F.W. und Kulikowski, J.J.: Orientational selectivity in the human visual system. Journal of Physiology, 1966, 187, 427-436.

/4/ Campbell, F.W.; Kulikowski, J.J. und Levison, J. The effect of orientation on the visual modulation of gratings. Journal of Physiology, 1966, 187, 427-436.

/5/ Watanabe, A.; Mori, I.; Nagata, S. und Hiwatashi, K.: Spatial sine-wave responses of the human visual system. Vision Research, 1968, 8, 1245-1263.

/6/ Campbell, F.W. und Robson, J.G.: Application of Fourier analysis to the visibility of gratings. Journal of Physiology, 1968, 197, 552-568.

/7/ De Palma, J.J. und Lowry, E.M.: Sine-wave response of the visual system. II. Sine-wave and square-wave contrast sensitivity. Journal of the Optical Society of America, 1962, 52, 328-335.

/8/ Ginsburg, A.P.; Cannon, M.W. und Nelson, M.A.: Suprathreshold processing of complex visual stimuli: Evidence for linearity in contrast perception. Science, 1980, 208, 619-621.

/9/ Hubel, D.H. und Wiesel T.N.: Receptive fields and functional architecture of monkey striate cortex. J. Physiol., 1968, 195, 215-243.

/10/ Kabrisky, M.: A proposed model for visual information processing in the human brain. Urbana, Illinois: University of Illinois Press, 1966.

/11/ Radoy, C.H.: Pattern Recognition by Fourier Series transformations. AD 651-801. WPAFB, OH: Air Force Inst. of Techn. (1967).

/12/ Carl, J.W. und Hall, C.F.: The application of filtered transforms to the general classification problem. IEEE Transactions on Computers, 1972, C-21, 785-790.

/13/ Kabrisky, M. und Carl, J.W.: Sequency filtered densely connected transforms for pattern recognition. In Proc. of the 4th Hawaii International Conference on Systems Science, Honolulu, Hawaii, 1971.

/14/ Mahaffey, W.O.: Pattern recognition model based on artical anatomy. MS Thesis GE/EE/71-18. Wright-Patterson AFB, Ohio: Air Force Institute of Technology, 1971.

/15/ Gagnon, R.A.: A predictor of visual performance at selected visual tasks. Proc. of the National Aerospace Electronic Conference (NAECON, 1977, 666-671.

/16/ Cowger, R.I.: A measurement of the anisotropic modulation transfer function of the extrafoveal human visual system. AD 777, 853. WPAFB, OH: Air Force Inst. of Techn. (1973).

/17/ Hilz, R. und Cavonius, C.R.: Functional organization of the peripheral retina: Sensitivity to periodic stimuli. Vision Research: Pergamon Press, 1974, 14, 1333-1337.

/18/ Meeteren, A. van und Schipper, J.: Herkenningsproeven met warmtebeelden. Deel II, 1980 und Deel III, 1981. Instituut voor Zintuigfysiologie, TNO Soesterberg, NL. Rapport-IZF 1980-14, 1981-5.

Anschrift des Verfassers:

Dipl.-Ing. K.R. Kimmel
Forschungsinstitut für Anthropotechnik
(FGAN/FAT)
Neuenahrer Str. 20
D-5307 Wachtberg-Werthhoven

Das visuelle System als Merkmalfilter

Feature Detection by the Visual System

Axel Korn

Fraunhofer-Institut für Informations- und
Datenverarbeitung, Karlsruhe

SUMMERY

The visual system is considered as an information processing system where the information processing task may consist in the localization and recognition of objects in the 3-dimensional physical world. After some definitions concerning terms like physical world and its projection, image, feature, and segmentation the processing in the first stages of the visual system (low-level vision) is discussed. A computational theory of retinal filtering is presented and related to the anatomy and physiology of the retina as well as to psychophysical results suggesting that a spatial-frequency filtering is performed in the human visual system. Furthermore neurophysiological and psychophysical data suggest that the segmentation is the next stage after retinal processing. Here surface elements are extracted which follow from motion, texture, or the depth of objects (Stereopsis) relative to the observer. Some results of our simulation of low-level vision (retina, primary visual cortex) are presented for natural images. Particularly these results are related to the extraction of contour points, and edges for the reconstruction of the original gray values and the description of forms, and to the evaluation of statistical parameters for the description of textures in different spatial-frequency domains.

1. Einleitung: Aufgaben des visuellen Systems

Die Abbildung von Objekten der Außenwelt durch das Auge führt zu einer zweidimensionalen Erregungsverteilung der lichtempfindlichen Rezeptoren, die wir im folgenden <u>Bildfunktion</u> nennen werden. Ein Ziel bei der Verarbeitung durch die nachfolgenden Stufen des visuellen Systems ist die Interpretation der Bildfunktion, d.h. die Zuordnung der extrahierten Bildinformation zu einem gespeicherten Modell der Außenwelt. Die visuelle Informationsverarbeitung sollte also zu einer Erkennung und Lokalisierung von Objekten in der (räumlich) 3-dimensionalen Außenwelt führen, so daß eine sinnvolle Tätigkeitssteuerung ermöglicht wird.

Im Laufe der Evolution nahm die Komplexität der Bildinformation zu, die von höher organisierten Lebewesen zur Programmierung u.U. lebensnotwendiger Handlungsabläufe benötigt wird. Das führte sowohl zu Änderungen des strukturellen Aufbaus des visuellen Systems als auch zu der Notwendigkeit einer stärkeren Anpassung an eine Außenwelt, deren Bildfunktion sich insbesondere bei Eigenbewegungen örtlich und zeitlich sehr schnell ändern kann. Eine strukturelle Änderung war beispielsweise die Verlagerung von neuronalen Netzwerken zur Detektion von Beute oder Feinden vom Auge hin zu kortikalen Stufen, was besonders deutlich wird bei einem Vergleich Froschauge /1/ und menschliches Auge. Eine stärkere Anpassung wurde erreicht durch Selbstorganisation neuronaler Netzwerke aufgrund von Lernprozessen /2/, um eine gewisse Unabhängigkeit von angeborenen Auswerte- und Verhaltensschemata zu erreichen.

Ausgehend von den Begriffen Außenwelt, Abbildung und Bild soll im folgenden die Aufgabe eines visuellen Systems charakterisiert werden. Zunächst wird die Terminologie erläutert:

- <u>(visuelle) Außenwelt</u>: Menge aller Objekte in der Umgebung eines optischen Sensors, deren elektromagnetische Strahlung zu einer Aktivierung der Rezeptoren des Sensors führt. Die Außenwelt wird in drei örtlichen und einer zeitlichen Dimension beschrieben, ist also 4-dimensional. Sie wird im folgenden auch als <u>Szene</u> bezeichnet.

- <u>Abbildung</u>: Menge aller Projektionsvorschriften in Abhängigkeit von der Zeit, der Beleuchtung und dem Sensor.

- <u>Bild</u>: Menge aller Intensitätsverteilungen auf der Rezeptorenschicht des Sensors. Diese sind die Eingangsfunktionen in das informationsverarbeitende System, während die weiter oben eingeführten Bildfunktionen die Erregungsverteilung der Rezeptorausgänge beschreiben. Das Bild wird örtlich zweidimensional und zeitlich eindimensional beschrieben, ist also 3-dimensional.

Das Bild entsteht durch eine Abbildung der Außenwelt, d.h. durch eine Verknüpfung der entsprechenden Mengen. Die Aufgabe der visuellen Informationsverarbeitung ist die räumlich-zeitliche, d.h. 4-dimensionale Beschreibung der Außenwelt aufgrund von Bildern /3,4/. Beim einäugigen Sehen (bei größeren Abständen auch bei beidäugigem Sehen) ist diese Aufgabe nicht eindeutig lösbar, wenn eine stationäre Szene betrachtet wird. Es müssen aus dem Bild Hinweise extrahiert werden (örtlich 2-dimensionale <u>Bildbereichshinweise</u> /3/), welche in Verbindung mit a priori Wissen oder zeitlichen Änderungen des Bildes zu Hinweisen auf die räumlich 3-dimensionale Struktur der Außenwelt führen (örtlich 3-dimensionale <u>Szenenbereichshinweise</u> /3/). Der im Titel dieses Aufsatzes erwähnte Begriff "Merkmal" wird verständlicher, wenn man die Bild- und Szenenbereichshinweise als Merkmale zum Lösen von Aufgaben betrachtet wie der (räumlichen) dreidimensionalen Beschreibung oder der Analyse des Bewegungsverhaltens von Objekten der Außenwelt.

Das zur Lösung des Zuordnungsproblems Bild-Außenwelt erforderliche a priori Wissen kann durch Lernen z.B. mit Hilfe des taktilen und vestibulären Systems über motorische Aktionen erworben werden oder kann auch angeboren sein. Die experimentellen Ergebnisse mit geeigneten Versuchspersonen wie z.B. Säuglingen oder Blindgeborenen, denen eine spätere Operation des Sehen ermöglichte, sprechen dafür, daß die Fähigkeit zum "Herauslösen" einfacher optischer Reizmuster aus deren Umgebung angeboren ist. Die Aufmerksamkeit richtet sich auch schon bei Säuglingen spontan auf Orte in ihrem Gesichtsfeld, an denen sehr helle Objekte lokalisiert sind, sich Objekte bewegen oder geschlossene ovale Formen Hinweise auf einen menschlichen Kopf geben. In der Psychologie wird dieser Vorgang als <u>Figur-Hintergrundtrennung</u> bezeichnet. Er läßt sich durch die spontane Zuwendung der Aufmerksamkeit auf einen bestimmten Ausschnitt des Gesichtsfeldes charakterisieren, in welchem von einer "Figur" Information erwartet wird.

Vieles spricht dafür, daß abrupte Änderungen von statistischen und strukturellen Größen, welche bereits in den ersten Stufen des visuellen Systems extrahiert werden, eine Ausrichtung der Aufmerksamkeit bewirken können. Diese Größen sind im einzelnen Farbton, Intensität und Kontrast, Eck- und Endpunkte, Länge und Orientierung von Strecken, die Ausdehnung von Flecken sowie die räumlich-zeitliche Anordnung dieser Parameter (Textur, Tiefe, Bewegung). Diese Größen sind teils Bildbereichs-, teils Szenenbereichshinweise. Im folgenden werden die Bildbereichshinweise kurz als Merkmale bezeichnet. Sie sind ein Teil der "Primitiven (engl. primitives)" in dem konzeptionellen Ansatz von D. Marr zu einer Theorie der visuellen Informationsverarbeitung /4/.

Die Wahrnehmung einer "Figur" setzt einen Gruppierungsmechanismus bezüglich der o.g. Merkmale voraus, welcher Untersuchungsgegenstand auf dem Gebiet der Gestaltpsychologie ist. Dieser Gruppierungsmechanismus, den die Gestaltpsychologen in Form zahlreicher empirisch gefundener Regeln beschreiben, ist Bestandteil des Gesamtprozesses der Figur-Hintergrundtrennung und teilweise angeboren, wie aus den oben erwähnten experimentellen Ergebnissen geschlossen werden kann. Die spontane Zerlegung einer Szene in einzelne Figuren durch menschliche Betrachter soll im folgenden <u>Segmentierung</u> genannt werden. Nach der Segmentierung erfolgt die Interpretation einer "Figur" aufgrund einer kognitiven Verarbeitung.

Ein grobes Verknüpfungsschema der bisher beschriebenen Verarbeitungsschritte ist in Abb. 1 dargestellt. Den Ausgang des Sensors (1) bilden die Signale der Rezeptoren, d.h. der Stäbchen und Zapfen. Die Ausgangssignale der Ganglienzellen in der Retina (2) bilden den Eingang der kortikalen Filter (3). Das sind im einzelnen das Corpus Geniculatum laterale, Area 17, 18 und 19. Die Verarbeitung in den Stufen 4 - 6 von Abb. 1 läßt sich im Rahmen der Neurophysiologie nicht mehr meßtechnisch erfassen. Bei den entsprechenden Modellen zu diesen Stufen versucht man zwar so weit wie möglich Wissen zu berücksichtigen, welches von den Psychologen bereitgestellt wird. Ein großer Teil der Schritte, die z.B. bei einer Rechnersimulation realisiert werden müssen, ist jedoch spekulativ. Man geht bei der Reizrepräsentation (4) davon aus, daß die vorher erwähnten Bildbereichs- und Szenenbereichshinweise in geordneter Form vorliegen. Die Merkmale, die das Ergebnis von retinalen und kortikalen Filterprozessen sind, werden nach Gesichtspunkten wie Ähnlichkeit, Geschlossenheit oder Symmetrie zu Einheiten gruppiert. Weitere zum Teil sehr komplexe Einflußgrößen werden durch die Phänomene nahegelegt, die von den Psychologen im Rahmen der Gestalttheorie beschrieben wurden. Die Reizrepräsentation (4) ist das Ergebnis der Vorverarbeitung, welche Merkmalanalyse und Gruppierungsprozesse umfaßt. Die Vorverarbeitung endet da, wo Reizinformation und gespeicherte Information (Gedächtnis) in Wechselwirkung treten (Vorverarbeitung: vor dem Gedächtnis) /5/. Die Aktivierung von Gedächtnisinhalten durch Komponenten der Reizbeschreibung in (4) führt zu einer Objektrepräsentation (5), deren Interpretation (6) im allgemeinen nur mit Hilfe eines sehr komplexen Modells unserer Umwelt möglich ist. Die sehr wahrscheinliche Wechselwirkung zwischen den Stufen 3 - 6 ist in Abb. 1 durch zwei Pfeile mit entgegengesetzter Richtung angedeutet. Eine Aktion als Ergebnis der Interpretation (6) hat i.a. wieder Auswirkungen auf Stufe 1. Diese Rückkopplung wurde aus Aufwandsgründen fortgelassen. Sie spielt jedoch z.B. bei der Steuerung von Augenbewegungen eine wichtige Rolle im Gesamtsystem.

In den folgenden Abschnitten wird näher auf die Verarbeitungsstufen 2 - 5 in Abb. 1 eingegangen, wobei die Rechnersimulation dieser Stufen im Vordergrund steht.

2. Merkmale zur Repräsentation von örtlichen Grauwertänderungen

2.1 Die Retina des menschlichen Auges

Die verschiedenen Schichten der Retina werden in horizontaler Richtung durch die Horizontal- und Amakrinzellen verknüpft und in vertikaler Richtung durch die Bipolar-und Ganglienzellen. Die Reaktionen von Ganglienzellen auf einfache Eingangsreize, wie z.B. kreisförmige Lichtverteilungen oder Gitter, zeigen, daß es verschiedene Zelltypen gibt /6,7,8/: Die X-Zellen reagieren vorzugsweise auf hohe Ortsfrequenzen, ihre zeitliche Auflösung ist jedoch gering (brisk sustained X-cells). Die zeitliche Auflösung der Y-Zellen ist wesentlich besser, ihre örtliche Auflösung jedoch schlechter (brisk transient Y-cells).

Die rezeptiven Felder der meisten Ganglienzellen sind konzentrisch aus zwei antagonistischen Bereichen aufgebaut. Reagiert eine Ganglienzelle auf das Einschalten eines Lichtreizes in ihrem Zentrum mit einer Erregung, spricht man von einer ON-Zelle, reagiert sie mit einer Hemmung, spricht man von einer OFF-Zelle. Es wird angenommen, daß die Ausdehnung des rezeptiven Feldzentrums durch den Radius des zentralsymmetrischen Dendritenbaumes festgelegt wird. Dieser Radius wächst monoton mit zunehmender Exzentrizität. In Abb. 2a) bis f) ist diese Zunahme für ON-X-und OFF-X-Zellen der Katze zu erkennen, für welche zahlreiche anatomische und physiologische Ergebnisse vorliegen. Aus diesem Grunde, und da sich die Katzenretina und die menschliche Retina in ihrem prinzipiellen Aufbau wenig unterscheiden,

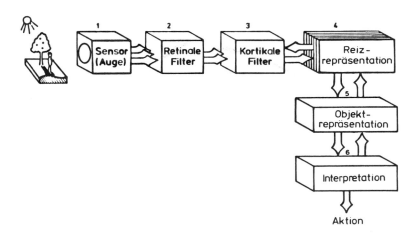

Abb. 1: Hypothetisches Schema für den Ablauf der visuellen Informationsverarbeitung.

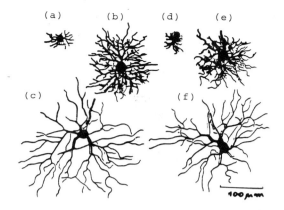

(a)-(c) ON-Neurone, (d)-(f) OFF-Neurone für 3 verschiedene Exzentrizitäten
Exzentrizität: 0,6 und 9 mm ≙ 0°, 21° und 32°.

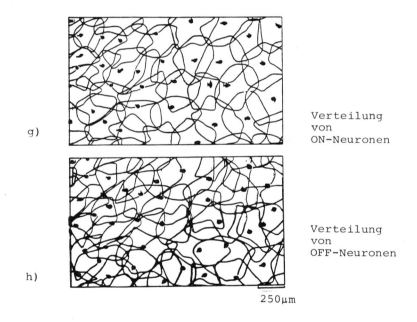

Abb. 2: Rezeptive Felder von Ganglienzellen der Retina
(aus /7/).

wird in diesem Abschnitt im wesentlichen auf Ergebnisse zurückgegriffen, die an der Katzenretina gewonnen wurden. Die örtliche Verteilung von ON-Y-und OFF-Y-Zellen sowie die Überlappung der rezeptiven Felder geht aus Abb. 2g) und h) hervor.

Die Reaktion von Ganglienzellen auf einfache Lichtreize läßt sich recht gut mit Hilfe der linearen Systemtheorie beschreiben. Sie ergibt sich als die gewichtete Summe aller Eingangsreize. Eine gut geeignete Gewichtsfunktion ist /9,10,11/

$$H(x,y,t) = m_1 \exp\left[\frac{-(x^2+y^2)}{2\sigma_1^2} - \frac{t}{T_1}\right] - m_2 \exp\left[\frac{-(x^2+y^2)}{2\sigma_2^2} - \frac{t}{T_2}\right]$$

Die Ortsabhängigkeit des rezeptiven Feldes wird durch zwei Gaußfunktionen mit unterschiedlichen Ortskonstanten σ_1, σ_2 beschrieben und der zeitliche Verlauf von Erregung und Hemmung durch Tiefpässe 1. Ordnung mit verschiedenen Zeitkonstanten.

Im folgenden soll die Zeitabhängigkeit vernachlässigt und lediglich die folgende Gewichtsfunktion betrachtet werden.

$$D(x,y) = \frac{1}{2\pi\sigma_1^2} \exp\left(\frac{-r^2}{2\sigma_1^2}\right) - \frac{1}{2\pi\sigma_2^2} \exp\left(\frac{-r^2}{2\sigma_2^2}\right)$$

$$\text{mit } r^2 = x^2+y^2 .$$

Mit dieser Gewichtsfunktion wird das Bild, d.h. die zweidimensionale Verteilung der retinalen Beleuchtungsstärke gefaltet. Vereinfachend wird hierbei ein linearer Zusammenhang zwischen Ein- und Ausgangssignal innerhalb einer homogenen Rezeptorschicht angenommen. Die positive (erregende) Komponente und die negative (hemmende) Komponente sind jeweils auf den Wert Eins normiert, d.h. die Faltung mit einer konstanten Leuchtdichteverteilung ergibt den Wert Null. Eine solche Festlegung trägt zunächst zur Vereinfachung der Analyse von Rechnerergebnissen bei, steht aber nicht im Einklang mit physiologischen Messungen /11/. Auch der Verlauf der psychophysisch gemessenen Modulationsübertragungsfunktion des Menschen, die durch Überlagerung mehrerer Bandpaßfilter angenähert werden kann, wurde hier nicht berücksichtigt. Es wird jedoch davon ausgegangen, daß die Veränderung der Kontrastempfindlichkeit in Abhängigkeit von der Ortsfrequenz durch entsprechende Verstärkungsfaktoren relativ leicht berücksichtigt werden kann /12/.

Die rezeptiven Felder von ON- und OFF-Zellen sind antagonistisch aufgebaut. Sie besitzen jeweils ein Zentrum mit einer ringförmigen Umgebung, wobei die Reaktionen dieser Bereiche auf Lichtreize jeweils entgegengesetzt sind. Beide Zelltypen lassen sich mit Hilfe der Gewichtsfunktionen D(x,y) bzw. -D(x,y) beschreiben. Das Zentrum von OFF-Zellen wird beim Ausschalten eines Lichtreizes erregt. Rechnerisch läßt sich der Erregungs-Hemmungs-Mechanismus dieses Zelltyps dadurch aktivieren, daß eine Verringerung der retinalen Beleuchtungsstärke durch negative Zahlenwerte beschrieben wird, welche dann nach einer Faltung mit -D(x,y) zu einer Erregung im Zentrum von OFF-Zellen führen.

Die Funktion D(x,y) kann als Approximation der Laplaceableitung

$$\Delta = \frac{\partial^2}{\partial x^2} + \frac{\partial^2}{\partial y^2}$$

der Gaußfunktion

$$G(x,y) = \frac{1}{2\pi\sigma_1^2} \exp\left[\frac{-r^2}{2\sigma_1^2}\right]$$

betrachtet werden, welche das Zentrum des rezeptiven Feldes D(x,y) bestimmt. Die Ausführungen weiter unten zeigen den Zusammenhang zwischen der Ortskonstanten σ_1 und der Breite des Zentrums. Für $\sigma_2/\sigma_1=1.6$, bei welchem Verhältnis sich die beste Approximation ergibt /13/, sind in Abb. 3a) die Laplaceableitung ΔG und die Approximation D(x,y) für den eindimensionalen Fall (nur x-oder y-Abhängigkeit) dargestellt. Die letztere Funktion wird DOG (Difference of Gaussians) oder wegen ihre Form auch Mexikanischer-Hut-Operator genannt. Als Differenz zweier örtlicher Tiefpaßfilter stellt die DOG einen Bandpaß für Ortsfrequenzen dar. Aus der Fouriertransformierten F[D] von D(x,y)

a)

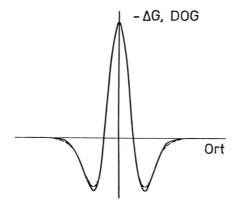

Die beste Approximation der 1-D Filterfunktion ΔG (ausgezogene Kurve) durch die Differenz zweier Gaußfunktionen (DOG, gestrichelte Linie) mit den Ortskonstanten σ_1 und σ_2 wird erreicht bei einem Verhältnis $\sigma_2/\sigma_1 = 1.6$ (aus /13/).

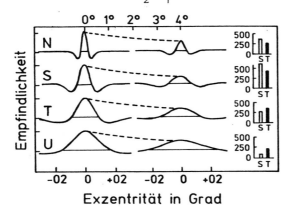

b)

Vier von Wilson und Bergen /14/ vorgeschlagene Filterkanäle für zwei retinale Orte (0° und 4°), die für einen besseren Vergleich normalisiert wurden. Die rechts angegebenen Empfindlichkeitswerte für die N,S,T und U Kanäle zeigen ein mehr tonisches Verhalten (S:Sustained) für die beiden ersten Kanäle und transienten Charakter (T:Transient) für die beiden unteren Kanäle.

Abb. 3: Filterfunktionen des visuellen Systems.

$$F[D] = \exp(-\tfrac{1}{2}\sigma_1^2 w^2) - \exp(-\tfrac{1}{2}\sigma_2^2 w^2)$$

wobei $w^2 = u^2+v^2$ die Quadratsumme der beiden Ortsfrequenzen u und v ist, ergibt sich die Mittenfrequenz w_m durch Nullsetzen der 1. Ableitung zu

$$w_m = 2\left(\frac{\ln\sigma_2 - \ln\sigma_1}{\sigma_2^2 - \sigma_1^2}\right)^{\tfrac{1}{2}}.$$

Für $\sigma_2 = 1.6 \cdot \sigma_1$ erhält man

$$w_m = \frac{1.1}{\sigma_1} \quad [\text{Perioden/Pixel}]$$

wenn der Ort in Bildpunkten (Pixel) angegeben wird. Nach /13/ ergeben sich für die Halbwert-Bandbreite ca. 1.75 Oktaven und für die Größe Z_E des erregenden (positiven) Feldzentrums von D(x,y)

$$Z_E = 2\sqrt{2} \cdot \sigma_1 = 2.83 \cdot \sigma_1$$

Die Retina kann also als ein Bandpaßfilter betrachtet werden, dessen mittlere Ortsfrequenz w_m sich umgekehrt proportional zur Größe des rezeptiven Feldzentrums ändert, wenn die Gewichtsfunktion D(x,y) zugrundegelegt wird.

Die Mittenfrequenz vermindert sich mit größer werdender Exzentrizität. Es erhebt sich die Frage, ob es bei einer festen Exzentrizität mehrere retinale Filterkanäle gibt. Aufgrund der Tatsache, daß eine gewichtete Summation sowohl auf der Ebene der Bipolarzellen als auch der Ganglienzellen vorgenommen wird, läßt sich die Frage nicht allein aufgrund der Ausdehnung der Dendritenbäume von Ganglienzellen bei einer bestimmten Exzentrizität beantworten. Die Diskussion neuroanatomischer Daten der Primatenretina ergibt /14/, daß mindestens drei verschiedene Filterkanäle für jeden retinalen Ort angenommen werden können.

Die Parameter der Gewichtsfunktion D(x,y) wurden unter dem Gesichtspunkt gewählt, möglichst gut die 2. Ableitung einer Gaußfunktion zu approximieren und nicht unter dem Gesichtspunkt einer möglichst guten

Approximation neurophysiologischer Daten. Wie bereits weiter oben erwähnt wurde, sprechen neurophysiologische Ergebnisse dafür, daß zumindest die Filtereigenschaften tonisch reagierender Ganglienzellen der Retina durch $H(x,y,t)$ gut beschrieben werden können, wobei nach /15/ $m_1=1$, $m_2=0.215$ und $\sigma_2/\sigma_1=2.0$ geeignete Werte für die Simulation darstellen. Diese Werte führen zu einer Kontrastverbesserung des retinalen Bildes, aber nicht zum Verschwinden eines Gleichanteiles der retinalen Beleuchtungsstärke. Wir gehen deshalb im folgenden Kapitel davon aus, daß neben phasischen auch tonische Signale die Eingangssignale in die kortikalen Filter bilden.

2.2 Informationsverarbeitung im visuellen Cortex

Die Überlegungen im letzten Kapitel gingen aus von Ergebnissen auf den Gebieten Neuroanatomie und Neurophysiologie. Die Filtereigenschaften der visuellen Verarbeitungsstufen bis zur bewußten Wahrnehmung können mit den Methoden, die auf diesen Gebieten entwickelt wurden, nicht erfaßt werden. Man ist auf Detektionsexperimente auf dem Gebiet der Psychophysik angewiesen. Die Bestimmung von Wahrnehmungsschwellen für einfache Testreize mit Ortsfrequenzen unter 16 Perioden/Grad führte zu Ergebnissen, die sehr gut durch die Annahme von vier Bandpaßfiltern erklärt werden können /14/. Diese Bandpaßfilter lassen sich formal rezeptiven Feldern zuordnen mit konzentrischem, antagonistischem Aufbau wie in Kapitel 2.1 beschrieben wurde. Die Empfindlichkeitsverteilung der vorgeschlagenen rezeptiven Felder ist in Abb. 3b) für zwei retinale Orte dargestellt. Berücksichtigt man weiter die Überlegungen in /16/ zur Existenz eines 5. Filterkanals, der zur Deutung der maximalen Ortsauflösung des Auges benötigt wird, dann ergeben sich für die Durchmesser des zentralen (positiven) Teils der äquivalenten rezeptiven Felder die Werte

$$Z_E = 1.2', 4.38', 8.77', 16.55' \text{ und } 29.7' \quad .$$

Diese Werte ergeben sich bei fovealer Betrachtung. Es wird in /14/ von einer linearen Zunahme der rezeptiven Feldgröße in Abhängigkeit von der Exzentrizität ausgegangen, wobei sich die Feldgröße bei 4° Exzentrizität verdoppelt. Die parafovealen und peripheren Filtereigenschaften lassen sich hieraus ableiten.

2.2.1 Merkmalanalyse

Für die Lösung der Aufgabe der räumlich-zeitlichen Beschreibung der Außenwelt (siehe Kapitel 1) stellen die Ausgangssignale der Retina nur das Rohmaterial dar, welches den kortikalen Stufen zur Extraktion von Bild- und Szenenbereichshinweisen zur Verfügung steht.

Das Ergebnis der Umwandlung elektromagnetischer Strahlung in der retinalen Rezeptorschicht ist eine räumlich-zeitliche <u>Verteilung von Erregungszuständen</u>. Die Erregungszustände in örtlichen Bereichen variabler Größe (<u>rezeptiven Feldern</u>) bilden die Eingangssignale eines <u>Merkmalanalysators</u>, dessen Übertragungseigenschaften ein <u>Merkmal</u> definieren. Die Ausgangsinformation eines Merkmalanalysators ist ein Zeitsignal. Dieses kann als Maß für die Ähnlichkeit herangezogen werden, welche die zu analysierende Erregungsverteilung mit dem für den Analysator optimalen Reiz hat. Es wird angenommen, daß die Struktur und Funktion der Merkmalanalysatoren genetisch festgelegt ist.

Im visuellen Cortex wurden rotationssymmetrische rezeptive Felder mit DOG-Filtereigenschaften bisher nicht gefunden. Nachgewiesen wurden sogenannte Linien-Detektoren (bar Detectors) mit ellipsenförmigen erregenden bzw. hemmenden Zentren, die an beiden Seiten von Gebieten mit den entsprechend komplementären Reaktionen flankiert werden. Diese Felder haben also eine Vorzugsrichtung. Sie approximieren die zweite Ableitung senkrecht zu dieser Richtung. Möglicherweise stellen die Linienoperatoren eine Art angepaßte Filter an linienhafte oder fleckartige Strukturen dar /17/, wobei nicht die Nulldurchgänge ihrer Ausgangsfunktionen, sondern ihre Extremwerte relevante Information liefern sollten.

Neben den eben beschriebenen Operatoren wurden neurophysiologisch die sogenannten Kanten-Detektoren (edge detectors) nachgewiesen. Ihre rezeptiven Felder bestehen aus einer erregenden und einer hemmenden Hälfte, deren Trennlinie die Orientierung des Detektors bestimmt (siehe Abb. 4). Sie approximieren also die gerichtete 1. Ableitung, wobei durch variable Größen der rezeptiven Felder die Grauwertdifferenz von verschieden großen Gebieten bestimmt wird. Eine variable Breite der Operatoren ist nach /18/ notwendig bei der Differentiation von Grauwertprofilen mit unbekannter Skalierung (s. Abb. 8).

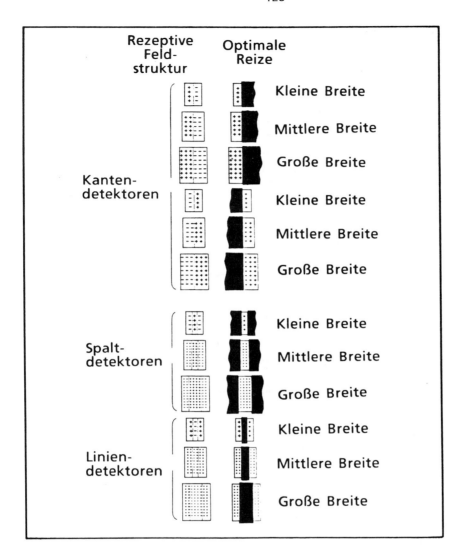

Abb. 4: Modell von Merkmalanalysatoren im visuellen Cortex (umgezeichnet aus /21/). Die hier dargestellten Masken haben eine vertikale Vorzugsrichtung. Optimale Reize sind Kanten, helle und dunkle Linien.

In Abb. 4 sind die rezeptiven Felder von Kanten-, Spalt- und Liniendetektoren mit einer vertikalen Vorzugsrichtung einfachheitshalber als Rechtecke wiedergegeben, wobei Hemmung und Erregung an einzelnen Bildpunkten durch die Symbole + und - dargestellt sind. Die Spaltdetektoren, deren optimale Reize helle Linien sind, unterscheiden sich von den Liniendetektoren, deren optimale Reize dunkle Linien sind, nur durch die entgegengesetzten Vorzeichen innerhalb entsprechender Teile ihrer rezeptiven Felder. Die in Abb. 4 dargestellten Detektoren sind eine Untermenge der weiter oben postulierten Merkmalanalysatoren.

In Abb. 5 ist das Schema einer sogenannten Hypersäule innerhalb des primären visuellen Cortex dargestellt, deren Aufbau durch die experimentellen Ergebnisse von Hubel, und Wiesel /19/ nahegelegt wird. Aus Aufwandsgründen sind nur zwei verschiedene Maskentypen sowie zwei verschiedene Größen und drei Orientierungen dieser Masken eingezeichnet. Wesentlich ist, daß sich von oben nach unten die rezeptiven Felder vergrößern (Achse: Dilatation) und sich von links nach rechts die Orientierung systematisch ändert (Achse: Orientierung). Von vorn nach hinten verschiebt sich der Ort innerhalb des Sehfeldes, der mit Hilfe der Masken einer Scheibe der Hypersäule analysiert wird, welche durch die Achsen Dilatation und Orientierung definiert ist. Diese Verschiebung erfolgt senkrecht zu der Vorzugsrichtung der betreffenden Maske wie in b) für die senkrechte (S) und horizontale (H) Maske veranschaulicht wird. Hier ist das rezeptive Feld einer Hypersäule dargestellt, in dem sich die Orte für die senkrechte Maskenorientierung entlang der waagerechten, punktierten Strecke verschieben und für die horizontale Maskenorientierung entlang der dazu senkrechten Strecke.

Die Struktur des <u>Systems</u> der Analysatoren legt einen bestimmten Zusammenhang der Merkmale fest. Die neurophysiologischen Befunde legen nahe, daß jedes Merkmal an jeder beliebigen Stelle der gesamten räumlichen Erregungsverteilung detektiert werden kann. Man erhält eine n-dimensionale Beschreibung der Verteilung von Erregungszuständen in kleinen, sich überlappenden Arealen, wobei n die Anzahl der (verschiedenen) Merkmale ist. Es werden in /5/ die folgenden beiden Arbeitshypothesen aufgestellt:

1. Innerhalb einer bestimmten retinalen Erregungsverteilung werden in allen Arealen (parallel) die gleichen Merkmale analysiert.

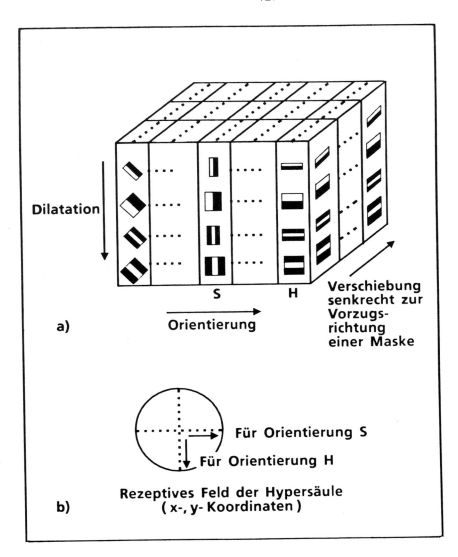

Abb. 5: Hypothetisches Schema einer Hypersäule (umgezeichnet aus /21/). Die Bildfunktion an jedem Ort innerhalb des in b) dargestellten rezeptiven Feldes der Hypersäule in a) wird mit Hilfe der Masken innerhalb einer Scheibe analysiert, welche durch die Achsen Dilatation und Orientierung charakterisiert ist.

2. Korrespondierende Merkmale verschiedener Areale stehen in einer Funktionsbeziehung zueinander, die in der Schichtung der Merkmalanalysatoren zum Ausdruck kommt.

Der zweiten Hypothese liegt die durch neurophysiologische Messungen nahegelegte Annahme zugrunde, daß die Merkmalanalysatoren in horizontal ausgerichteten Schichten angeordnet sind. Innerhalb einer sich über viele Areale erstreckenden Schicht werden die gleichen Merkmale detektiert. Das Resultat der Merkmalanalyse ist also eine räumlich (nach Arealen) und inhaltlich (nach Merkmalen) geordnete Reizbeschreibung (siehe Abb. 5).

Es stellt sich die Frage nach dem Nutzen der 4-5 Filterkanäle an jedem retinalen Ort. Hierzu gibt es zahlreiche Vermutungen, angefangen von der Hypothese einer Fourierzerlegung von Mustern bis zur Hypothese einer Grob-Feinauflösung der Bildfunktion zur Erleichterung der visuellen Suche und zur Bewältigung der Schwierigkeiten bei der Formerkennung, die durch Änderung der Größe des retinalen Bildes bei sich ändernden Entfernungen bedingt ist /20/. Vor der Lösung von Problemen der Mustererkennung, d.h. der Zuordnung von Mustern zu einem inneren Modell der Außenwelt, sollte jedoch eine möglichst vollständige Beschreibung der Bildfunktion vorliegen. Das bedeutet, daß Bildbereichshinweise zur Beschreibung des Grauwertverlaufes vorliegen sollten.

Aus Bildbereichshinweisen zur Breite und Amplitude rampen- oder dachförmiger Grauwertänderungen lassen sich beispielsweise Szenenbereichshinweise zur Krümmung von Flächen gewinnen bzw. Parameter zur besseren Fokussierung falls ein unscharfes Bild vorliegt. Diskussionen zur Problematik der Rekonstruktion nach einer DOG-Filterung findet man in /4/ und /21/.

Ein weiterer Gesichtspunkt bei der Beantwortung der oben gestellten Frage nach dem Nutzen der Ortsfrequenzfilterung ist die mögliche Erleichterung der <u>Texturunterscheidung</u> durch parallele Auswertung der Information von mehreren Filterkanälen. Textur ist eine Verteilung vieler ähnlicher Muster, deren genaue Beschreibung i.a. zur Klassifikation einer Textur nicht erforderlich ist. Diskussionen zu diesem Punkt findet man in /22,23/. Gesichtspunkte, welche die Auswertung verschiedener Filterkanäle bei der Lösung des Zuordnungsproblems beim Stereo- und Bewegungssehen betreffen, sollen hier nicht diskutiert werden.

Geht man von den Ergebnissen anatomischer und physiologischer Untersuchungen der visuellen Informationsverarbeitung im primären visuellen Cortex von Primaten aus (z.B. /19/), dann sind offenbar Orientierung, Ecken, Anfangs- und Endpunkte von Liniensegmenten und die Bewegungsrichtung bevorzugte Merkmale. Interessanterweise bilden der Grauwert von Geradensegmenten, der durch Mittelwertbildung aus den verbundenen Konturpunkten bestimmt wird, und der Grauwert von Flecken sowie deren Ausdehnung und Orientierung oder (freie) Linienenden die in /23/ vorgeschlagenen Textons (siehe Abb. 6). Die menschliche Texturwahrnehmung beruht nach /23/ auf der Auswertung der Statistik 1. Ordnung dieser Textons.

Neurophysiologische Ergebnisse und in der Psychologie beschriebene Wahrnehmungstäuschungen (z.B. das Craik-Cornsweet-O'Brien Phänomen /21/) legen die Annahme nahe, daß ein retinales Bild auf <u>Konturpunkte</u> reduziert wird (siehe Abschnitt 2.2.2). Durch diese werden Grauwertänderungen so reichhaltig beschrieben, daß eine ausreichend gute Rekonstruktion des ursprünglichen Grauwertverlaufes zur Beschreibung des Grauwertes von Flächen möglich ist. Bei einer solchen Codierung des Bildes mit Hilfe von Konturpunkten wird die Redundanz der Bildinformation ausgenutzt. Im folgenden Abschnitt wird gezeigt, daß der Vergleich der Ausgänge von verschieden breiten Masken (Operatoren) zur Bestimmung der Amplitude und des Ortes von Konturpunkten im allgemeinen notwendig ist. Die in Kapitel 3 beschriebenen Ergebnisse von Rechnersimulationen deuten daraufhin, daß Konturpunkte geeignete Bildbereichshinweise darstellen.

Anschließend soll noch eine interessante, in letzter Zeit entwickelte Modellvorstellung zur Kombination von Merkmalen vorgestellt werden /24/. In Abb. 7a) werden spontan zwei Gruppen wahrgenommen aufgrund der unterschiedlichen Helligkeiten und in b) zwei Gruppen aufgrund der unterschiedlichen Formen. In c) ist eine spontane Gruppierung nicht möglich. Hier befinden sich in der linken Hälfte dunkle Quadrate und helle Kreise, während in der rechten Hälfte helle Quadrate und dunkle Kreise verteilt sind. Die Kombination zweier Merkmale (Hellig-

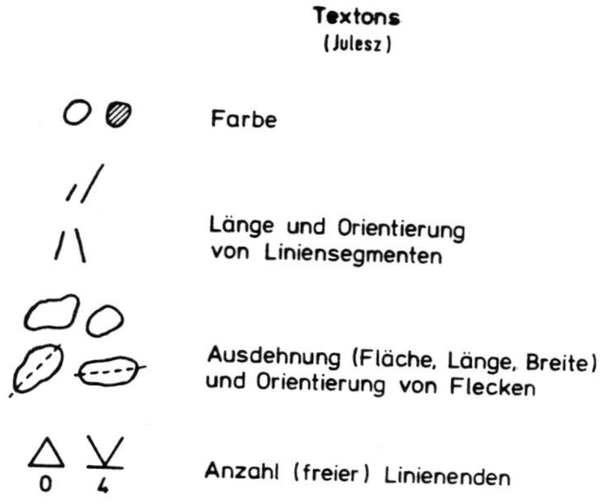

Textons
(Julesz)
Farbe
Länge und Orientierung
von Liniensegmenten
Ausdehnung (Fläche, Länge, Breite)
und Orientierung von Flecken
0 4
Anzahl (freier) Linienenden

Abb. 6: Textons **nach** Julesz /23/.

keit und Form) führt also nicht zu einer schnellen Unterscheidung der beiden Hälften in c). In /24/ wird die Hypothese vertreten, daß nur durch Fokussierung der Aufmerksamkeit zwei Merkmale an demselben Ort als Kombination wahrgenommen werden können. Den einzelnen Merkmalen (Helligkeit, Größe, Orientierung, etc.) werden getrennte Bereiche zugeordnet, in welchen neben dem betreffenden Merkmal die örtliche Position enthalten ist. Wenn eine Aufgabe in der Diskrimination von Mustern besteht, die sich nur durch verschiedene Merkmalkombinationen unterscheiden, so ist diese Aufgabe nur durch Verschieben der Aufmerksamkeit an jeweils denselben Ort in den betreffenden Merkmalräumen möglich.

(a) Nur Farbe
(b) Nur Form
(c) Farbe und Form

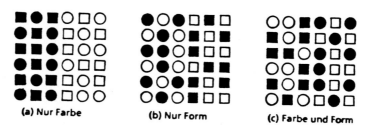

Abb. 7: Beispiele von Gruppierungen aufgrund der Merkmale Form und Helligkeit (aus /20/). In a) und b) erfolgt spontane Gruppierung aufgrund der Helligkeit bzw. der Form. In c) erfolgt keine spontane Gruppierung aufgrund der kombinierten Merkmale Helligkeit/Form (linke Hälfte dunkle Quadrate, helle Kreise, rechte Hälfte dunkle Kreise, helle Quadrate).

2.2.2 Konturpunkte

In /25/ wurde unter anderem das Problem der möglichst genauen Lokalisierung von Konturpunkten bei 1-dimensionalen verrauschten Grauwertprofilen untersucht. Es ergab sich eine Art Unschärferelation zwischen der Genauigkeit der Lokalisierung und der Breite des Operators: mit wachsender Breite des Operators verminderte sich der Einfluß des Rauschens zu Lasten der Positioniergenauigkeit. Ein weiteres Ergebnis war, daß sich der mit Hilfe der Signaldetektionstheorie für das betrachtete etwa rampenförmige Profil gefundene optimale Kantendetektor sehr gut durch die 1. Ableitung einer Gaußfunktion approximieren läßt. Weiter unten werden Ergebnisse von Rechnersimulationen der Kantendetektion für verschiedene Grauwertprofile gezeigt.

Analog wie in /13/ wird von einem tiefpaßgefilterten Bild ausgegangen

$$B_T(x,y,\sigma) = G(x,y,\sigma) * B(x,y) \tag{1}$$

mit der Gaußfunktion

$$G(x,y,\sigma) = \frac{1}{2\pi\sigma^2} e^{-(x^2+y^2)/2\sigma^2} \tag{2}$$

und einer Bildfunktion $B(x,y)$. Die Gradientenbildung $\nabla B_T(x,y,\sigma)$ wird vereinfacht durch den Satz, daß in Gl.(1) Integration und Differentiation vertauschbar sind. Man erhält

$$\nabla B_T(x,y,\sigma) = [\nabla G(x,y,\sigma)] * B(x,y). \tag{3}$$

Das ist eine Faltung mit jeweils der 1. Ableitung einer Gaußfunktion in x- und y-Richtung. Der Vektor $\nabla G(x,y,\sigma)$ hat die Komponenten

$$\frac{\partial}{\partial x} G(x,y,\sigma) = -\frac{x}{\sigma^2} G(x,y,\sigma) \tag{4}$$

$$\frac{\partial}{\partial y} G(x,y,\sigma) = -\frac{y}{\sigma^2} G(x,y,\sigma) \; . \tag{5}$$

Für die 1-dimensionale Gaußfunktion

$$G(x,\sigma) = \frac{1}{\sqrt{2\pi}\,\sigma} \exp[-x^2/2\sigma^2]$$

ist die 1. Ableitung

$$\frac{d}{dx} G(x,\sigma) = -\frac{x}{\sigma^2} G(x,\sigma) \quad . \tag{6}$$

Wir werden die Funktion (6) einfachheitshalber als <u>EAG</u> (Erste Ableitung einer Gaußfunktion) bezeichnen.

Die Faltung in Gl.(3) ist eine Bandpaßfilterung, wie im folgenden gezeigt werden soll. Wir bezeichnen mit F[G(x,y)] die Fourier-Transformierte der Funktion G(x,y). Als Fourier-Transformierte der 1. Ableitung in x-Richtung erhält man

$$F[\frac{\partial}{\partial x} G(x,y,\sigma)] = \iint_{-\infty}^{\infty} [\frac{\partial}{\partial x} G(x,y,\sigma)[\exp(-j(ux+vy))]dxdy$$

$$= -\iint_{-\infty}^{\infty} G(x,y,\sigma) \frac{\partial}{\partial x}[\exp(-j(ux+vy))]dxdy$$

$$= ju\, F[G(x,y,\sigma)]$$

$$= ju \exp[-\frac{1}{2}\sigma^2(u^2+v^2)] \quad . \tag{7}$$

Eine analoge Beziehung ergibt sich für die 1. Ableitung in y-Richtung.

Im 1-dimensionalen Fall erhält man

$$F[\frac{d}{dx} G(x,\sigma)] = j\,u\, \exp[-\frac{1}{2}\sigma^2 u^2] \quad . \tag{8}$$

Wegen der Richtungsabhängigkeit erhält man einen Phasenwinkel $\pi/2$. Die Bandpaßeigenschaften ergeben sich unmittelbar aus dem Fourierspektrum.

Wie schon oben erwähnt wurde, ist die örtliche Ausdehnung eines Grauwertprofils, das ist der Bereich zwischen zwei unmittelbar aufeinanderfolgenden Extremwerten, unbekannt. Aus verschiedenen Gründen ist jedoch eine Kenntnis des ungefähren Kantenprofils wünschenswert:

- es sollten "harte" von "weichen" Übergängen unterschieden werden, um beispielsweise über die Grauwertverteilung auf Oberflächen Information zur Beleuchtungsrichtung und hieraus Information zur Richtung von Flächennormalen zu erhalten,

- die Grauwertdifferenz zwischen benachbarten Extremwerten sollte möglichst gut approximiert werden, um die Voraussetzungen für eine spätere Rekonstruktion der Grauwerte von Flächen zu schaffen. Eine möglichst vollständige parametrische Beschreibung von Flächen ist deshalb wichtig, weil Flächen eine wichtige Funktion bei der Segmentierung von Bildern haben.

Unsere Vorgehensweise zur Abschätzung der Breite des Profils sowie zur Bestimmung der Position und Amplitude eines geeigneten Konturpunktes, der das Profil repräsentiert, ist der Vergleich von Faltungsergebnissen für verschiedene σ-Werte. Im folgenden betrachten wir einfachheitshalber den 1-dimensionalen Fall.

Wir gehen aus von der EAG in Gl.(6), die wir aus später ersichtlichen Gründen wie folgt normieren

$$\frac{k}{\sigma^2} \int_0^\infty x\, G(x,\sigma)dx = 1 = \frac{-k}{\sigma^2} \int_{-\infty}^0 x\, G(x,\sigma)dx \quad . \tag{9}$$

Für zwei verschiedene σ-Werte σ_1 und σ_2 mit $\sigma_2 = a\,\sigma_1$ erhält man dann aus der Beziehung

$$\frac{k_1}{\sigma_1^2} \int_0^\infty x\, G(x,\sigma_1)dx = 1 = \frac{k_2}{\sigma_2^2} \int_0^\infty x\, G(x,\sigma_2)dx$$

den folgenden Zusammenhang zwischen k_1 und k_2

$$k_2 = a\, k_1 \quad . \tag{10}$$

Die Problemstellung und das Lösungskonzept sind in den Abbildungen 8 und 9 veranschaulicht. Die Attribute eines Konturpunktes, d.h. der Ort, die Amplitude, die Polarität sowie die Ortskonstante des verwendeten optimalen Filters, charakterisieren ein Grauwertprofil in ausreichender Näherung. Ein Grauwertprofil ist eine Folge von Grauwerten in einem örtlichen Bereich mit einheitlich positiven oder negativen Gradienten. Der Gradient in dem konvexen Grauwertprofil in Abb. 9a) ist in einem Bereich von 7 Pixel größer Null. Das "optimale" Gradientenbild ist in Abb. 9b) und die zugehörige Maske ($\sigma=4.0$) in c) dargestellt. Da der optimale Gradient für das Profil in a) nur asymptotisch erreicht wird, wurde bei 4 % Änderung zwischen den maximalen Werten aufeinanderfolgender Gradienten abgebrochen. Das ergibt eine Amplitude des Konturpunktes von 93 statt des in a) vorgegebenen Wertes von 100. Die Verschiebung des Konturpunktortes relativ zum Anfangs-oder Endpunkt des Profils läßt sich als Maß für die Krümmung des Profils heranziehen: Bei konvexem Verlauf liegt der Konturpunkt links und bei konkavem Verlauf rechts von der Flankenmitte.

Im folgenden zeigen wir, daß die Gradientenbilder von zwei Grauwertprofilen mit unterschiedlicher Skalierung ineinander überführt werden können, wenn das Verhältnis der σ-Werte der beiden EAGs gleich dem Skalierungsfaktor ist.

Es sei $B(x)$ ein Grauwertprofil mit $B(x)=0$ für $x \leq 0$ und $B_{1D}(x,\sigma_1)$ das zugehörige Gradientenbild

$$B_{1D}(x) = \frac{-k_1}{\sqrt{2\pi}\,\sigma_1^3} \int_0^\infty (x-x')\exp[-(x-x')^2/2\sigma_1^2]B(x')dx'.$$

Das vergrößerte Grauwertprofil sei $B(\frac{x}{a})$ mit $a>1$ und das zugehörige Gradientenbild sei

$$B_{2D}(x) = \frac{-k_2}{\sqrt{2\pi}\,\sigma_2^3} \int_0^\infty (x-x')\exp[-(x-x')^2/2\sigma_2^2]B(\frac{x'}{a})dx'$$

Die Substitution $\qquad x=a\bar{x} \qquad x'=a\bar{x}'$

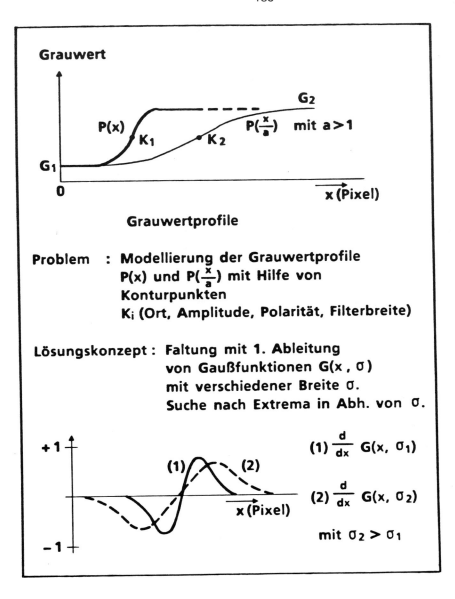

Abb. 8: Prinzipielle Vorgehensweise bei der Bestimmung der Attribute von Konturpunkten.

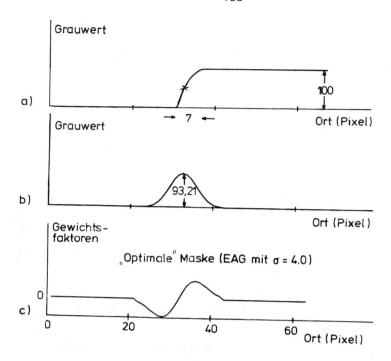

Abb. 9: Ergebnis der Konturpunktbestimmung für ein konvexes Grauwertprofil. Das in b) dargestellte „optimale" Gradientenbild für das 7 Pixel breite Grauwertprofil in a) ergibt sich durch Faltung dieses Profils mit der in c) dargestellten Filterfunktion.

und die Forderung

$$\sigma_2 = a\,\sigma_1 \tag{11}$$

führt zu der Gleichung

$$B_{2D}(a\bar{x}) = \frac{-k_2\,a^2}{\sqrt{2\pi}\,\sigma_2^3} \int_0^\infty (\bar{x}-\bar{x}')\exp[-(\bar{x}-\bar{x}')^2/2\sigma_1^2]B(\bar{x}')d\bar{x}'$$

$$= \frac{-k_1}{\sigma_1^2} \int_0^\infty (\bar{x}-\bar{x}')G(\bar{x}-\bar{x}',\sigma_1)B(\bar{x}')d\bar{x}'$$

$$B_{2D}(a\bar{x}) = B_{1D}(\bar{x})\;. \tag{12}$$

Hier wurde von Gl.(10) Gebrauch gemacht. Durch Unterabtastung von $B_{2D}(a\bar{x})$ läßt sich also ein identischer Verlauf der beiden Gradientenbilder erzielen.

Die Vorgehensweise bei unbekanntem Skalierungsfaktor a besteht in einer monotonen Vergrößerung der σ-Werte, beginnend mit dem kleinsten Wert, und der Suche nach maximalen Ausgangswerten bzw. bei asymptotischem Verlauf nach Werten, die mit einem Abbruchkriterium kompatibel sind. Diese Vorgehensweise läßt sich wie folgt begründen:

Angenommen, der aktuelle σ_2-Wert sei kleiner als der Sollwert $\sigma_2=a\sigma_1$ nach Gl.(11), d.h. es ist

$$\sigma_2 = c\,\sigma_1 \quad \text{mit}\quad c < a,$$

dann ergibt sich statt Gl.(12) die Beziehung

$$B_{2D}(c\bar{x}) = \frac{-k_1}{\sigma_1^2} \int_0^\infty (\bar{x}-\bar{x}')G(\bar{x}-\bar{x}',\sigma_1)B(\tfrac{c}{a}\bar{x}')d\bar{x}' \tag{13}$$

mit $\tfrac{c}{a} < 1$ und der Substitution $x=c\bar{x}$ $x'=c\bar{x}'$

Es gilt nun $B_{2D}(c\bar{x}) < B_{2D}(a\bar{x}) = B_{1D}(\bar{x})$

<u>Beweis:</u>

Für $\frac{c}{a} \approx 1$ gilt die Näherung

$$\hat{B}_{2D}(c\bar{x}) - B_{2D}(a\bar{x}) = \frac{-k_1}{\sigma_1^2} \int_0^\infty (\bar{x}-x')G(\bar{x}-x',\sigma_1)[B(\frac{c}{a}x')-B(x')]dx' =$$

$$= \frac{-k_1}{\sigma_1^2} \int_0^\infty (x-x')G(x-x',\sigma_1)[B(\frac{c}{a}x')-B(\frac{c}{a}x'+\Delta x)]dx' \approx$$

$$\approx \frac{-k_1}{\sigma_1^2} \int_0^\infty (x-x')G(x-x',\sigma_1)[\frac{d}{dx'}B(\frac{c}{a}x')\Delta x']dx' \qquad (14)$$

Bei einer monoton ansteigenden Flanke ist

$$\frac{d}{dx'}B(\frac{c}{a}x') > 0 \quad .$$

Einfachheitshalber nehmen wir eine konstante Steigung $m_1 > 0$ der Flanke an:

$$\frac{d}{dx'}B(\frac{c}{a}x') = m_1$$

$$B_{2D}(c\bar{x}) - B_{2D}(a\bar{x}) = \frac{k_1 \Delta x \, m_1}{\sigma_1^2} \int_0^\infty (\bar{x}-x')G(\bar{x}-x',\sigma_1)dx' =$$

$$= \frac{-k_1 \Delta x \, m_1}{\sigma_1^2} \int_{-\hat{x}}^\infty \hat{x}\, G(\hat{x},\sigma_1)d\hat{x} < 0 \qquad (15)$$

mit der Substitution $\hat{x} = x' - \bar{x}$.
Der Ausdruck ist kleiner Null wegen Gl.(9).

Analog verläuft der Beweis für monoton absteigende Flanken, wobei jeweils auch Sattelpunkte berücksichtigt werden können.

Die Ausführungen in diesem Abschnitt zeigen die Vorteile, welche eine variable Maskengröße für die Berechnung geeigneter Parameter von Konturpunkten haben könnte. In der in Abb. 5 dargestellten Hypersäule nimmt die Größe von Masken von oben nach unten monoton zu. Dadurch ergibt sich die Möglichkeit, durch Vergleich der Ausgänge von verschiedenen Schichten die optimale Maskenbreite zu bestimmten.

Zusammenfassend ergibt sich folgende Vorstellung zur Informationsverarbeitung in den ersten Stufen des visuellen Cortex. Durch <u>örtliche und zeitliche Gruppierung</u> lokaler Merkmale wie Konturpunkte und Grauwerte von Flächen (gewonnen durch Rekonstruktion des Grauwertverlaufes) werden Liniensegmente, Flecken und Bereiche mit ähnlichen zeitlichen Änderungen erzeugt. Der überwiegende Anteil der Bildfunktion ist Hintergrund, wenn man davon ausgeht, daß die Aufmerksamkeit i.a. auf den (fovealen) Ausschnitt von 1°-2° Sehwinkel Durchmesser beschränkt ist. Die Hintergrundinformation wird nicht bewußt wahrgenommen, dient jedoch zur Orientierung im Raum z.B. aufgrund der Verschiebungsvektorfelder bei Eigenbewegungen. Abrupte Änderungen von optischen Merkmalen wie Grauwert oder Kontrast, struktureller Merkmale wie Größe und Orientierung oder Parametern von statistischen Verteilungen dieser Merkmale führen zur Hinwendung der Aufmerksamkeit. Das kann aufgrund von Augenbewegungen erfolgen oder auch durch Verschieben einer sogenannten "inneren Fovea".

Die Problematik der Gruppierung der erwähnten Merkmale zu Szenenbereichshinweisen ist weitgehend ungelöst und soll in diesem Aufsatz nicht behandelt werden. Im anschließenden Kapitel werden Ergebnisse von Rechnersimulationen der geschilderten Modellvorstellung gezeigt.

3. Simulation von Merkmalanalysatoren in einem Modell der visuellen Vorverarbeitung

In Kapitel 2 wurde der Begriff Konturpunkt eingeführt. Konturpunkte sind Bildbereichshinweise, welche Grauwertprofilen zugeordnet werden. Konturpunkte haben die Attribute

- Ort
- Amplitude
- Polarität
- Filterbreite des optimalen Filters.

Durch diese Attribute werden näherungsweise folgende charakteristischen Eigenschaften des Grauwertprofils beschrieben

- Ort der maximalen Grauwertänderung,
- Grauwertdifferenz zwischen dem größten und kleinsten Grauwert des Profils,
- Vorzeichen des Gradienten in x- oder y-Richtung. Dieses gibt an, ob Dunkel-Hell- oder Hell-Dunkel-Übergänge vorliegen.
- Breite des Profils.

Für den in Abb. 10a) dargestellten Projektor ist in b) die Überlagerung der in x- und y-Richtung gefundenen Konturpunkte wiedergegeben. In c) und d) sind die Ergebnisse der zeilenweisen Rekonstruktion für zwei verschiedene Rekonstruktionsverfahren dargestellt. Es wurden hierbei nur die Attribute von Konturpunkten verwendet, welche durch Vergleich der x-Gradienten für σ-Werte der Masken zwischen 0.5 und 3.5 Pixel (siehe Abschnitt 2.2.2) gewonnen wurden. Die bei dem Gradientenvergleich auftretenden Abweichungen der Grauwerte des Eingangsbildes von den Amplituden der Konturpunkte ergeben bei diesem zeilenweisen, also 1-dimensionalen Rekonstruktionsverfahren Streifen, deren Beseitigung jedoch ohne größere Schwierigkeiten möglich ist.

In Abb. 11 sind Gradienten dargestellt, die durch Faltung des Grauwertprofiles in a) mit der 1. Ableitung der Gaußfunktion für die rechts angegebenen σ-Werte gewonnen wurden. In dem trapezförmigen, insgesamt 4 Pixel breiten Profil in a) sind die Flanken nur 1 Pixel breit. Der Wert 90.00, den die kleinste Maske liefert, ist bereits die richtige maximale Grauwertdifferenz des Eingangsprofils in a). In dem dreieckförmigen 8 Pixel breiten Profil sind die Flanken jeweils 4 Pixel breit. Das Maximum (67.44) in Abhängigkeit von σ wird erst bei $\sigma=1.5$ erreicht und liegt deutlich unter dem Wert 90, d.h. der maximalen Grauwertdifferenz des Eingangsprofils. Bei einer Rekonstruktion mit Hilfe der Amplitude von Konturpunkten können sich also Unterschiede zum Originalbild ergeben, deren Größe von der Flankenbreite und dem Kontext der Flanke abhängt. Diese Abweichungen liegen zwischen 0 und 45 % des Originalwertes für Flankenbreiten zwischen 1 und 12 Pixel.

In Abb. 12b) bis f) sind Ergebnisse einer Faltung desselben Grauwertprofils wie in Abb. 11 mit dem DOG-Operator dargestellt für die

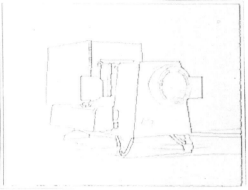

a) Originalbild

b) Überlagerung von Konturpunkten, die in x- und y-Richtung gefunden wurden.

c) Näherungsweise Rekonstruktion der ursprünglichen Grauwerte durch lineare Interpolation von Konturpunkten in x-Richtung

d) Näherungsweise Rekonstruktion wie in c) mit Hilfe von Sprungfunktionen.

Abb. 10: Konturpunktbestimmung und näherungsweise Rekonstruktion des Originalbildes eines Projektors.

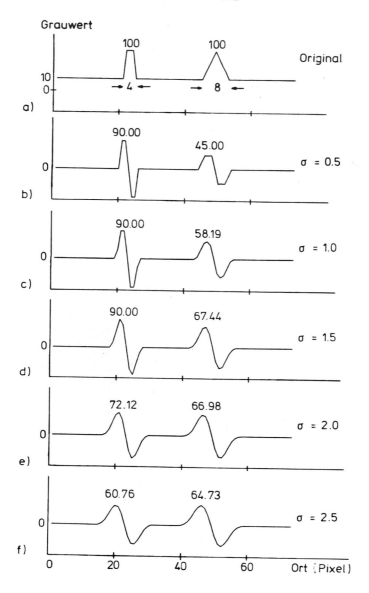

Abb. 11: Ergebnis der Faltung des Grauwertprofils in a) mit der 1. Ableitung von verschieden breiten Gaußfunktionen. Für Konturpunkte der steilen Flanken (1. Muster in a)) wird das Gradientenbild in b) ausgewertet und für Konturpunkte des 2. Musters in a) das Gradientenbild in d).

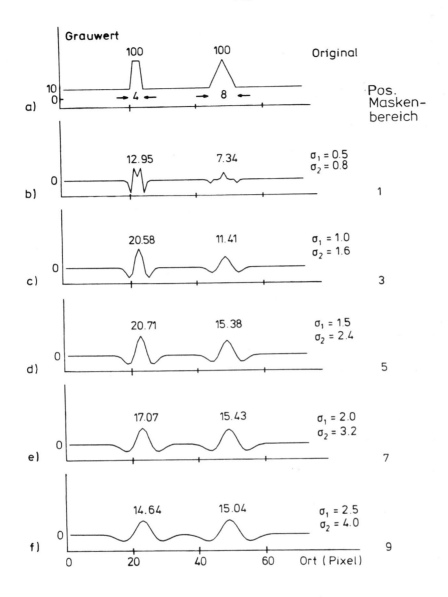

Abb. 12: Ergebnis der Faltung des Grauwertprofils in a) mit der 2. Ableitung von verschieden breiten Gaußfunktionen ("Mexikan.-Hut"-Operator). Zur Abschätzung der Breite des 1. Musters in a) werden die in c) und d) dargestellten Faltungsergebnisse verwendet, entsprechend werden für das 2. Muster in a) die Darstellungen in d), e) und f) verwendet.

rechts angegebenen σ_1, σ_2-Werte (siehe Abschnitt 2.1). Diese Faltung entspricht näherungsweise der 2. Ableitung des mit Gaußfunktionen verschiedener Breite ($\sigma=0.5$, ..., 2.5) gefilterten Grauwertprofils in a). Die Breite des zentralen positiven Bereiches des verwendeten DOG- oder "Mexikanischen-Hut"-Operators ist am rechten Bildrand in Pixel angegeben. Für das trapezförmige Profil ergeben sich bei Breiten zwischen 3 und 5 Pixel die größten positiven Werte, für das dreieckförmige Profil gilt entsprechendes für Breiten zwischen 5 und 9 Pixel. Die Bestimmung von Maxima in Abhängigkeit von der Breite der DOG-Operatoren ermöglicht also eine Abschätzung der Breite von Profilen, wie sie beispielsweise in Abb. 12a) dargestellt sind. Im 2-dimensionalen Fall wäre noch die Vorzugsrichtung des Operators zu berücksichtigen (siehe Abb. 4).

Eine Abschätzung der Linienbreite ist prinzipiell auch durch Vergleich des Abstandes von Konturpunkten möglich, die mit Hilfe der 1. Ableitung einer Gaußfunktion (Kantendetektor) berechnet werden. Falls also zweimal differenzierende Masken in biologischen Systemen die Funktion von Detektoren für Linienelemente haben, müßte ihre Verwendung zu einer wesentlichen Vereinfachung des Auswertevorganges führen, um den erhöhten Aufwand bezüglich der Detektorklassen zu rechtfertigen. Eine solche Vereinfachung könnte sich im 2-dimensionalen Fall dadurch ergeben, daß neben der Breite von Linienelementen auch die Kollinearität von Punkten möglicherweise über größere Bereiche bestimmt wird aufgrund der räumlichen Anordnung der Liniendetektoren in den sich überlappenden Hypersäulen. Diese Punkte können durch die Orte und Ausgangswerte der jeweils am besten angepaßten Liniendetektoren definiert sein, könnten aber auch Konturpunkte sein. Die letztere Möglichkeit würde eine Interaktion von Kanten- und Liniendetektoren erforderlich machen.

Wir werden im folgenden nicht weiter auf die Frage der Liniendetektion durch DOG-Operatoren eingehen, sondern anhand von ausgewählten Beispielen zeigen, daß die Nulldurchgänge der mit einer DOG gefalteten Bilder gut geeignet sind zur Erfassung von Grauwertänderungen. Die Orte dieser Nulldurchgänge entsprechen den Orten der Maxima oder Minima des mit der entsprechenden 1. Ableitung der Gaußfunktion (EAG) gefalteten Bildes, abgesehen von Eckpunkten. Um Verwechslungen mit den in Abschnitt 2.2.2 beschriebenen Konturpunkten zu vermeiden, wird zur Beschreibung von Nulldurchgängen der Begriff <u>Kontrastpunkt</u> eingeführt. Attribute eines Kontrastpunktes sind der Ort des entsprechenden Nulldurchganges, die Steigung an diesem Ort und die Polarität (Hell-Dunkel- oder Dunkel-Hell-Übergänge in Zeilen-oder Spaltenrichtung).

Die ersten vier Teilbilder in der oberen Hälfte von Abb. 13 veranschaulichen die einzelnen Schritte bei der Anwendung des DOG-Operators am Beispiel des Buchstabens E: Die beiden mit Gaußfunktionen verschiedener Breite (σ_1=1.0 und σ_2=1.6) tiefpaßgefilterten Bilder werden subtrahiert. Es ergibt sich das Teilbild DIFFERENZ, in welchem Nulldurchgänge bei Hell-Dunkel- und Dunkel-Hell-Änderungen in Spaltenrichtung (HDSP bzw. DHSP) und in Zeilenrichtung (HDZE bzw. DHZE) bestimmt werden (bei der photographischen Darstellung des Teilbildes DIFFERENZ in Abb. 13 entspricht Null dem Grauwert in der weiteren Umgebung des Buchstabens E.). Die Überlagerung dieser vier in der unteren Hälfte von Abb. 13 dargestellten Teilbilder ergibt das Bild SUMME. Zum Vergleich befindet sich darüber das Bild SOBEL, welches sich nach einer Faltung mit dem Sobel-Operator ergibt, einem in der Bildverarbeitung häufig verwendeten Operator zur Hervorhebung von Kanten.

Ein Teil der gerade geschilderten Schritte ist für die σ-Werte (4.0,6.4), (5.0,8.0) und (6.0,9.6) in den ersten vier Spalten von Abb. 14 dargestellt. Dadurch, daß wir uns aus den oben angeführten Gründen auf ein festes Verhältnis σ_2/σ_1=1.6 festgelegt haben, ist lediglich der Wert von σ_1 beliebig wählbar. Bei σ_1=0.5 besteht das positive Zentrum der DOG aus einem Bildpunkt, weshalb kleinere σ_1-Werte nicht sinnvoll sind. Es wurde gezeigt, daß bei Verdopplung des σ_1-Wertes die Mittenfrequenz um jeweils eine Oktave verschoben wird. Diejenigen σ_1-Werte, ab denen z.B. ein Buchstabe nach der Faltung mit einem DOG-Operator schwer oder nicht mehr lesbar ist, hängt von der Größe, d.h. von dem Ortsfrequenzbereich des Buchstabens ab. Neben den tiefpaß-und bandpaßgefilterten Bildern G*f bzw. DOG_1*f sind die Beträge des Gradientenbildes von G*f den Kontrastpunkten des Bildes DOG_1*f gegenübergestellt. Bei unserer Simulation entsprechen diesen DOG_1-Operatoren rezeptive Felder von 33, 41 und 49 Pixel Durchmesser. Falls diese Felder für eine bestimmte Exzentrizität den Filterkanälen mit den größten Mittenfrequenzen entsprechen, dann ergeben sich nach

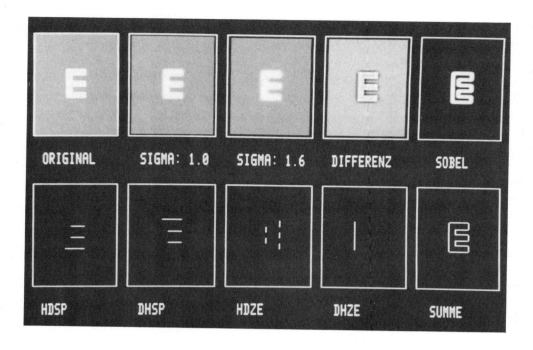

Abb.13: Veranschaulichung einzelner Vorverarbeitungsschritte am Beispiel des Buchstabens E. Eine Faltung des Originalbildes mit einer DOG mit den σ_1, σ_2-Werten (1.0,1.6) ergibt das Bild DIFFERENZ. Dessen Nulldurchgänge in Spalten (SP)- und Zeilen (ZE)-Richtung ergeben für die beiden Polaritäten Hell-Dunkel (HD) und Dunkel-Hell (DH) die ersten vier Bilder in der 2. Zeile. Die Überlagerung dieser vier Teilbilder ist in SUMME dargestellt, darüber zum Vergleich eine Faltung mit dem SOBEL-Operator, einem in der Bildverarbeitung häufig benutzten Operator zur Hervorhebung von Kanten.

diesen Filterstufen die in Spalte 4 von Abb. 14 dargestellten Konturen. Für den Fall, daß in späteren Verarbeitungsstufen (Corpus Geniculatum laterale, Area.17) die mit den o.g. DOG_1-Operatoren gefalteten Bildfunktionen noch einmal mit einem DOG_2-Operator gefaltet werden, welcher in dem gezeigten Beispiel σ_1, σ_2-Werte gleich 0.5,0.8 hat, dann ergeben sich die in der 5. Spalte dargestellten Konturen. Die deutlich erkennbaren Verbesserungen lassen sich offenbar aufgrund der großen Bandbreite der DOG_1-Bandpaßfilter erzielen. Ob eine solche sequentielle Filterung im menschlichen visuellen System durchgeführt wird, kann unter Umständen durch psychophysische Experimente geklärt werden.

In Abb. 15b) werden Konturverbesserungen nach einer zweiten Faltung DOG_2 mit (kleinen) Ortskonstanten 0.5,0.8 am Beispiel der Buchstaben C,D,O und Q veranschaulicht. Diese Buchstaben sind einem Letraset-Katalog entnommen (siehe auch Abb. 16a). Die Verschlechterung der Qualität nach der Digitalisierung eines FS-Bildes der Vorlage geht aus Abb. 15a hervor, wo in den Reihen 2-4 die Buchstaben für die Schwellwerte S=100, 110 und 120 dargestellt sind. Das bedeutet, daß alle Grauwerte größer als S auf 255 (Weiß) und alle Grauwerte kleiner als S auf 0 (Schwarz) gesetzt wurden. Die Buchstaben mit S=100 wurden mit DOG_1-Operatoren gefaltet. Die Kontrastpunkte sind für die σ_1, σ_2-Werte (0.5,0.8), (1.0,1.6) in den obersten beiden Kästchen und für (2.0,3.2), (4.0,6.4) in den mittleren Kästchen von Abb. 15b dargestellt. Nach einer zweiten Faltung DOG_2*f mit σ_1, σ_2-Werten gleich 0.5,0.8 ergeben sich statt der Konturen in den mittleren beiden Kästchen die in den untersten beiden Kästchen dargestellten Konturen, in denen die Innenstrukturen wieder zum Vorschein kommen.

Abb. 16a) ist ein Ausschnitt der digitalisierten Letraset-Vorlage (Originalbild). Nach einer Tiefpaßfilterung mit Gaußfunktionen verschiedener Breite ergeben sich die Darstellungen in Abb. 17a) und Abb. 18a) für die σ_1-Werte 1.0 bzw. 2.0. Die unteren Bildhälften enthalten Kontrastpunkte der bandpaßgefilterten Vorlagen für σ_1, σ_2-Werte der DOG von (0.5,0.8), (1.0,1.6) und (2.0,3.2) in den Abbildungen 16b), 17b) bzw. 18b). Im Hinblick auf die periphere Wahrnehmbarkeit von Buchstaben und Ziffern sind in diesen Darstellungen die Verschmelzungen von Bilddetails von Interesse, die bei den einzelnen Zeichen verschieden stark ausgeprägt sind.

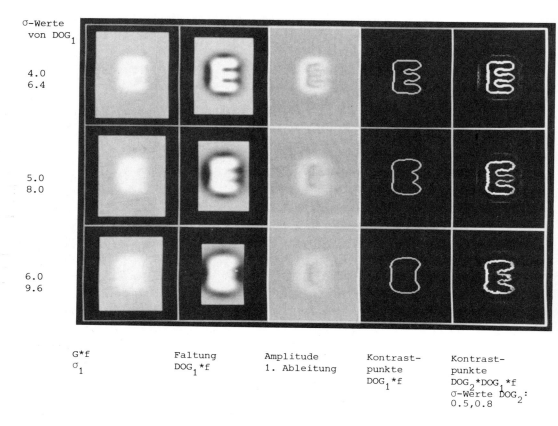

Abb. 14: Vergleich der Nulldurchgänge nach Faltung einer Bildfunktion f (hier Buchstabe E) mit verschiedenen DOG's. In der 1. Spalte ist das E nach Tiefpaßfilterung mit drei verschieden breiten Gaußfunktionen dargestellt (σ-Werte 4.0, 5.0, 6.0) und in der 3. Spalte die 1. Ableitung dieser Bilder. In der 4. Spalte sind die Nulldurchgänge der drei Differenzbilder aus Spalte 2 dargestellt. Diese Differenzbilder sind das Ergebnis einer Faltung mit den σ-Werten (4.0,6.4), (5.0,8.0) und (6.0,9.6) der DOG_1. Nach einer zweiten Faltung dieser Differenzbilder mit der DOG_2 (σ-Werte 0.5,0.8) ergeben sich die in Spalte 5 abgebildeten Nulldurchgänge.

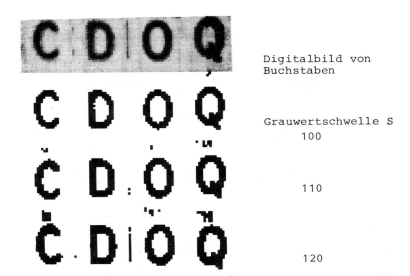

Digitalbild von Buchstaben

Grauwertschwelle S
100

110

120

a) Binärbilder des Digitalbildes oben für drei verschiedene Schwellwerte.

σ_1-,σ_2-Werte

(0.5,0.8) (1.0,1.6)

(2.0,3.2) (4.0,6.4)

Zweifache Faltung

(2.0,3.2) (4.0,6.4)
(0.5,0.8) (0.5,0.8)

b) Verbesserung der Konturen durch doppelte Faltung

Abb. 15: Filterung der Buchstaben C,D,O und Q.

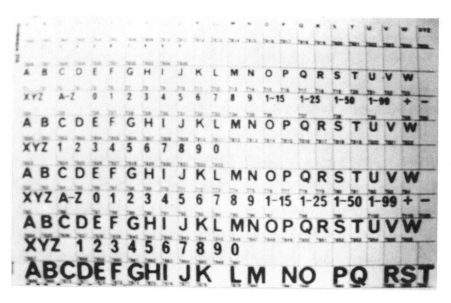

a) Digitalbild einer Letraset-Vorlage.

b) Kontrastpunkte nach einer DOG-Filterung mit σ_1-, σ_2-Werten 0.5, 0.8.

Abb. 16: Digitalbild und Konturen von Buchstaben und Ziffern.

a) Das mit einer Gaußfunktion ($\sigma_1=1.0$) tiefpaßgefilterte Digitalbild in Abb. 8a).

b) Kontrastpunkte nach einer DOG-Filterung mit σ_1-, σ_2-Werten 1.0, 1.6

Abb. 17: Ergebnis von Filterungen der Zeichen in Abb. 8a).

a) Das mit einer Gaußfunktion ($\sigma_1=2.0$) tiefpaßgefilterte Digitalbild in Abb. 8a).

b) Kontrastpunkte nach einer DOG-Filterung mit σ_1-, σ_2-Werten 2.0, 3.2.

Abb. 18: Ergebnis von Filterungen der Zeichen in Abb. 16 a).

In Abb. 19 steht die Problematik der Noniussehschärfe im Vordergrund. Zusammengehörige Striche in der 1. Zeile (ORIGINAL) sind entsprechend den Zahlen in der letzten Zeile um 1,2,3 und 4 Pixel gegeneinander verschoben. In den folgenden Zeilen 2-5 sind die Kontrastpunkte der bandpaßgefilterten Striche für σ_1, σ_2-Werte der DOG von (0.5,0.8), (1.0,1.6), (2.0,3.2) und (4.0,6.4) dargestellt. Lediglich in der 1. Spalte (1 Pixel Versatz) ist die Verschiebung nach der Faltung mit der größten Maske (σ_1, σ_2-Werte 4.0,6.4, 33 Pixel Durchmesser) nicht mehr zu erkennen.

Als nächster Verarbeitungsschritt nach der Berechnung von Kontrastpunkten wurde deren Gruppierung zu Kantensegmenten (Strecken) simuliert. Die Ergebnisse in /19/ werden allgemein so interpretiert, daß die Gruppierung richtungsspezifisch erfolgt. Bei der Simulation werden Strecken durch lineare Regression erzeugt und durch die Parameter Anfangs-, Endpunkt, Grauwert, Regressionsfehler, Steigung und eine Codenummer beschrieben. Die Letztere gibt an, auf welcher Seite das hellere bzw. dunklere Gebiet liegt, d.h. die Nummer ist ein Maß für die Polarität in vier verschiedenen Richtungen (oben, unten, rechts, links). Das Verfahren zur Berechnung von Strecken durch lineare Regression liefert ein sogenanntes Strichbild, das in Abhängigkeit von den vorgegebenen Schwellenwerten unterschiedlich viele Strecken enthält. In den Abb. 20b), 21 und 22 sind Verarbeitungsergebnisse für die Parkplatzszene Abb. 20a) wiedergegeben. Die Gruppierung der Kontrastpunkte in Abb. 20b) führt zu dem Strichbild Abb. 21. In diesem sind Strecken ab 2 Pixel Länge berücksichtigt. Zahlreiche, durch optisches Rauschen bedingte, d.h. für den menschlichen Beobachter irrelevante Strecken wurden mit Hilfe einer Kontrastschwelle gleich 5 eliminiert. Für größere σ-Werte (1.0,1.6) der DOG und dieselbe Kontrastschwelle wie in Abb. 21 ergibt sich das in Abb. 22 dargestellte Strichbild. Jede der vielen tausend Strecken in Abb. 21 und 22 ist Bestandteil einer Liste, in welcher die bereits weiter oben aufgezählten Streckenparameter enthalten sind.

Zum Schluß sollen am Beispiel von Brodatz-Texturen /26/ einige wesentliche Schritte der Vorgehensweise bei der Segmentierung von Texturen veranschaulicht werden. In Kapitel 2.2 wurde bereits erwähnt, daß sehr wahrscheinlich in den ersten Stufen des visuellen Cortex Hinweise zur Segmentierung aufgrund von Bewegungs-, Tiefen-und Texturinformation extrahiert werden.

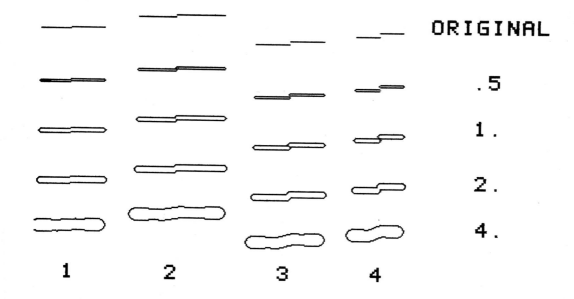

Abb. 19: Kontrastpunkte nach Faltung der um jeweils 1,2,3 und 4 Pixel versetzten Linien in der 1. Zeile (ORIGINAL) mit vier verschiedenen DOG-Operatoren mit den σ_1-, σ_2-Werten (0.5,0.8), (1.0,1.6), (2.0,3.2) und (4.0,6.4).

a) PKW Original

b) Kontrastpunkte

Abb. 20: Das PKW-Bild in a) wurde mit einer DOG mit σ-Werten (0.5,0.8) gefaltet. In b) sind alle Kontrastpunkte dargestellt. Jeder Kontrastpunkt wird durch drei Parameter beschrieben: Position (entspricht der des Nulldurchganges) Amplitude und Codenummer.

Abb. 21: Strichbild mit Kontrastschwelle 5, die übrigen Parameter wie in Abb.20b). Jede der hier dargestellten Strecken wird durch die Parameter Anfangs-, Endkoordinaten, mittlere Amplitude der verbundenen Punkte, Regressionsfehler, Länge, Steigung und Codenummer beschrieben. Es werden zahlreiche irrelevante Strecken eliminiert.

Abb. 22: Strichbild für σ-Werte (1.0,1.6) und einer Kontrastschwelle gleich 5. Es werden Strecken ab 2 Pixel Länge berücksichtigt.

Als wichtiges Merkmal zur Texturbeschreibung hat sich bei den Simulationen die mittlere Amplitude und Dichte von Konturpunkten bzw. Kontrastpunkten herausgestellt innerhalb von Bildfenstern, deren Größe von der Bildstruktur abhängt. In Abb. 23a) ist ein Brodatz-Texturbild dargestellt mit den verwendeten sieben Texturausschnitten, die mit A-G bezeichnet sind. Die Größe der Bildfenster beträgt 49x49 Pixel. Durch die Mitte der Ausschnitte B,D und F verlaufen jeweils Texturgrenzen. Die Fenster sind als Spalte 1 in Abb. 23b) gegenübergestellt den verarbeiteten Bildern in den folgenden Spalten 2-7, wobei abwechselnd Kontrastpunkte und die zugehörigen Strichbilder für verschiedene σ-Werte der DOG dargestellt sind. Die Zuordnung geht aus der folgenden Tabelle hervor.

	Kontrastpunkte	Strichbild	σ-Werte der DOG
Spalte Nr.	2	3	(1.0, 1.6)
"	4	5	(2.0, 3.2)
"	6	7	(4.0, 6.4)

In Abb. 24a) sind die mittleren Grauwerte des Originalbildes für die sieben Bildfenster A-G angegeben, wobei die Bildfenster in 3 Pixel Schritten vertikal verschoben wurden. Die Streuung der so gewonnenen Mittelwerte liegt unterhalb der Zeichengenauigkeit, solange das Bildfenster nur Punkte der "homogenen" Texturen A,C,E und G enthält. Berücksichtigt man die hier nicht dargestellte Streuung der einzelnen Grauwerte um den Mittelwert in jeweils einem Bildfenster, dann läßt sich zeigen, daß das Segmentierungsergebnis bei Verwendung der Statistik von Grauwerten des Originalbildes schon bei den relativ einfachen Texturen in der 3. Spalte Abb. 23a) recht unbefriedigend ist.

In Abb. 24b) ist das Ergebnis der Mittelwertbildung für die Kontrastpunkte in den verschiedenen Bildfenstern A-G und für verschiedene σ-Werte dargestellt. Die Mittelwertbildung erfolgte in der gleichen Weise wie in dem oben beschriebenen Fall der Grauwerte des Originalbildes. Die starke Streuung der Mittelwerte für die Fenster B,D, und F, die Punkte aus beiden Texturen enthalten, kann als Hinweis auf "inhomogene" Texturen dienen.

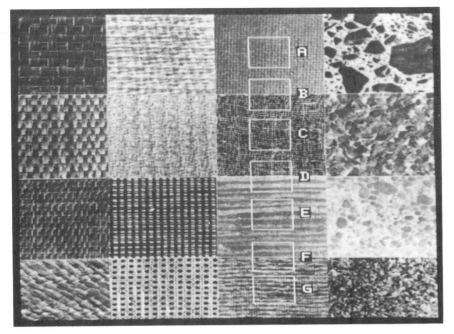

a) Textur-Bild

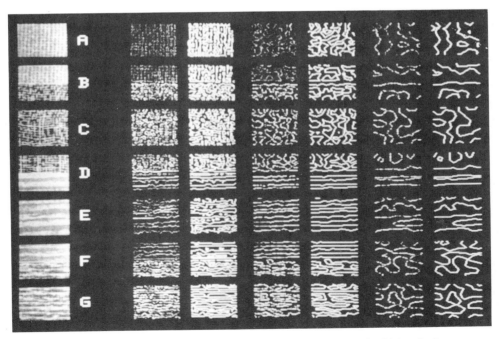

b) Kontrastpunkte und Strichbilder der Bildausschnitte A-G.

Abb. 23: Für die in a) eingerahmten Bildausschnitte A-G der Test-Textur sind in b) jeweils die Kontrastpunkte in den Spalten 2,4,6 dargestellt und in den Spalten 3,5,7 die entsprechenden Strichbilder für die σ-Werte (1.0,1.6),(2.0,3.2),(4.0,6.4) der DOG

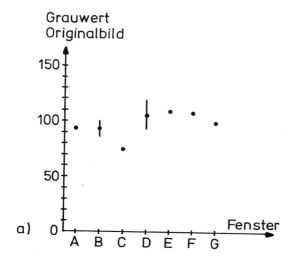

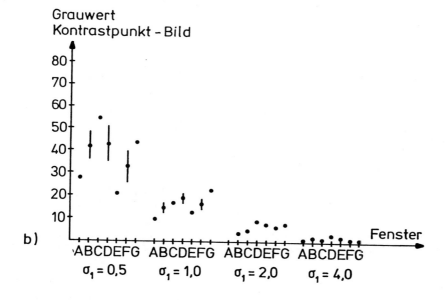

Abb. 24: In a) Mittelwert und deren Varianz in 49 x 49 Pixel^2 Fenstern, die in 3 Pixel Schritten vertikal von Bildfenster A-G verschoben wurden; in a) für das Originalbild und in b) für das Kontrastpunkt-Bild. Die Streuung in den homogenen Texturen A,C,E,G liegt unterhalb der Zeichengenauigkeit bei dem dargestellten Grauwertmaßstab. σ-Werte der DOG wie Abb. 23b (Aus Platzgründen nur σ_1-Werte angegeben).

4. Diskussion

In den vorangegangenen Kapiteln wurde versucht, einige Hypothesen, Probleme und Forschungsaktivitäten auf einem Gebiet vorzustellen, welches in einer raschen Entwicklung begriffen ist. Das ist nicht zuletzt dem schnellen technischen Fortschritt bei der Entwicklung immer leistungsfähigerer Rechner zu verdanken, wodurch die Simulation immer komplexerer Modelle der visuellen Informationsverarbeitung ermöglicht wird. Durch anschließende Analyse der Verarbeitungsergebnisse ergeben sich wertvolle Aussagen zur Relevanz vieler Vorstellungen über die Arbeitsweise des menschlichen Sehsystems, soweit diese Hypothesen in Rechnerprogramme umgesetzt werden können.

Ausführlich wurde in der vorliegenden Arbeit auf die Bedeutung der Bandpaßfilterung in verschiedenen Ortsfrequenzbereichen zur Beschreibung der örtlichen Verteilung der retinalen Beleuchtungsstärke eingegangen. Ein wesentliches Ergebnis unserer Modellrechnungen war, daß die Nulldurchgänge der mit dem DOG- oder Mex. Hut-Operator gefalteten Bildfunktion i.a. keine genauen Werte für die Position und den Kontrast von Konturelementen liefern. Es gibt hier kein Auswahlkriterium für die jeweils beste Filterbreite bei den recht unterschiedlichen Profilen von Grauwertkanten in natürlichen Bildern. Ausgangspunkt bei der Suche nach einem geeigneten Auswahlkriterium war die Überlegung, daß die Differenz von Mittelwerten der Beleuchtungsstärke in unterschiedlich großen Gebieten ein brauchbares Kriterium darstellen könnte. Die von uns durchgeführten Modellrechnungen stützen den Vorschlag, die beste Filterbreite durch Vergleich von Extremwerten in Gradientenbildern zu bestimmen, die durch Faltung der Bildfunktion mit der 1. Ableitung von verschieden breiten Gaußfunktionen berechnet werden. Auswahlkriterium ist das Maximum oder das Minimum einer solchen Filterbank in einem bestimmten örtlichen Bereich. Es zeigte sich, daß der Ort eines Konturpunktes z.B. bei konvexen oder konkaven Grauwertprofilen sehr kritisch von der Größe des gewählten Operators abhängt. Ob der durch das optimale Filter definierte Ort und Kontrast auch für die Wahrnehmung relevant ist, müßte durch psychophysische Experimente geklärt werden.

Es zeigen sich überraschend große Schwierigkeiten bereits bei dem Problem der automatischen Zerlegung eines natürlichen Bildes in sinnvolle Einheiten. Ganz offensichtlich unterschätzen wir ganz erheblich die Schwierigkeiten, die bereits auf der Ebene der Segmentierung sehr erfolgreich durch unser Sehsystem gelöst werden. Ein Grund ist sicher, daß uns (im Gegensatz zu der Anstrengung z.B. beim Kopfrechnen) der Rechenaufwand beim Sehprozeß überhaupt nicht bewußt wird. Erst durch den Vergleich von technischen Leistungen auf dem Gebiet des Maschinensehens oder der Robotik mit denen biologischer Systeme kann man sich die Leistungsfähigkeit unseres Sehsystems bewußt machen. Über die Rechnersimulation kann eine Bewertung von Modellen des Sehsystems erfolgen. Andererseits können über den reinen Existenzbeweis hinaus, daß nämlich eine Deutung von Bildern möglich ist, biologische Systeme Hinweise liefern, wie Algorithmen aufgebaut sein sollten. Die entsprechenden Experimente auf biologischem und psychologischem Gebiet können hierbei von den genau formulierten Fragen profitieren, welche z.B. auf dem Gebiet der Informatik gestellt werden.

Der Verfasser dankt dem Bundesministerium der Verteidigung für die Förderung dieser Arbeit.

ZUSAMMENFASSUNG

Der Sehvorgang wird als ein Prozeß der Informationsverarbeitung betrachtet, dessen Ziel die Erkennung und Lokalisierung von Objekten in der dreidimensionalen Außenwelt ist. Nach einer Definition von Begriffen wie Außenwelt, Abbildung, Bild, Merkmal und Segmentierung, wird auf die ersten Verarbeitungsstufen des visuellen Systems näher eingegangen. Ein mathematischer Ansatz zur retinalen Filterung wird diskutiert und in Beziehung gesetzt zu anatomischen und physiologischen Eigenschaften der Retina sowie zu Ergebnissen der Psychophysik, welche darauf hindeuten, daß im menschlichen visuellen System eine Ortsfrequenzfilterung mit Hilfe von verschiedenen Bandpaßfiltern durchgeführt wird. Darüber hinaus deuten neurophysiologische und psychophysische Ergebnisse darauf hin, daß nach der retinalen Verarbeitung zunächst Flächenelemente zur Segmentierung extrahiert werden, die sich aufgrund der Bewegung, der Textur oder des Abstandes von Objekten (Stereosehen) relativ zum Beobachter ergeben. Es werden Ergebnisse der Rechnersimulation von Vorverarbeitungsstufen (Retina, primärer visueller Cortex) vorgestellt, wobei natürliche Bilder als Eingangsreize benutzt werden. Die Ergebnisse betreffen im einzelnen die Extraktion von Konturpunkten und Strecken zur Rekonstruktion der Grauwerte des Eingangsbildes und zur Formbeschreibung sowie die Berechnung von statistischen Parametern zur Texturbeschreibung in verschiedenen Ortsfrequenzbereichen.

5. Literatur

/1/ J. Lettvin, H. Maturana, W. McCulloch und W. Pitts (1959): What the frog's eye tells the frog's brain. Proc. IRE, 47, 1940-1951.

/2/ Ch. von der Malsburg und J. Cowan (1982): Outline of a theory for the ontogenesis of isoorientation domains in visual cortex. Biol. Cybern. 45, 59-66.

/3/ H.-H. Nagel (1979): Über die Repräsentation von Wissen zur Auswertung von Bildern. In "Angewandte Szenenanalyse", J. Foith (Ed.), Informatik-Fachberichte 20, Springer-Verlag, Berlin, Heidelberg, S.3-21.

/4/ D. Marr (1982): Vision. W.H. Freeman and Comp., San Francisco.

/5/ W. Prinz: Wahrnehmung und Tätigkeitssteuerung. Springer-Verlag, Berlin, Heidelberg, 1983.

/6/ B. Cleland und W. Levick (1974): Brisk and sluggish concentrically organized ganglion cells in the cat's retina. Physiol. 240, 421-456.

/7/ H. Wässle, B. Boycott und R. Illing (1981): Morphology and mosaic of on- and off-beta cells in the cat retina and some functional considerations. Proc. R. Soc. London, B 212, 177-195.

/8/ H. Wässle, L. Peichl und B. Boycott (1981): Morphology and topography of on- and off-alpha cells in the cat retina. Proc. R. Soc. London, B 212, 157-175.

/9/ R. Rodieck (1965): Quantitative analysis of cat retinal ganglion cell response to visual stimuli. Vision Res. 5, 583-601.

/10/ W. von Seelen (1968): Informationsverarbeitung in homogenen Netzen von Neuronenmodellen. Kybernetik 5, 133-148.

/11/ A. Korn und W. von Seelen (1972): Dynamische Eigenschaften von Nervennetzen im visuellen System. Kybernetik 10, 64-77.

/12/ W. Geuen (1983): Konturlinienfindung auf der Basis des visuellen Konturempfindens. Dissertation an der Fakultät für Maschinenwesen der Universität Hannover.

/13/ D. Marr und E. Hildreth (1980): Theory of edge detection. Proc. R. Soc. London B 207, 187-217.

/14/ H. Wilson und J. Bergen (1979): A four mechanism modul for threshold spatial vision. Vision Res. 19, 19-32.

/15/ H. Wässle: Untersuchungen zur Physiologie der Sehschärfe. Dissertation, Fakultät für Physik der Ludwig-Maximilians-Universität zu München, Nov. 1971.

/16/ D. Marr, T. Poggio und E. Hildreth (1980): Smallest channel in early human vision. J. Opt. Soc. Am. 70, 868-870.

/17/ G. Hauske, U. Lupp, and W. Wolff: Matched Filters - A New Concept in Vision. Photographic Science and Engineering 22, 1978, 59-64.

/18/ T. Poggio, V. Torre: Ill-Posed Problems and Regularization Analysis in Early Vision. Memo Nr. 773 des AI.Lab. im M.I.T., April 1984.

/19/ D. Hubel, T. Wiesel und M. Stryker (1978): Anatomical demonstration of orientation columns in Macaque monkey. Comparative Neurology 177, 361-380.

/20/ S.E. Palmer: The Psychology of Perceptual Organization: A Transformational Approach. In "Human and Machine Vision", J. Beck, B. Hope, A. Rosenfeld (Eds.), Academic Press, New York, London, 1983, 269-339.

/21/ John P. Frisby: Seeing, Illusion, Brain and Mind. Oxford University Press, Oxford, 1979.

/22/ W. Richards und A. Polit (1974): Texture matching. Kybernetik 16, 155-162.

/23/ B. Julesz (1981): Textons, the elements of texture perception, and their interactions. Nature 290, 91-97.

/24/ A. Treisman: Perceptual Grouping and Attention in Visual Search for Features and for Objects. J. Experimental Psychology: Human Perception and Performance 8, 1982, 194-214.

/25/ J.F. Canny: Finding Edges and Lines in Images. Technical Report No. 720 aus dem AI.Lab. im M.I.T., Juni 1983.

/26/ P. Brodatz (1966): Textures. Dover Publications, New York.

Anschrift des Verfassers:

Dr. Axel Korn

Am Pfinztor 8

7500 Karlsruhe 41

Zusammenspiel des fovealen und peripheren Sehens bei Informationsbelastung

Interaction of Foveal and Peripheral Vision with Informational Loads

Manfred Voss

Fraunhofer-Institut für Informations- und Datenverarbeitung, Karlsruhe

SUMMARY

The detection performance of human peripheral vision depends on presentation angle and additional informational load by foveal vision. This is modeled based on signal detection theory and investigated experimentally in a perimeter. As a result the influence of additional visual load is described consistently as increased noise level for the detection task, expressed in terms of brains internal noise by a workload factor. This workload factor can be interpreted as contrast multiplier needed for constant detection performance. Furthermore the workload factor of a given informational load by foveal vision can be calculated from the detection rates of peripherally presented light stimuli measured with and without this informational load. On this background a method to measure mental workload by visual information is developed; a special spectacle frame is used to present peripheral light stimuli. Experimental results of this measurement method are discussed and compared with other workload indicators. The results show a good discrimination of different demand levels in very different workload situations. By averaging repeated measurement intervals of short duration the temporal resolution of this method is in the order of seconds. The properties of this measurement method are well suited to practical applications.

1. Problemstellung

Die menschlichen Fähigkeiten und Grenzen bei der Aufnahme und Verarbeitung von (hauptsächlich optischer) Information spielen in vielen Tätigkeitsbereichen eine zunehmend größere Rolle (z.B. Flug-und Fahrzeugführung, Überwachung und Regelung von Prozeßwarten). Dementsprechend wichtiger wird es, verläßliche Maße für die Auswirkungen von Informationsbelastung ("Beanspruchung") zu besitzen.

Zur Erfüllung der Sehaufgaben und sensomotorischen Koordinationsleistungen bei komplexen Tätigkeiten ist zum einen der Bereich des fovealen Sehens wichtig, der sich in der unmittelbaren Umgebung der zentralen Sehachse befindet; hiermit werden mit dem Blick fixierte Informationsquellen detailliert ausgeschöpft. Zum anderen ist ein gut funktionierendes peripheres Sehen Voraussetzung für eine effektive Steuerung der Augenbewegungen und somit unerläßlich für eine wirkungsvolle Strategie zur Aufnahme optischer Informationen aus zeitlich variierenden, räumlich weit verteilten Informationsquellen. Insgesamt ergeben sich daraus die folgenden Fragestellungen:

- Inwieweit ist der Mensch (in Abhängigkeit von seiner Informationsbelastung im zentralen Blickfeld) in der Lage, peripher dargebotene optische Information aufzunehmen und zu verarbeiten? Wie läßt sich dies modellmäßig erfassen?

- Bietet, umgekehrt betrachtet, die Leistungsfähigkeit des Menschen bei der Aufnahme und Verarbeitung peripher dargebotener optischer Information eine tragfähige Grundlage, die Auswirkungen der im zentralen Blickfeld vorhandenen Informationsbelastung zu beurteilen? Wie sind die praktischen Anwendungsmöglichkeiten eines auf dieser Grundlage entwickelten Beanspruchungsmeßverfahrens im Vergleich zu anderen Verfahren?

Diese Fragestellungen wurden in einer Dissertation /1/ im einzelnen untersucht; der vorliegende Beitrag ist eine Zusammenfassung dieser Arbeit. Ausgangspunkt des experimentellen Teils der Untersuchungen war das Forschungsvorhaben "Der Mensch als Fahrzeugführer", das von der Forschungsvereinigung Automobiltechnik e.V. (FAT) und der Bundesanstalt für Straßenwesen (BASt) getragen wurde /2-4/; weitere Arbeiten wurden in verschiedenen Studien- und Diplomarbeiten behandelt /5-8/.

2. Begriffsbildung Belastung/Beanspruchung

Beim derzeitigen Stand des Wissens ist die Begriffsbildung "mentale Belastung/Beanspruchung" als gedankliches Rahmenkonzept zu bezeichnen, das aus der Beschäftigung mit dem Problem, komplexe technische Systeme an den Menschen anzupassen, entstanden ist. Wegen der Vielzahl der Teilaspekte, die hierbei wirksam sind, werden unterschiedliche Schwerpunkte bei der Abgrenzung dieser Begriffe gesetzt.

Als Belastung durch eine Aufgabe wird hier die Gesamtheit der durch sie an den Menschen gestellten Anforderungen verstanden; dies umfaßt einerseits physikalische Randbedingungen der Umwelt, andererseits die speziellen mentalen Anforderungen der jeweiligen Aufgabenstellung. Das nächste Glied der Wirkungskette ist der Mensch, der unter den gegebenen Randbedingungen die Anforderungen der Aufgabe mehr oder weniger gut bewältigt, im wesentlichen durch zielgerechte Aufnahme von Informationen, ihrer Verarbeitung und mentalen Umsetzung in Aktionen. Hierbei spielen im Menschen Einflußfaktoren eine Rolle, die pauschal mit "Innerer Zustand" umschrieben werden können, z.B. Leistungsfähigkeit (Eignung, Trainingsgrad) und deren zeitliche Dynamik (biologische Rhythmik, Lernprozesse), Leistungsbereitschaft (aktuelle Motivation, Grad der Aufmerksamkeit und Wachheit) und deren zeitliche Dynamik (Ermüdung, Aktivierung), ferner eine Reihe weiterer innerer Variablen (z.B. Ängste, Gefühle). In umgekehrter Richtung beeinflußt die Bewältigung der Anforderungen den inneren Zustand durch Anpassungsvorgänge (z.B. Gewöhnung, Ermüdung, Lernprozesse).

Insgesamt resultieren daraus die Aktionen des Menschen, welche ihrerseits auf die Aufgabenstellung rückwirken; ferner resultiert die "Beanspruchung" des Menschen, worunter die Gesamtheit aller subjektiven Anstrengungen, die Anforderungen der Aufgabe zu bewältigen, verstanden wird. "Beanspruchung" wiederum versucht man mittels unterschiedlicher Indikatoren zu erfassen, z.B. mittels Messung von Leistungsparametern wie Zeitbedarf oder Fehlerrate, Methode der Nebenaufgabe, Messung physiologischer Parameter wie Herzfrequenz oder -arhythmie, Skalierung durch subjektive Befragung.

Trotz mancher Widersprüchlichkeiten auf Grund zahlreicher experimenteller Untersuchungen, die derzeit keine umfassende und einheitliche Interpretation zulassen, hat sich das Begriffskonzept "Beanspruchung" als für die Praxis brauchbar erwiesen und ist sinnvollerweise als Leitgedanke so lange beizubehalten, wie ein besseres Konzept zur Lösung der zugrunde liegenden Anpassungsprobleme nicht in Sicht ist. Beanspruchung ist als vielfältig zusammengesetzte Größe zu sehen, an die man sich aus verschiedenen Richtungen mit unterschiedlichen Methoden herantasten muß. Neben den bereits vorhandenen, problematischen Verfahren zur Beanspruchungsmessung und in Wechselwirkung mit Überlegungen zur Struktur der menschlichen Informationsaufnahme und -verarbeitung sind weitere Meßverfahren zu entwickeln und mit den vorhandenen zu vergleichen, um Beanspruchung insgesamt faßbarer zu machen.

3. Auswirkung von Informationsbelastung im zentralen Blickfeld auf das periphere Sehen

Im folgenden wird Beanspruchung infolge von optischer Informationsbelastung betrachtet, wobei die erste der beiden zu Beginn formulierten Fragestellungen untersucht wird.

3.1 Experimentelle Untersuchung

Die binokularen Detektionsraten peripher dargebotener Lichtreize wurden in Abhängigkeit
- vom Darbietungswinkel im horizontalen Meridian und
- von visueller Informationsbelastung im zentralen Blickfeld

in einer Perimeteranordnung experimentell untersucht; Abb. 1a zeigt ein Blockschaltbild der Versuchsanordnung.

Die Hauptaufgabe der Versuchsperson bestand darin, mehrere gleichzeitig gestörte Regelstrecken, die elektronisch simuliert wurden, manuell zu regeln. Die Belastung der Versuchspersonen ist hierbei durch die Anzahl der zu regelnden Strecken quantifiziert: Im einfachsten Fall war keine, bei maximaler Belastung waren vier voneinander unabhängige Regelstrecken zu regeln. In stochastisch schwankenden Zeitabständen wurden den Regelstrecken sprungförmige Störsignale mit unterschiedlichen Amplituden zugeschaltet. Die Anzeige der auf Null zu regelnden Regelabweichungen erfolgte in vektorieller Form auf einer Oszillografenröhre. Das Stellglied ("Windrosenschalter") ist kompatibel zur Anzeige. Der Vorteil dieser Anordnung besteht darin, daß die Regeltätigkeit relativ leicht zu erlernen und durchzuführen ist, so daß der Schwierigkeitsgrad der Regelaufgabe im wesentlichen durch die visuelle Aufnahme der im zentralen Blickfeld dargebotenen Information und deren mentaler Verarbeitung bestimmt wird. Zur Kontrolle wurde der Regelfehler bei jeder Regelstrecke registriert.

Neben der Regeltätigkeit hatten die Versuchspersonen die Aufgabe, binäre kurzzeitige (o.3 s) Lichtreize, die im horizontalen Meridian (Perimeterradius 0,5 m) unter verschiedenen Winkeln dargeboten wurden, zu detektieren und zu beantworten. Die Zuordnung von Antwortreaktion und vorhandener Darbietungsposition geschah elektronisch. Die Lichtreize waren kreisförmig (Ø 3 mm, d.h. 20' Sehwinkel); ihre Leuchtdichte betrug 12 cd/m^2, die der Perimeteroberfläche und der Lichtreize im Ruhezustand 6 cd/m^2. Es wurde stets nur ein Lichtreiz dargeboten, wobei alle verwendeten Darbietungspositionen gleichwahrscheinlich waren; die zeitliche Aufeinanderfolge der Lichtreize war zufallsverteilt (modifizierte Gaußverteilung: Mittelwert 5.5 s, Standardabweichung 3 s, Intervalle < 2.7 s waren aussortiert).

Zunächst absolvierte jede Versuchsperson mehrere Trainingsversuche, bis an Hand der Regelfehler ein asymptotisch erreichter Lernzustand zu erkennen war. Die eigentlichen Versuche bestanden jeweils aus 6 Versuchsblöcken à 5 min (permutierte Reihenfolge des Schwierigkeitsgrades der Regelaufgabe), die durch Pausen voneinander getrennt waren. Bei der Ermittlung der Detektionsraten wurde die jeweils erste Minute jedes Versuchsblocks nicht berücksichtigt, um möglichen Instabilitäten der jeweiligen Anfangs- und Eingewöhnungsphase aus dem Weg zu gehen. Die Gesamtdauer eines Versuchs betrug ca. 50 min; der zeit-

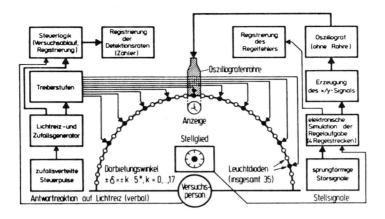

a) Blockschaltbild des Versuchsaufbaus (Perimeteranordnung);

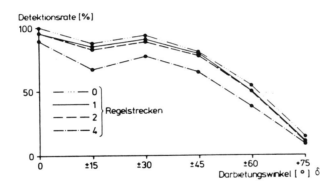

b) Gemessene Detektionsraten in Abhängigkeit vom Darbietungswinkel (gemittelt über 7 Versuchspersonen mit insgesamt 54 Versuchen und über linke/rechte Perimeterhälfte), Scharparameter: Informationsbelastung im zentralen Blickfeld, quantifiziert durch die Anzahl der zu regelnden Regelstrecken.

Abb. 1: Experimentelle Untersuchung der binokularen Detektionsraten peripher dargebotener Lichtreize.

liche Abstand zwischen zwei Versuchen war 1-2 Tage. Die Ergebnisse von 7 Versuchspersonen mit insgesamt 54 Versuchen wurden ausgewertet.

Der Verlauf der binokularen Detektionsraten in Abhängigkeit vom Darbietungswinkel und von der Informationsbelastung durch die Regelaufgabe ist bei allen Versuchspersonen qualitativ einheitlich; Abb. 1b zeigt die Globalauswertung in Abhängigkeit dieser beiden Parameter. Vor allem fällt auf, daß die Detektionsraten bei den Darbietungswinkeln $\pm 15°$ kleiner sind als bei $\pm 30°$. Dieser "15°-Effekt" ist in beiden Perimeterhälften und für alle Belastungsstufen signifikant ($\alpha = 0.01$, Wilcoxontest); vergleichbare Daten sind aus der Literatur nicht bekannt. Abgesehen davon zeigen die Ergebnisse, daß das Leistungsvermögen des peripheren Sehens mit zunehmendem Darbietungswinkel geringer wird. Als Ursache des "15°-Effekts" ist der blinde Fleck des Auges zu lokalisieren, welcher bewirkt, daß die Detektionssituation bei $\pm 15°$ auf monokulares Sehen reduziert ist. Diese Zusammenhänge und die Abhängigkeit der Detektionsraten von der Informationsbelastung im zentralen Blickfeld werden von der folgenden Modellbeschreibung im einzelnen erfaßt.

3.2 Modellbeschreibung

Es liegt nahe, zur theoretischen Behandlung der hier untersuchten Detektionssituation die bereits klassische Signaldetektionstheorie heranzuziehen. Da die Entscheidungsstrategie, die hierbei dem modellierten idealen Beobachter zugrunde gelegt wird, und die Werte der vorkommenden Parameter z.T. willkürlich sind, und da ferner die dabei entstehenden Integralausdrücke nur noch numerisch handhabbar sind /9/, wird hier wie folgt vorgegangen: Die funktionale Beziehung zwischen Trefferwahrscheinlichkeit (TW) und Signal-Rauschverhältnis (SNR) des zu erkennenden Lichtreizes, wie sie mittels der Signaldetektionstheorie berechenbar ist, wird als richtig zugrunde gelegt und in ihrem Kurvenverlauf (siehe Abb. 2) durch eine analytisch handhabbare Funktion beschrieben:

$$TW(SNR) = 1 - e^{-(\frac{SNR}{a})^b} \qquad (1)$$

Es wird angenommen, daß im Inneren eines menschlichen Beobachters ein Entscheidungsmechanismus in einem "Detektionsprozessor" wirksam ist, der sich gemäß Gl.(1) beschreiben läßt. Abb. 3 zeigt die unterschiedlichen Einflüsse auf das am Eingang dieses Detektionsprozessors vorhandene Signal-Rauschverhältnis SNR(j, δ); der Index j kennzeichnet dabei die Situation unterschiedlicher Informationsbelastung (im Perimeter ist j: = Anzahl der zu regelnden Strecken), der Darbietungswinkel der Lichtreize wird durch δ charakterisiert.

Im Fall ohne Informationsbelastung ($j = 0$) ist das Signal-Rauschverhältnis SNR(0, δ)

- proportional zur Signalleistung, d.h. zum Quadrat der Signalamplitude eines Lichtreizes; die Signalamplitude wiederum ist durch den Kontrast C_o, gewichtet mit der "Eingangsempfindlichkeit" des beim Darbietungswinkel δ wirksamen Übertragungskanals, gegeben (die Eingangsempfindlichkeit ihrerseits ist umgekehrt proportional zum Schwellenkontrast $C_S(\delta)$);

- umgekehrt proportional zur Gesamtrauschleistung σ_o^2, welche sich aus internem und externem Rauschen zusammensetzt; falls externes Rauschen vorhanden ist (im Perimeter war dies nicht der Fall), ist es mit der Eingangsempfindlichkeit quadratisch zu gewichten.

Insgesamt folgt:

$$\text{SNR}(0, \delta) = \frac{d \cdot C_o^2}{C_s^2(\delta) \cdot \sigma_o^2} \qquad (2)$$

($d \in \mathbb{R}^+$ Proportionalitätskonstante)

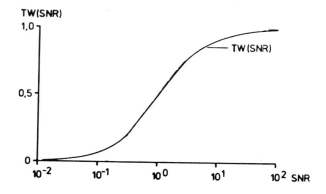

Abb. 2: Grundsätzlicher Kurvenverlauf für die Trefferwahrscheinlichkeit TW in Abhängigkeit vom logarithmisch aufgetragenen Signal-Rauschverhältnis SNR (Zahlenwerte sind beispielhaft) /9/.

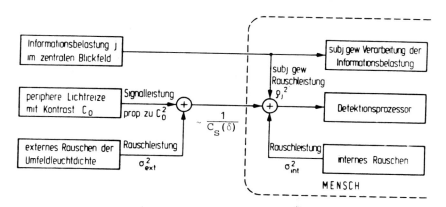

Abb. 3: Überblick über die unterschiedlichen Einflüsse auf das am Eingabg des Detektionsprozessors vorhandene Signal-Rauschverhältnis.

Eingesetzt in Gl.(1) folgt:

$$TW(0,\delta) = 1 - e^{-\left(\frac{1}{a_o \cdot C_s(\delta)}\right)^{b_o}}, \quad \text{mit } a_o := \sqrt{\frac{a \cdot \sigma_o^2}{d \cdot C_o^2}}, \quad b_o := 2b \quad (3)$$

Diese Gleichung beschreibt die Wahrscheinlichkeit, einen unter dem Darbietungswinkel δ gegebenen Lichtreiz monokular zu detektieren, falls keine Informationsbelastung vorliegt. Die Schwellenkontrastwerte $C_s(\delta)$ können der Literatur entnommen werden /10/. Die "Konstanten" a_o und b_o sind zusammengefaßte Größen, deren aktueller Wert durch die Randbedingungen der Lichtreizdarbietung, durch Übertragungsverluste und durch die Entscheidungsstrategie des Detektionsprozessors beeinflußt ist; ihre Bestimmung erfolgt hier experimentell. Im Fall der Perimeteruntersuchung gilt: Da die Detektionssituation bei ±15° und ±60° monokular ist, wurden die Werte von TW (0, ±15°) und TW (0, ±60°) herangezogen, woraus sich $a_o = b_o = 0.5$ ergab; dies gilt dann für alle Darbietungswinkel und alle Belastungsstufen.

Es wird hier angenommen (vgl. Abb. 3), daß alle beim Menschen eintreffenden optischen Informationen gleichzeitig an unterschiedliche Prozessoren weitergeleitet werden. Je nach ihrer Funktion haben diese Prozessoren unterschiedliche Kriterien dafür, was in dem ankommenden Informationsgemisch Nutzinformation und was Störinformation ist. Insbesondere steigt für den Detektionsprozessor der Rauschpegel bzgl. seiner Detektionsfunktion an, wenn irgendwelche anderen Prozessoren zusätzliche Informationen anfordern, erhalten und verarbeiten (in Abb. 3 als subjektiv gewichtete Verarbeitung der Informationsbelastung j zusammengefaßt). Sei ρ_j^2 diese zusätzliche Rauschleistung, dann ist zur Berechnung von SNR(j,δ) die Rauschleistung σ_o^2 in Gl.(2) zu ersetzen durch ein beanspruchungsabhängiges σ_j^2:

$$\sigma_j^2 = \sigma_o^2 + \rho_j^2 = B_j^2 \cdot \sigma_o^2 \quad \text{mit } B_j^2 := 1 + \frac{\rho_j^2}{\sigma_o^2} \quad (4)$$

Der so definierte "Beanspruchungsfaktor" B_j beschreibt den individuell unterschiedlichen Rauschzuwachs am Eingang des Detektionsprozessors infolge einer Informationsbelastung j, gemessen in Einheiten desjenigen Rauschpegels, welcher ohne Informationsbelastung am Eingang des Detektionsprozessors vorhanden ist. B_j ist daher unabhängig vom Darbietungswinkel δ. Für die Trefferwahrscheinlichkeit folgt:

$$TW(j,\delta) = 1 - e^{-\left(\frac{1}{B_j \cdot a_o \cdot C_s(\delta)}\right)^{b_o}} \tag{5}$$

Der "Beanspruchungsfaktor" B_j kann als Kontrasterhöhungsfaktor interpretiert werden: Er besagt, um wieviel der Kontrast eines (unter beliebigem Darbietungswinkel) zu detektierenden Lichtreizes angehoben werden muß, damit dieser Lichtreiz mit der gleichen Wahrscheinlichkeit detektiert wird wie ohne Informationsbelastung.

Gl.(5) beschreibt die Wahrscheinlichkeit, einen unter dem Darbietungswinkel δ gegebenen Lichtreiz monokular zu detektieren, bei vorhandener Informationsbelastung j (j = 0 eingeschlossen). Für die Perimetersituation (Abschnitt 3.1) wurde B_j ermittelt durch Heranziehen der Ergebnisse für TW(j, ±15°), da hier die Detektionssituation monokular ist. Die so ermittelten B_j-Werte (B_o=1, B_1=1.25, B_2=1.45, B_4=3.65) gelten dann für alle Darbietungswinkel.

Für das binokulare Zusammenwirken wird angenommen, daß beide Augen für Lichtreize außerhalb des zentralen Blickfeldes als voneinander unabhängige Detektoren funktionieren, die jeweils durch Gl.(5) beschrieben werden. Demnach wird ein Lichtreiz genau dann nicht gesehen, wenn er von keinem der beiden Augen detektiert wird:

$$TW_{binokular} = 1 - (1-TW_1) \cdot (1-TW_2) \tag{6}$$

Innerhalb des zentralen Blickfeldes findet physiologische Summation statt, so daß das Signal-Rauschverhältnis eines im Zentrum zu detektierenden Lichtreizes bei binokularem Sehen um den Faktor 2 besser ist als bei monokularem Sehen. Insgesamt lassen sich damit die binokularen Detektionsraten für die im Abschnitt 3.1 untersuchte Perimetersituation berechnen.

Abb. 4 zeigt das Ergebnis der Modellrechnung im Vergleich zum Experiment. Von den insgesamt 24 experimentell ermittelten Werten wurden 5 zur Festlegung der Parameter a_0, b_0 und B_j herangezogen; alle übrigen experimentellen Daten können zur Überprüfung der Modellrechnung verwendet werden. Der "15°-Effekt" ist durch das binokulare Zusammenwirken beider Augen außerhalb des blinden Flecks zu erklären. Bei $\delta=75°$ war aus technischen Gründen die Lichtreizdarbietung auf eine Perimeterhälfte beschränkt; die daraus folgende Halbierung der a-priori-Wahrscheinlichkeit für einen solchen Lichtreiz erklärt die hier zu beobachtende Abweichung von berechnetem und experimentell ermitteltem Wert. Insgesamt besteht eine gute Übereinstimmung der Modellrechnung mit den experimentellen Ergebnissen. Gleichzeitig ist damit gezeigt, daß die Modellbildung eine tragfähige Grundlage bietet, das Zusammenspiel des fovealen und peripheren Sehens bei Informationsbelastung zu untersuchen und zu verstehen.

4. Anwendung auf die Praxis: Verfahren zur Beanspruchungsmessung unter Verwendung einer Meßbrille

Der "Beanspruchungsfaktor" B_j charakterisiert in griffiger Weise Beanspruchung infolge optischer Informationsbelastung. Er ist unabhängig von der speziellen Aufgabenstellung, welche eine zu untersuchende optische Informationsbelastung beinhaltet und ermöglicht daher quantitative Quervergleiche unterschiedlicher Aufgabenstellungen (gemeinsamer Nullpunkt: reine Detektionsaufgabe). Ferner erfaßt B_j die subjektiv unterschiedlichen Gewichtungen bei der mentalen Verarbeitung der Aufgabenanforderungen. Daher wurde ein Verfahren zur Ermittlung des "Beanspruchungsfaktors" entwickelt und untersucht.

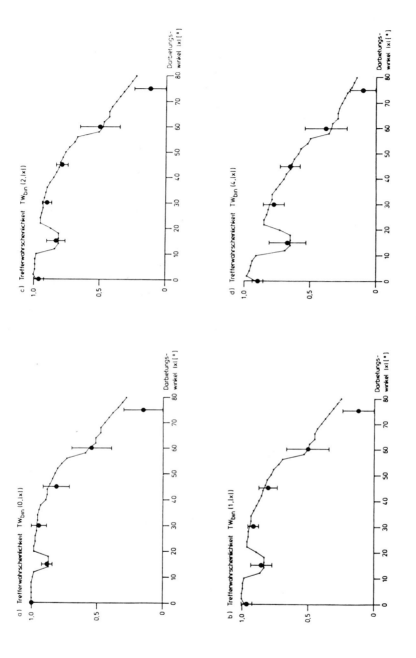

Abb. 4: Vergleich von Modellrechnung und Experiment ($\bullet$ = Mittelwerte/interindividuelle Streuungen der experimentell ermittelten Detektionsraten wie in Abb. 1 b)

4.1 Realisierung und Vorgehensweise

Kernstück der Realisierung des Meßverfahrens ist eine Meßbrille (Abb. 6) als "Standardinformationsquelle" für die Aufgabe, peripher dargebotene Lichtreize zu detektieren. Sie ist individuell anpaßbar und genügend robust für Feldexperimente; außerdem ist sie so leicht und die Detektionsaufgabe so einfach, daß nach kurzer Eingewöhnung die Durchführung der Tätigkeiten, deren Beanspruchung infolge von Informationsbelastung untersucht werden soll (z.B. Autofahren), praktisch nicht beeinträchtigt wird. Darbietungswinkel und -richtung der Lichtreize sind unerheblich, da der "Beanspruchungsfaktor" B_j hiervon unabhängig ist. Kopfbewegungen spielen keine Rolle, da die Meßbrille mitbewegt wird. Der Einfluß von Augenbewegungen relativ zum Kopf mittelt sich heraus, wenn ihre Verteilung (gemittelt über eine Meßperiode) symmetrisch ist, was in der Regel hinreichend zutrifft.

Die zeitlichen Parameter der dargebotenen Lichtreize sind wie in der Perimeterapparatur gewählt. Infolge des kurzen Abstands des Lichtreizgebers (Leuchtdioden am Brillenrahmen, Abb. 6) vom Auge wird der Lichtreiz großflächig und unscharf auf die Retina abgebildet. Zur Anpassung der Detektionsaufgabe an die vorhandene Umgebungshelligkeit wird zunächst eine angemessene, konstante Grundhelligkeit der Leuchtdioden gewählt; die Intensität der additiv überlagerten Lichtreize wird dann so eingestellt, daß in der "Referenzsituation" (nur Detektionsaufgabe ohne sonstige Informationsbelastung) ca. 80-90 % der Lichtreize detektiert werden.

Da die Detektionssituation monokular ist, wird Gl.(5) angewendet. In einer unabhängigen Kontrollmessung wurde der Wert des Parameters b_o ermittelt, mit dem Ergebnis $b_o = 1$; das Produkt $a_o \cdot C_s(\delta)$ ist durch Ermittlung der Detektionsrate TW_o der Referenzsituation festgelegt. Durch die experimentell ermittelten Werte der Detektionsraten TW_j der zu untersuchenden Informationsbelastungssituationen (wie in Abb. 7 skizziert) werden dann die "Beanspruchungsfaktoren" B_j dieser Situationen bestimmt:

$$B_j = \frac{\ln(1-TW_o)}{\ln(1-TW_j)} \qquad (7)$$

Abb. 6: Meßbrille zur peripheren Darbietung von Lichtreizen (kleine Leuchtdioden) mit Justiermöglichkeiten bzgl. Augenabstand, Augen/Nase- und Augen/Ohren-Relationen.

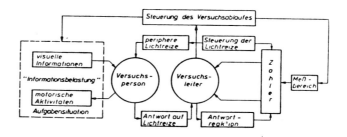

Abb. 7: Prinzipieller Aufbau bei der Anwendung des Meßverfahrens.

Die zu untersuchende Informationsbelastung ist in Abb. 7 durch "visuelle Informationen" und "motorische Aktivitäten" zusammenfassend charakterisiert. Der dazwischenliegende Prozeß (Aufnahme der Information, Weiterleitung und Verarbeitung im Zentralnervensystem, mentale Umsetzung in Aktionsmuster) ist Teil der komplexen, individuell unterschiedlichen Wechselwirkung des Menschen mit der zeitlich variablen Aufgabensituation. Der durch diese Wechselwirkung bedingte, mit der Zeit variierende Informationsfluß im visuellen System ist diejenige Größe, welche für die hinzugefügte Detektionsaufgabe als zusätzliches "inneres Rauschen" wirksam ist und durch den "Beanspruchungsfaktor" (gemittelt über ein gewähltes Meßintervall) erfaßt wird.

Häufig besteht besonders bei Feldexperimenten der Wunsch, nicht nur isolierte, unterschiedliche Belastungssituationen zu vergleichen, sondern auch einen bestimmten Situationsablauf in aufeinanderfolgenden, möglichst fein unterteilten Abschnitten hinsichtlich seiner Auswirkung auf die Beanspruchung zu untersuchen. Hierbei ist zu beachten: Je kürzer ein Meßintervall ist, desto weniger Meßereignisse (Lichtreizdarbietungen) sind darin enthalten; desto öfter muß dann eine Messung wiederholt werden, damit hinreichend sichere Ergebnisse erzielt werden (der relative Fehler bei der Bestimmung des "Beanspruchungsfaktors" kann durch $\frac{2}{\sqrt{n}}$, n = Anzahl der Meßereignisse, abgeschätzt werden).

4.2 Beispiele experimenteller Untersuchungen mit der Meßbrille

In einer Reihe von Feld- und Laborexperimenten wurde das beschriebene Meßbrillenverfahren zur Beanspruchungsmessung allein und im Vergleich mit anderen Meßverfahren erprobt. Ein erstes Beispiel ist die Untersuchung der gleichen Regelaufgabe, wie sie im Perimeter verwendet wurde (siehe Abschnitt 3.1); hierbei sind die "Beanspruchungsfaktoren" bereits bekannt. Die Detektionsraten, die mittels der Meßbrille ermittelt wurden, können dazu dienen, die Konsistenz von Modellbildung und Experiment zu überprüfen; Abb. 8 zeigt das Ergebnis.

Mittels der Meßbrille wurde auch der Langzeiteinfluß einer Dauerbelastung (Regelung von vier Regelstrecken, gleiche Regelaufgabe wie im Perimeter) untersucht. Zur Modellierung des Vigilanzeffektes, der bei derartigen monotonen Belastungssituationen auftritt, wurde angenommen, daß sich das allgemeine Aktivitätsniveau des menschlichen Gehirns verringert, so daß die "Schwellenwachsamkeit" des Detektionsprozessors (als umgekehrt proportional zur Eingangsempfindlichkeit definiert) linear mit der Zeit ansteigt. Abb. 9 zeigt die so berechneten und experimentell ermittelten Werte im Vergleich.

In einem Feldexperiment im Autoverkehr wurde der Situationsablauf "Kreuzen einer nicht lichtsignalgeregelten Kreuzung mit einem Pkw ohne Vorfahrtberechtigung" untersucht. Abb. 10 zeigt die gemessenen Detektionsraten, die mit einer Versuchsperson und 35 Meßfahrten an mehreren aufeinanderfolgenden Tagen ermittelt wurden. Die Ergebnisse zeigen insbesondere das hohe zeitliche Auflösungsvermögen des Meßbrillenverfahrens, welches im Sekundenbereich liegt. Gemittelt über alle drei Kreuzungen ergibt sich, daß der "Beanspruchungsfaktor" innerhalb des unmittelbaren Kreuzungsbereiches (Halten und Überqueren) relativ zur Situation außerhalb davon (Heran-und Wegfahren) den recht hohen Wert 3.5 im Mittel besitzt. Weitere, stichprobenartig durchgeführte Feldexperimente führen insgesamt zu dem Ergebnis, daß die Auswirkungen auch sehr unterschiedlicher Belastungssituationen im Autoverkehr mit dem Meßbrillenverfahren mit guter Auflösung reproduzierbar erfaßt werden. Dabei kann insbesondere die Bedeutung des "Beanspruchungsfaktors" als Kontrasterhöhungsfaktor zu direkten praktischen Konsequenzen führen. Darüber hinaus ist das erreichbare zeitliche Auflösungsvermögen dieses Indikators im Vergleich zu anderen Beanspruchungsindikatoren ein wesentlicher Vorteil.

Schließlich wurde in einem Fahrsimulator die Lenkaufgabe, welche als Kompensationsregelung eines tiefpaßgefilterten weißen Rauschens realisiert war, untersucht: Durch Gegenlenken war ein durch das Rauschsignal ausgelenkter projizierter Lichtzeiger möglichst genau in der Ruheposition zu halten. Der Schwierigkeitsgrad dieser Regelaufgabe ist durch die Grenzfrequenz des Tiefpasses quantifiziert. Gleichzeitig wurden vier verschiedene Beanspruchungsindikatoren aus den unterschiedlichen Bereichen der üblichen Beanspruchungsmeßmethoden parallel gemessen und verglichen:

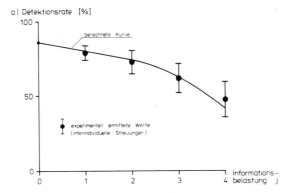

Abb. 8: Mittels Meßbrille ermittelte Detektionsraten (7 Versuchspersonen mit 17 Versuchen) bei der im Perimeter verwendeten Regelaufgabe (vgl. Abb. 1a) im Vergleich zu theoretisch berechneten Werten.

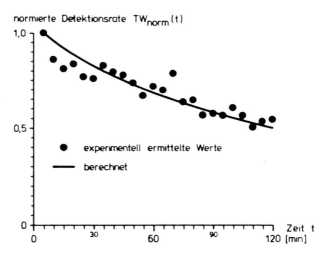

Abb. 9: Vergleich der berechneten und experimentell ermittelten (normierten) Detektionsraten für eine monotone Dauerbelastungssituation.

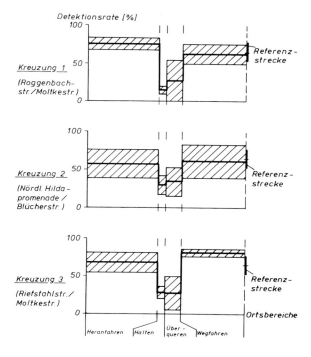

Abb. 10: Detektionsraten bei der Bewältigung der Verkehrssituation "Kreuzen einer nicht lichtsignalgeregelten Kreuzung mit einem Pkw ohne Vorfahrtberechtigung" (Mittelwerte und Standardabweichungen an drei verschiedenen Kreuzungen).

- Die Detektionsrate peripher dargebotener Lichtreize mittels des Meßbrillenverfahrens;

- der mittlere Regelfehler als Leistungsmaß für die Güte der Regelung durch die Versuchsperson;

- aus dem Elektrokardiogramm abgeleitete physiologische Indikatoren: Pulsfrequenz, ferner Nieder- und Hochfrequenzarhythmie;

- eine Skalierung nach jedem Versuchsblock als Maß für die von der Versuchsperson subjektiv empfundene Schwierigkeit.

Die ermittelten Detektionsraten und daraus abgeleiteten "Beanspruchungsfaktoren" (Abb. 11) sind signifikant von den unterschiedlichen Belastungsstufen abhängig; die interindividuellen Streuungen werden dabei in konsistenter Weise mit zunehmender Belastung größer. Das bestätigt, daß der "Beanspruchungsfaktor" tatsächlich Beanspruchung bzw. einen definierten Teilaspekt hiervon erfaßt.

Der Regelfehler zeigte hier (im Gegensatz zu der im Perimeter verwendeten Regelaufgabe) ebenfalls eine gute Auflösung der Belastungsstufen; eine interindividuelle Abhängigkeit wie beim "Beanspruchungsfaktor" fehlt hingegen. Die physiologischen Indikatoren besaßen keinerlei systematische Abhängigkeit von der Belastung durch die Regelaufgabe. Die subjektive Skalierung erbrachte (abhängig von dem jeweiligen Skalenattribut) sehr unterschiedliche Ergebnisse, was die eingeschränkte Anwendbarkeit dieser Methode zeigt.

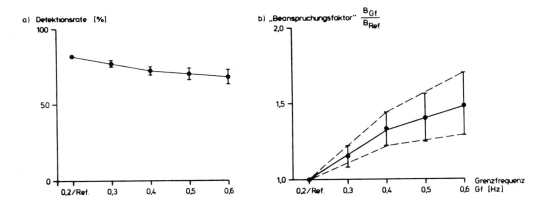

Abb. 11: Untersuchung der Lenkaufgabe in einem Fahrsimulator mittels des Meßbrillenverfahrens (9 Versuchspersonen mit je 5 Versuchen).

ZUSAMMENFASSUNG

Ein gut funktionierendes Zusammenspiel des fovealen und peripheren Sehens des Menschen ist eine wesentliche Voraussetzung zur Erfüllung der Sehaufgaben und sensomotorischen Koordinationsleistungen bei komplexen Tätigkeiten (z.B. Flug-und Fahrzeugführung, Überwachung und Regelung von Prozeßwarten). Zur Untersuchung und Beurteilung derartiger Situationen wurde eine experimentell abgesicherte und konsistente Modellbeschreibung der Detektionsraten peripher dargebotener Lichtreize in Abhängigkeit von ihrem Darbietungswinkel und von der Informationsbelastung im zentralen Blickfeld erarbeitet. Dabei läßt sich die Auswirkung von Informationsbelastung ("Beanspruchung") in griffiger Weise durch einen "Beanspruchungsfaktor" charakterisieren, welcher die folgenden Eigenschaften besitzt:

- leicht berechenbar aus experimentell ermittelten Detektionsraten;

- unabhängig vom Darbietungswinkel der Lichtreize, die zur Ermittlung der Detektionsraten eingesetzt werden;

- charakteristisch für "Beanspruchung", d.h. für individuell unterschiedlich gewichtete Verarbeitung von Informationsbelastung;

- interpretierbar als Kontrasterhöhungsfaktor, d.h. als eine zum Ausgleich einer Informationsbelastung notwendige Kontrasterhöhung zusätzlicher Wahrnehmungsreize.

Auf dieser Grundlage wurde als Anwendung für die Praxis ein Verfahren zur Beanspruchungsmessung unter Verwendung einer Meßbrille entwickelt und untersucht; vorteilhafte Eigenschaften dieses Meßverfahrens sind:

- monotoner und stabil reproduzierbarer Zusammenhang mit unterschiedlichen Belastungsstufen;

- hohe zeitliche Auflösung bis in den Sekundenbereich möglich;

- anpaßbar an Meßsituationen unterschiedlicher Belastungshöhe durch einstellbaren Schwierigkeitsgrad der Detektionsaufgabe;

- unabhängig von der speziellen Aufgabenstellung, deren Informationsbelastung untersucht werden soll, wodurch quantitative Vergleiche unterschiedlicher Aufgabenstellungen ermöglicht werden (gemeinsamer Nullpunkt: reine Detektionsaufgabe);

- vernachlässigbare Beeinträchtigung der Versuchspersonen, d.h. keine unzulässige Rückwirkung der Messung auf die zu untersuchende Situation;

- kein Einfluß von Kopf- oder Augenbewegungen;

- bekannter Ursache-Wirkungszusammenhang im Rahmen der erarbeiteten Modellbeschreibung;

- praxisrelevante Interpretation der Meßwerte als Kontrasterhöhungsfaktoren (gültig für das gesamte Gesichtsfeld).

Der apparative Aufwand des Meßbrillenverfahrens hält sich in vernünftigen Grenzen: Derzeit wird das Meßverfahren als Programmpaket (Erläuterung, Durchführung, Auswertung, Protokollierung) realisiert; hierzu werden ein Mikrorechner, ein Treibermodul und eine Meßbrille benötigt.

6. Literatur

/1/ Voss, M.: Aufnahme und Verarbeitung peripherer visueller Information unter dem Aspekt der Beanspruchungsmessung. Dissertation Universität Karlsruhe, Karlsruhe 1982.

/2/ Handschmann, W.; Voss, M.: Der Mensch als Fahrzeugführer, Bericht Phase 1: Informationsaufnahme und -verarbeitung durch den Menschen. FAT-Schriftenreihe Nr. 8, Frankfurt 1978.

/3/ Voss, M.; Bouis, D.: Der Mensch als Fahrzeugführer, Bericht Phase 2: Bewertungskriterien der Informationsbelastung; visuelle und auditive Informationsübertragung im Vergleich. FAT-Schriftenreihe Nr. 12, Frankfurt 1979.

/4/ Voss, M.: Narrowing of the Visual Field as an Indicator of Mental Workload? In: Moraal, J.; Kraiss, K.-F. (Eds.): Manned Systems Design. NATO Conference Series III, Vol. 17, Plenum Press, New York and London 1981, S. 235 - 250.

/5/ Gantenbrink, K.: Aufbau einer elektronischen Zähleinheit zur Erfassung einer Detektionsrate. Studienarbeit am Lichttechnischen Institut (LTI) der Universität Karlsruhe, 1979.

/6/ Scheiblich, J.: Optisch-elektronischer Aufbau und Erprobung eines Signalgebers zur Messung peripherer Detektionsraten. Diplomarbeit am Lichttechnischen Institut (LTI) der Universität Karlsruhe, Karlsruhe 1977.

/7/ Krakowski, J.: Aufbau und Erprobung eines optisch-elektronischen Signalgebers zur Detektion peripherer Lichtreize. Diplomarbeit am Lichttechnischen Institut (LTI) der Universität Karlsruhe, 1979.

/8/ Harz, N.: Einfluß zentraler visueller Informationsbelastung auf Verteilung und zeitlichen Verlauf der peripheren Detektionsleistung des Menschen. Diplomarbeit am Institut für Fertigungswirtschaft und Arbeitswissenschaft der Universität Karlsruhe, 1979.

/9/ Voss, M.: Entwicklung eines kybernetischen Modells zur optischen Zeichenerkennung. Diplomarbeit am Institut für medizinische Optik der Universität München, 1974.

/10/ Pöppel, E.; Harvey, L.O.: Light-Difference Threshold and Subjective Brightness in the Periphery of the Visual Field. Psycholog. Forschung 36, 1973, S. 145 - 161.

Anschrift des Verfassers:

Dr.-Ing. Manfred Voss

Sophienstraße 35

D-7500 Karlsruhe 1

Sehfunktion und Bilddarbietung*⁾

Visual Function and Image Display

Ian Overington

British Aerospace PLC, Dynamics Group, Bristol

SUMMARY

This paper attempts to survey some important facets of visual function as related to optical and electro-optical image display. It is demonstrated that there are many problems associated with the observer-display interface which can, however, be approached from the present understanding of early image processing carried out by the visual system.

A comprehensive model of visual performance thresholds code-named ORACLE which in its present extended version includes effects of rastered image display can be used to predict either the performance thresholds of image display systems or the frequency of seeing or the suprathreshold factor (called visibility) under specified conditions.

1. Einleitung

In unserer technischen Welt bedeutet Sehen sehr oft Beobachten von Bildern, die durch optische oder elektro-optische Übertragungssysteme dargeboten werden, seien es optische Instrumente, Videosysteme, Bildverstärker, Wärmebildgeber oder andere bildgebende Systeme. Hierbei kommt es darauf an, den Zusammenhang zwischen der Funktion

---

*) Redigierte deutschsprachige Fassung des Original-Beitrags in englischer Sprache.

des Sehsystems (Sehfunktion) und der Bilddarbietung zu verstehen um einerseits das Bildübertragungssystem zu verbessern und andererseits die Sehaufgabe des Beobachters zu erleichtern.

Vorausgeschickt sei eine Bemerkung über die visuelle Wahrnehmung natürlicher Szenen. Genau hierfür ist unser Sehsystem im Laufe der Evolution geschaffen. Der weitaus größte Informationsgehalt natürlicher Szenen steckt in den Leuchtdichte-Diskontinuitäten, die sich örtlich als Linien oder Kanten und zeitlich als Lichtimpulse darstellen. Eine allmähliche Leuchtdichteänderung enthält dagegen sehr wenig Information. Dies gilt in gleicher Weise für Textur und Objektkontur und gilt allgemein in jedem Spektralintervall der Lichtstrahlung. Daher ist es nicht überraschend, daß sich biologische Sehsysteme entwickelt haben, die vorzugsweise Lichtreiz-Diskontinuitäten anstatt absoluter Lichtreizniveaus detektieren. Gerade diese sensorische Eigenschaft des menschlichen Sehsystems als Detektor für Lichtreizdiskontinuitäten führt zu Problemen und Anforderungen bei bildgebenden Systemen. Jedes Bildübertragungssystem "verschmiert" Linien, Kanten und Lichtimpulse infolge des begrenzten örtlichen und zeitlichen Auflösungsvermögens. Aus Leuchtdichtediskontinuitäten werden mehr oder weniger "verflachte" Leuchtdichtegradienten.

Den Hintergrund dieses Beitrages bilden eingehende Untersuchungen des Verfassers über ein möglichst weitgehendes Modell der Sehfunktion sowie über die Anpassung der Bilddarbietung an den Beobachter.

Zunächst wird erläutert, was wir unter Sehfunktion verstehen. Sodann gehen wir auf Probleme der Bilddarbietung ein. Im Anhang werden typische Ergebnisse unserer Rechnersimulation ORACLE für die Sichtbarkeit von Objekten illustriert.

2. Aspekte der Sehfunktion

2.1 Bildvorverarbeitung

Das Licht, das von der beobachteten Szene ausgeht, formt mit Hilfe des Abbildungsapparates des Auges ein Bild der Szene auf der Retina. Bevor es auf ein Mosaik von Photorezeptoren trifft, muß dieses Licht eine neuronale Schicht passieren, die trotz ihrer Transparenz erhebliche Lichtstreuung und damit Bildunschärfe verursacht. Das gilt auch in der Foveamitte (vgl. Kap. 2.3 in /1/). Mit wachsender Distanz von der Foveamitte wächst auch die Dicke der neuronalen Schicht beträchtlich. Die gesamte Bildunschärfe, die in der Foveamitte schon nicht gering ist, wächst mit zunehmender Exzentrizität der Bilddarbietung stark an und wird hauptsächlich durch die Lichtstreuung in der neuronalen Schicht bestimmt, wenngleich dies bis heute nach unserer Kenntnis noch nicht direkt nachgewiesen wurde.

Das mehr oder weniger "verschmierte" Bild der Szene wird sodann durch ein ungefähr hexagonales Raster von Photorezeptoren abgetastet, das streng genommen aus einer Mischung von 3 Zapfentypen und aus Stäbchen besteht. Im Bereich der Foveamitte sind allerdings kaum Stäbchen und "blau"-empfindliche (B)Zapfen vorhanden, so daß foveales Sehen im wesentlichen auf einer Mischung von "rot"-empfindlichen (R) und "grün"empfindlichen (G) Zapfen basiert /2/. Im folgenden beschränken wir uns auf achromatische Lichtreize, wobei die R und G Zapfen als parallel arbeitende Rezeptorsysteme betrachtet werden können.

Das photorezeptorisch wirksame retinale Bild wird nachfolgend lokal durch 4 verschieden ausgedehnte rezeptive Felder der Netzhaut interaktiv verarbeitet soweit retinal quasi-stationäre Lichtreize vorliegen (z.B. /2/ /3/). Schlußendlich jedoch wird diese neuronale Verarbeitung der lokalen rezeptiven Felder wieder zusammengefaßt in der Antwort der X-Ganglienzellen, die im Sehnerv nachzuweisen ist. Dies ist ein Hinweis darauf, daß die größeren rezeptiven Felder nur dazu dienen, die lokale Grundaktivität des Nervensystems anzugleichen, um eine optimale Antwort auf Lichtreiz-Diskontinuitäten bei dem jeweiligen lokalen Lichtreiz-Niveau zu erreichen. Damit können wir die Retina lokal als Einkanal-System betrachten, soweit es um die Formwahrnehmung geht.

Im Bereich einer Leuchtdichtediskontinuität sorgt die Verschaltung der R- und G-Zapfen auch für eine vergleichbar hohe örtliche Auflösung der Farbempfindung /2/ /4/. Ohne lokale Leuchtdichteunterschiede wird diese hohe Auflösung neuronal gehemmt. Dann stützt sich das Farbensehen auf ein antagonistisches System sehr geringer örtlicher Auflösung, die durch das größte der 4 rezeptiven Felder einer X-Ganglienzelle gegeben ist.

Zur Vervollständigung der lokalen retinalen Reizverarbeitung ist das zweitkleinste rezeptive Feld, das durch Gruppierung der Antworten von R- und G-Zapfen gebildet wird, auch noch "kapazitiv" mit den Y-Ganglienzellen verbunden, so daß ein zweites Bildübertragungssystem entsteht /2/ /5/. Allerdings spielt dieses System für die Formwahrnehmung in den meisten Fällen eine untergeordnete Rolle. Es liefert bei stationären Reizen nur schwache Antworten verglichen mit denen der X-Ganglienzellen mit ihren fein auflösenden rezeptiven Feldern. Hier werden wir auf das zweite Übertragungssystem nicht weiter eingehen, das hauptsächlich bei zeitlich transienten Lichtreizen antwortet.

Betrachtet man das visuelle System als Ortsfrequenz Analysator, so sei betont, daß jedes konzentrische rezeptive Feld in der neuronalen Bildverarbeitung als ein radial symmetrisches Bandpaßfilter betrachtet werden kann, dessen Bandbreite ungefähr zwei Oktaven umfaßt /2/. Die vier unterschiedlich großen rezeptiven Felder einer X-Ganglienzelle bilden vier überlappende Bandpaßfilter, wobei die Überlappung bei grob 70 % der Maximalantwort einsetzt (Bild 1). Da psychophysische Experimente üblicherweise eine größere Unsicherheit als 30 % aufweisen, ist es nicht überraschend, daß man diese Filterübergänge bei Kontrastempfindlichkeits-Messungen nicht bemerkt.

Als Folge der retinalen Interaktionen wird die zweite Ableitung der örtlichen retinalen Beleuchtungsstärke-Verteilung im Sehnerv weitergeleitet, wobei die positiven und negativen Anteile über die "on-centre" und "off-centre" Ganglienzellen getrennt geführt werden vermutlich zur Vermeidung einer Nullpunkt-Drift. Das lokale Differenzsignal wird dann eindimensional integriert durch die sog. "Spalt"-Detektoren (bar detectors) in Area 17 des visuellen Kortex, und zwar getrennt nach Orientierung /6/ /7/. Dann erfolgt eine Differenzbildung zwischen benachbarten Spalt-Detektoren mit ähnlicher Orientierung quer zu ihrer Hauptachse. Das Ergebnis sind die "Kanten" Detektoren (edge detectors), bei denen eine Hälfte ihres rezeptiven Feldes die andere Hälfte hemmt /7/.

Insgesamt besteht also das sensorische Rohmaterial für die Formwahrnehmung aus einer Anzahl von Linien- und Kantenfragmenten. Daher muß man sich vorstellen, daß die Bildinformation in der Zahl zuzuordnender lokaler Linien- oder Kantenfragmente und in der Intensität der Differenzsignale steckt, die direkt mit dem örtlichen Leuchtdichte-

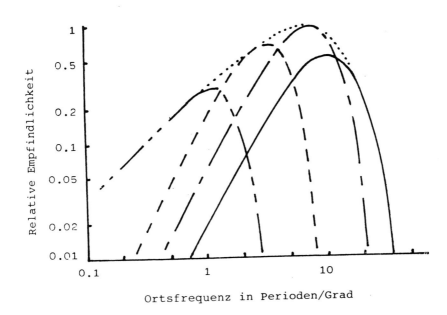

Bild 1: Bandpaßfilter, die den vier rezeptiven Feldern nach /2/ äquivalent sind, gefaltet mit der retinalen Punktbildfunktion des Auges. Die punktierte Linie kennzeichnet die resultierende Hüllkurve.

kontrast der Szene zusammenhängt. Auf diesem Konzept aufbauend haben wir ein einfaches Wahrscheinlichkeitsmodell für Wahrnehmungsschwellen entwickelt mit dem Code-Namen ORACLE. Dieses Programm verarbeitet derartige Konturfragmente wie sie sich entweder durch spezielle Bildvorverarbeitung oder aus geometrischen Überlegungen ergeben /2/. Einige Auswirkungen der hier geschilderten visuellen Bildvorverarbeitung auf die Wahrnehmung unscharfer Bilder und komplexer Szenen werden in /1/ speziell in den Kapiteln 5, 9, 11, 12 und 13 diskutiert.

2.2 Bildschärfe

Offensichtlich hängt die Intensität der in Area 17 vorliegenden Konturfragmente von der Schärfe des retinalen Bildes ab. Es wurde bereits festgestellt, daß das Bild auch bei fokussiertem Auge sehr unscharf ist. Wenn nun zusätzliche Unschärfe durch ein externes Bildübertragungssystem hinzukommt, muß sich dies auf die Intensität der Konturfragmente und damit auf die Wahrnehmung auswirken.

Bei genügend großen Objekten messen wir die relative Bildschärfe eines Systems durch den Ausdruck

$$\eta_v = \frac{\int MTF_{(System+Auge)} \, df}{\int MTF_{(Auge)} \, df}$$

wobei f die Ortsfrequenz und MTF die Kontrastübertragungsfunktion (modulation transfer function) bedeuten /2/ /8/[*]. Als Bezugsgröße im Nenner kommen auch andere Normierungen in Betracht je nach der Fragestellung der Untersuchung. Meistens jedoch dient die MTF des fokussierten Auges als absolute Bezugsbasis ($\eta_v = \eta_{v\,abs}$) und die MTF für außerfoveale Abbildung als relative Bezugsbasis ($\eta_v = \eta_{v\,rel}$).

Bild 2 zeigt den Verlauf von η_v als Funktion des Winkelabstandes ∂ von der Foveamitte für vier verschiedene Schärfeniveaus eines externen Systems. Bei den ausgezogenen Linien dient die jeweilige parafoveale MTF des Auges zur Normierung, bei den gestrichelten Linien die des axial fokusierten Auges. Je weiter man in die Peripherie der Netzhaut kommt, um so weniger wirkt sich eine gegebene externe System-Unschärfe aus.

Beim Übergang zu punktartigen Objekten ändert sich der Einfluß von Unschärfe zunehmend von einer Verflachung der Gradienten der retinalen Beleuchtungsstärke zu einem endlichen Streulichtscheibchen, das mit abnehmender Schärfe wächst (Bild 3). Während bei ausgedehnten Objekten der maximale Gradient der Beleuchtungsstärke direkt mit dem relativen Schärfeniveau $\eta_{v\,rel}$ wächst, ist er bei punktartigen Objekten proportional zu $\eta_{v\,rel}(\eta_{v\,abs})^2$. Einzelheiten zum Konzept von η_v und seiner Anwendung auf Modelle der Wahrnehmungsschwelle sind in /2/ und /8/ enthalten.

---

[*] Die Größe η_v wurde als 'visual efficiency' eingeführt, dies sollte jedoch nicht mit dem in der Lichttechnik üblichen Begriff 'visueller Nutzeffekt' (luminous efficiency) verwechselt werden.

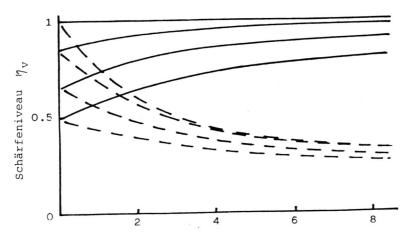

Bild 2: Schärfenniveau η_V und retinale Bildposition

──────── η_{vrel} Bezug: $MTF_{Auge}(\partial)$
- - - - η_{vabs} Bezug: $MTF_{Auge}(\partial = 0)$
(Vorgegebene Systemschärfe: 1,0   0,85   0,65   0,5).

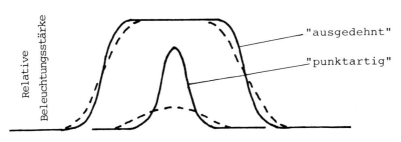

Bild 3: Schematische Verteilung der retinalen Beleuchtungsstärke bei scharfer und unscharfer Abbildung einer ausgedehnten und punktartigen Kreisscheibe.

──────── $\eta_V = 1$ (optimale Schärfe, begrenzt durch Punktbildfunktion des fokussierten Auges)
- - - - $\eta_V \cong 0,5$ (z.B. Fehlakkomodation, externe Bildunschärfe)

2.3 Wahrnehmungswahrscheinlichkeit

Die Wahrnehmungsschwelle eines Beobachters bei gegebenem Reiz und gegebener Sehaufgabe variiert im allgemeinen mit der Zeit (vgl. Kap. 3 in /1/). Über einen sehr langen Zeitraum (einige Wochen) genommen, kann man die Erkennungsrate als Funktion des Sehzeichenkontrastes (oder eines entsprechenden Signal-Rauschverhältnisses) bei einfachen Detektionsaufgaben durch eine kumulative Normalverteilung annähern. Die Standardabweichung beträgt rund 0,4 C_m, wobei C_m die mittlere Kontrastschwelle bedeutet. (Alternativ kann man eine Poisson Verteilung oder eine Potenzfunktion verwenden /9/). Diese Gesamtverteilung der Erkennungshäufigkeit ist weitgehend unabhängig von den Reizbedingungen wie Kontrast, Größe und Umfeldleuchtdichte. Zu beachten ist aber, daß ein Teil der Varianz sich in wenigen Sekunden ereignet, ein Teil innerhalb einiger Minuten oder Stunden. Ein weiterer Teil ist Tagesgang und ein Teil gehört zu monatlichen Biorhythmen. Etwa 1/4 der Gesamt-Varianz tritt von Fixation zu Fixation auf. Man kann diesen Anteil als visuelles Grundrauschen auffassen.

Die Wahrnehmungsleistung bei der Detektion relativ zur 50 % Schwelle für gegebene Reizbedingungen wird in unserem Modell durch den Ausdruck $(1 + a_p \sigma)$ erfaßt, wo σ die Standardabweichung der Erkennungsrate (üblicherweise 0,4) und a_p die Anzahl der Standardabweichungen oberhalb oder unterhalb der Schwelle bedeuten. Wenn alle Bedingungen bekannt sind, kann a_p berechnet werden und über die kumulative Normalverteilung als Wahrscheinlichkeit ausgedrückt werden. Alternativ kann der Ausdruck $(1 + a_p \sigma)$ direkt als "Sichtbarkeit" eines Sehzeichens relativ zur Wahrnehmungsschwelle betrachtet werden.

Bei Sehaufgaben, die über die reine Detektion hinausgehen, wie Klassifikation oder Identifikation eines Objektes, kommen weitere Fluktuationen hinzu - diesmal nicht im Kontrastbereich, sondern im "Grössenbereich" eines Objektes (vgl. Bild 4). Sie rühren her von Unsicherheiten des Beobachters und individuellen Unterschieden der Objekte einer Klasse. Diese zusätzlichen oder sekundären Varianzen müssen in einem soliden Wahrnehmungsmodell separat gehandhabt werden. Wir haben viel Anstrengung darauf verwendet, diese Varianzen korrekt in das ORACLE Modell einzubringen /10/.

Grundsätzlich ist bei höherem Erkennungsniveau, als es die Detektion darstellt, eine Analyse bestimmter Umrißteile erforderlich. Wir behandeln dies pauschal durch folgende Annahme: Je höher das Erkennungsniveau ist, um so geringer ist der Anteil des Umrisses eines Objektes, der zur Erkennung beiträgt /2/. Bild 4 zeigt eine entsprechende Rechnersimulation.

Auf diese Weise können wir mit einer Gleichung für die Wahrnehmungsschwelle verschiedene Erkennungsniveaus simulieren und die jeweilige spezifische Sichtbarkeit berechnen.[*] Im Anhang sind beispielhaft hierfür einige Ergebnisse dargestellt, die mit ORACLE gewonnen wurden.

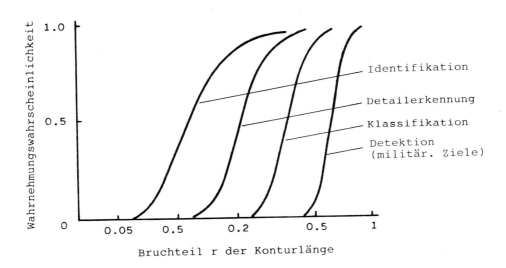

Bild 4: Zusätzliche (sekundäre) Varianz der Wahrnehmungswahrscheinlichkeit bei höheren Erkennungsniveaus. Unabhängige Variable ist der Bruchteil r der Konturlänge, der zur Erkennung beiträgt (vergl. Anhang).
Man beachte: Je höher das Erkennungsniveau, desto größer die Streuung der Wahrnehmungswahrscheinlichkeit.

[*] In der CIE Publ. 19.2.(1980) werden verschiedene Sehaufgaben auf eine festgelegte Detektionsaufgabe durch einen "äquivalenten" Kontrast zurückgeführt, der mithilfe eines kontrastschwächenden "Sichtbarkeitsmeßgerätes" ermittelt werden muß /24/.

3. Probleme der Bilddarbietung
3.1 Bildqualität

Bei telezentrischen optischen Instrumenten wie Ferngläser wird ein Luftbild beobachtet, das infolge Beugung und verschiedenen Aberrationen fehlerbehaftet ist. Sieht man von der Beugung ab, so bleiben in diesem Zusammenhang hauptsächlich die Bildfeldwölbung und der Astigmatismus, da eine axiale Defokussierung durch Okulareinstellung meistens kompensiert werden kann. Das gilt wenigstens näherungsweise auch für die sphärische Aberration. Dagegen bedeutet jeder Astigmatismus, daß unser Auge ständig versucht auf radialen und tangentialen Linien und Kanten nachzufokussieren, was zumindest eine Anstrengung des Auges und schlimmstenfalls eine unvollkommene Konturwahrnehmung verursacht /11/. Eine Bildfeldwölbung bedeutet ebenfalls eine ständige Umakkomodation, wenn der Blick im Gesichtsfeld umherwandert. Zwar kann unser Auge diese Akkomodationsleistung unter bestimmten Umständen erbringen. Wahrscheinlich aber nimmt es beim Absuchen des Gesichtsfeldes, etwa bei der Überwachung natürlicher Szenen, einen mittleren Akkomodationszustand ein wiederum auf Kosten lokaler Konturschärfe /11/.

Diese Akkomodationsprobleme werden verstärkt durch die Tatsache, daß unser Akkomodationsmechanismus selbst unvollkommen ist. Unser Auge stellt sich vorzugsweise auf den Akkomodationsruhepunkt ein, der bei Normalsichtigen ungefähr bei 0,7 m liegt. Bei Szenen mit geringem Kontrast und ausgedehnter Tiefe (gemessen am Akkomodationsruhezustand) ist die Akkomodationsgenauigkeit sogar für junge Beobachter sehr bescheiden /2/. Für ältere Beobachter wird der Akkomodationsbereich kleiner und die Tendenz im Ruhezustand zu verbleiben wird noch größer. Bei Leuchtdichten im Dämmerungsbereich wirkt sich außerdem die Nachtmyopie des Auges nachteilig aus.

Es gibt also eine Reihe von Wahrnehmungsproblemen, die man schon bei monokularer Bilddarbietung beachten muß. Bei binokularer Darbietung kommt ein weiteres hinzu, wenn dabei das Zusammenspiel von Akkomodation und Konvergenzeinstellung der Augen von der natürlichen Beobachtung der Szene abweicht. In diesen Fällen kann sich die visuelle Wahrnehmung ohne weiteres auf die des sog. Führungsauges allein reduzieren und sogar zu visueller Belastung führen /11/ /12/[*].

Schlußendlich begrenzt die Beugung die Bildqualität optischer Instrumente ebenso wie die des Auges. Maßgebend für die beugungsbegrenzte Bildschärfe ist die kleinste wirksame Bündelbegrenzung

___
[*] Vgl. auch Kap. 9 in /1/

(entweder bedingt durch das optische Instrument oder durch die Augenpupille). Daraus folgt, daß das Produkt der Kontrastübertragungsfunktion des optischen Instrumentes und des Auges nur dann eine sinnvolle Kennzeichnung der gesamten Kontrastübertragung liefert, wenn man das Ergebnis durch die jeweils wirksame beugungsbegrenzende MTF dividiert /11/ /13/.

Bei elektro-optischen Systemen wirken alle Aberrations- und Beugungseinflüsse zusammen. Für die resultierende Qualität des Schirmbildes ist die MTF des gesamten Bildübertragungssystems maßgebend. Wiederum können Akkomodationsprobleme auftreten, insbesondere bei schwachem Szenenkontrast und variablem Beobachtungsabstand. Vor allem aber muß zusätzliches Rauschen der Bilddarbietung in Kauf genommen werden, was insbesondere bei Bildverstärkern und Wärmebildgebern unmittelbar zu beobachten ist. Dieses Bildrauschen addiert sich statistisch unabhängig zum Eigenrauschen des visuellen Systems. Bei fovealer Darbietung beträgt das visuelle Eigenrauschen nach unserer Ansicht ungefähr ein Zehntel des dargebotenen Bildkontrastes. Das Bildrauschen muß entsprechend der fovealen Erregungssummation mit einer Feldblende von ungefähr einer Winkelminute und einer Integrationszeit von rund 0,06 Sekunden bestimmt werden. Bei peripherer Darbietung sollte die Meßfeldgröße um den Faktor $(1 + \vartheta)$ vergrößert werden, wobei ϑ wieder den Winkelabstand zur Foveamitte bedeutet. Ob auch die Integrationszeit mit ϑ variiert werden muß, läßt sich aufgrund der uns bekannten Daten nicht sicher entscheiden.

3.2 Bildstandsschwankung

In vielen Fällen ist die Bilddarbietung zeitlich nicht stabil z.B. infolge Verschwenken des optischen Instrumentes oder gar infolge einer wackeligen Objektivhalterung. Bei Videosystemen gibt es zahlreiche Beispiele mangelhafter Bildstabilität. Dies führt i.a. zu einer restlichen retinalen Bildwanderung soweit das Auge der Bilddarbietung nicht exakt folgt. Man könnte meinen, daß diese Bildstandsschwankungen der Bildwahrnehmung abträglich sind. Dies ist jedoch nicht der Fall. Im Gegenteil haben Experimente /14/ /15/ /16/ gezeigt, wie man rückschauend auch erwarten muß, daß eine Bildtranslation auf der Retina bis zu ein oder zwei Grad je Sekunde die foveale Detektion tatsächlich verbessern kann (Bild 5a) und der Erkennung von Objekten sicher keinen Abbruch tut /16/.

Ebensowenig stellen geringe retinale Bildvibrationen mit Amplituden bis ungefähr 3 Winkelminuten und Frequenzen bis ca 10 Hz ein Problem dar (Bild 5b) und eine niederfrequente zufällige Bildstandsschwankung kommt wiederum der Wahrnehmbarkeit des Bildes zu Gute. Für die periphere Detektion können noch viel größere Bildbewegungen vorteilhaft sein /17/.

Für die Bildwahrnehmung wäre es daher falsch zu viel Mühe auf absolute Stabilität der Bilddarbietung zu verwenden. Allerdings sollte

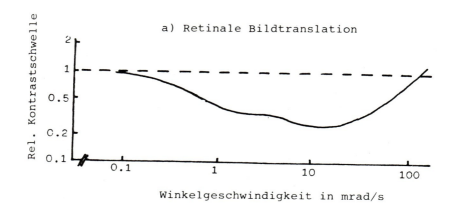

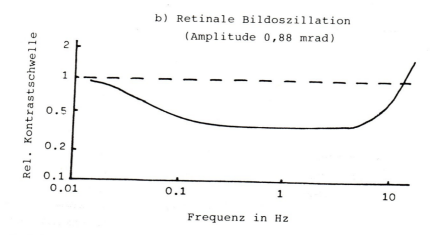

Bild 5: Typischer Einfluß retinaler Bildverschiebung auf die Kontrastschwelle. "Balkenförmiger Lichtreiz der Breite 0,88 mrad." (1 mrad = 3,438 Winkelminuten).

nicht übersehen werden, daß jede durch ein Übertragungssystem bedingte Instabilität der Bilddarbietung subjektiv als störend empfunden wird, sobald sie als solche erkannt wird.

3.3 Bildrasterung

Die Bildrasterung vieler elektro-optischer Übertragungssysteme ist ein weiterer und sehr wichtiger visueller Aspekt der Bilddarbietung. Oft wird die Bedeutung der Bildrasterung für die Wahrnehmung übersehen. Zur Bestimmung der Kontrastübertragung werden Strichgitter oder Kanten senkrecht zu den Rasterlinien dargeboten, und es wird angenommen, daß Rastereffekte bei aperiodischen Bildern nur eine untergeordnete Rolle spielen.

Betrachten wir, was wirklich bei gerasterten Bildern passiert. Wenn das Raster klar aufgelöst wird, nimmt unser Auge vorzugsweise das Raster und nicht das aus dem Raster aufgebaute Bild wahr. Mit abnehmender Auflösung (z.B. durch größeren Beobachtungsabstand) tritt das Bild deutlicher hervor und schließlich ist kein Unterschied mehr zum ungerasterten Bild wahrnehmbar /18/[*].

Das in Abschnitt 2 angesprochene Prädiktionsmodell ORACLE wurde vor Jahren für ungerasterte Bilder entwickelt und ist in der Lage, den Einfluß von Größe, Kontrast, Leuchtdichte, Bildschärfe und Bildrauschen auf die Wahrnehmbarkeit zu simulieren. Wir haben neuerdings versucht das Modell zu erweitern um Rastereinflüsse zu erfassen /10/.

Dies beinhaltet im wesentlichen vier spezielle Aspekte /19/:

a) Die Bildschärfe, bewertet durch die Größe η_v (Abschnitt 2.2) muß längs und quer zu den Rasterlinien unterschiedliche Werte annehmen. Eine absolut scharfe schräg verlaufende Objektkontur wird infolge des Bildrasters als unscharfe Treppenlinie wiedergegeben.

b) Normalerweise addieren sich die mittleren Schwankungsquadrate des Bildrauschens und des Eigenrauschens des visuellen Systems unter der Voraussetzung unabhängiger Zufallsprozesse. Bei linienförmiger Rasterung gilt dies nur in Längsrichtung der Linien. In Querrichtung dagegen tritt zusätzliches i.a. monofrequentes Quantisierungsrauschen mit der Ortsfrequenz der Linienrasterung auf.

---

[*] Vgl. Kap. 9,2,3 in /1/ und Bild 7

c) Für Bilder, deren Höhe nur wenige Rasterlinien umfassen, muß die Ausdehnung quer zum Raster durch eine vom Linienabstand abhängige Größenkorrektur ersetzt werden, da im Grundkonzept vom ORACLE jeder Rezeptor längs einer (ungerasterten) Objektkontur einen Signalbeitrag liefert.

d) Die periodische zeitliche Abtastung des Bildes mit relativ niedriger Bildwiederholfrequenz verursacht nicht nur störendes Flimmern. Sie führt auch zu einer unvollständigen zeitlichen Integration der Strahlung infolge der endlichen Latenzzeit der retinalen Rezeptoren.

Dies alles legt die Vermutung nahe, daß es einen optimalen Kompromiß zwischen Bildgröße eines Objektes, Rasterweite und Bildschärfe gibt. Wir haben diese Frage experimentell untersucht. Dabei haben wir drei verschiedene Objektgrößen (ausgedrückt als Zahl der Rasterlinien für die Höhe des Bildes) und drei Rasterweiten (Winkelabstand der Rasterlinien von Mitte zu Mitte) bei subjektiv scharfer und unscharfer Abbildung des Objektes permutiert. Die Darbietungsparameter sind in Tabelle 1 zusammengestellt. Dabei entspricht die Kombination aus scharfer Abbildung und grobem Raster in der Systemschärfe ungefähr der Kombination aus unscharfer Abbildung und feinem Raster. Die Sehaufgabe bestand in der Erkennung militärischer Fahrzeuge gegen einen Hintergrund aus Büschen und anderen Konfusionsobjekten.

Das Ergebnis ist ein drastischer Anstieg der Kontrastschwelle für die Erkennung mit zunehmendem Winkelabstand der Rasterlinien zwischen 0,625 und 2,5 mrad bei allen Versuchsbedingungen (Bild 6). Weiterhin haben wir festgestellt, daß ein unscharfes fein gerastertes Bild, wenn überhaupt, dann leichter zu erkennen ist als ein scharfes grob gerastertes Bild, d.h. bei gegebener Bildunschärfe ist ein feines Raster günstiger.

Diese Befunde sind gut verträglich mit der Computersimulation des erweiterten ORACLE Modells, die in Bild 7 dargestellt ist. Bild 7 weicht jedoch auffällig von den Ergebnissen ab, die von van Meeteren veröffentlicht wurden, der lediglich ein Plateau der Sehleistung mit gröberer Bildrasterung fand /19/ /20/. Die Erklärung liegt u.E. in der Tatsache, daß van Meeteren ein "synthetisches" Raster ohne Zwischenraum, d.h. eine flächendeckende Aufrasterung des Bildes verwendet hat.

Tab. 1 Versuchsbedingungen (B.Ae.D.Rasterexperiment)

Bildschirmleuchtdichte-Niveau	: 45 cd/m^2
Zeilenabstand des Linienrasters	: 0,9 mm
Linienbreite/Zwischenraum	: 1/1
Modulationsgrad des Rasters	: 0,89
Beobachtungszeit	: unbegrenzt
Einstellung der Schwelle	: ansteigender Kontrast

Beobachtungs-abstand m	Linien je Objekthöhe	Konturlänge mrad	Systemschärfe $\eta_{v\ abs}$	Bildqualität (subjektiv)	Rasterweite mrad
1.44	20	80	0.733	"scharf"	0.625
"	10	39	"	"	"
"	5	20	"	"	"
"	10	44	0.346	"unscharf"	"
"	5	22	"	"	"
0.72	20	159	0.524	"scharf"	1.25
"	10	77	"	"	"
"	5	39	"	"	"
0.36	20	320	0.321	"scharf"	2.5
"	10	155	"	"	"
"	5	79	"	"	"
"	10	175	0.094	"unscharf"	"
"	5	87	"	"	"

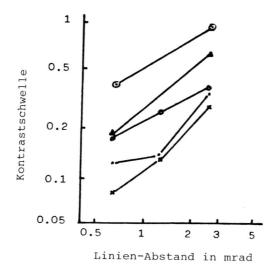

Bild 6: Kontrastschwelle gerasteter Bilder.

    x   20 Zeilen/Objekt, scharfes Bild
    •   10   "   / " , scharfes Bild
    o   5   "   / " , scharfes Bild
    △ 10   "   / " , unscharfes Bild
    ⊖   5   "   / " , unscharfes Bild

Das ursprüngliche ORACLE-Modell hat sich für ungerasterte Bilder bewährt. Mit seiner Erweiterung werden auch die typischen Rasterphänomene weitgehend erfaßt[*]. Ohne Berücksichtigung dieser Rastereffekte würde ein Wahrnehmungsmodell bei elektro-optischer Bilddarbietung zu erheblichen Fehlprognosen führen, was nachfolgend gezeigt wird.

---

*) Vgl. hierzu Tab. 2 in /19/.

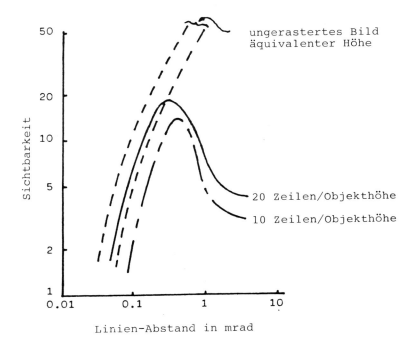

Bild 7: Sichtbarkeit und Zeilenabstand (erweitertes ORACLE). Typische Bildrasterung mit 25 Hz Bildwiederholfrequenz und Standard Zwischenzeilensprung, Modulationstiefe 0,89, foveale Abfrage, Erkennungsniveau: Klassifikation. Sichtbarkeit ist hier definiert als Verhältnis aus vorhandenem Kontrast und dem Kontrast bei 50 % Erfolgsrate.

3.4 Johnson Kriterium

Die Leistungsfähigkeit bildgebender Systeme wird oft mit Rechteckgittern bestimmt, um aus der Gitterauflösung auf die Nachweisschwelle aperiodischer Objekte und insbesondere auf die kleinste nachweisbare Temperaturdifferenz (MRTD = minimum resolvable temperature difference) bei Wärmebildgebern zu schließen. Je nach Erkennungsniveau müssen dabei der kleinsten Objektausdehnung wenigstens einige auflösbare Gitterperioden zugeordnet werden. Die Zahl J dieser Gitterperioden, die für ein gegebenes Erkennungsniveau eines Objektes notwendig ist, wird Johnson Kriterium genannt, wobei Gitterkontrast und Objektkontrast übereinstimmen müssen. Hierbei geht man davon aus, daß das Johnson Kriterium unabhängig ist von Objektgröße, Objektkontrast, Bildrauschen, Zeilenabstand etc.

Wie schon erwähnt wird das Rechteckgitter senkrecht zum Zeilenraster dargeboten in der Annahme, daß auf diese Weise der Rastereinfluß ausgeschaltet wird. Sofern die Höhe des Gitters wenigstens 15 bis 20 Zeilen überdeckt, kann man sicher aus solchen Messungen auf die Nachweisgrenze langer Kanten in der Szene schließen, die senkrecht zum Zeilenraster stehen, vorausgesetzt, daß das allgemeine Bildrauschen berücksichtigt wird[*].

Für beliebig dargebotene aperiodische Objekte hingegen haben wir in Abschnitt 3.3 gezeigt, daß die Wahrnehmungsschwelle ganz empfindlich vom Zeilenabstand des Rasters abhängt, was durch die Gitterdarbietung senkrecht zum Raster überhaupt nicht erfaßt wird. Daraus folgt, daß das Johnson Kriterium zumindest vom Zeilenabstand des Rasters abhängig sein muß.

Die Forschungsgruppe der Night Vision und Electro-optics Laboratories, Fort Belvoir, USA, auf die das Konzept des Johnson Kriteriums zurückgeht, hat inzwischen selbst den Einfluß von Photonenrauschen (unterschiedliche Szenenleuchtdichte) auf den J Wert untersucht /22/. Für die dort verwendete "Standardsehaufgabe", die in der Literatur mit 3 bis 4 Gitterperioden für die Minimalausdehnung des Zieles charakterisiert wird (z.B. /21/), variiert der J-Wert zwischen ca. 5,5 bei starkem Rauschen (extrem kleine Szenenleuchtdichte) und ca. 1,5 bei schwachem Rauschen (hohe Szenenleuchtdichte). Bild 8 faßt die experimentellen Ergebnisse zusammen.

Interessant ist das asymptotisch erreichte untere Niveau mit einem J-Wert von ca. 1,5, der ungefähr die Grenze darstellen dürfte, die man bei völlig rauschfreier Darbietung (sei es Photonen oder Quantisierungsrauschen) erreicht. Man vergleiche diesen Wert mit dem Standardwert $J = 3,5$ für die zugrunde liegende Erkennungsaufgabe, wobei ein Linienraster mit einem Zeilenabstand von ca 1,2 mrad verwendet wurde (vgl. Tab. 1). Unter Berücksichtigung dieses Befundes liegt der Schluß nahe, daß man bei diesem Linienraster J-Werte erhält, die ungefähr zur Hälfte durch den Zeilenabstand bedingt sind.

Insgesamt gesehen, ist das Johnson Kriterium bei weitem keine konstante Größe. Je nach Bildrauschen und Bildrasterung muß man sorgfältig über seinen Zahlenwert entscheiden.

---

[*] Vgl. Gl. (7) in /2/.

Generell ist die Annahme, daß ein einfacher Zusammenhang zwischen der Ortsfrequenz Antwort eines optischen oder elektro-optischen Systems und der Nachweisschwelle aperiodischer Objekte besteht, in Frage zu stellen /19/, da unser Sehsystem vorzugsweise Leuchtdichte-Diskontinuitäten detektiert, deren Fourier-Transformierte jeweils ein Frequenzkontinuum darstellen.

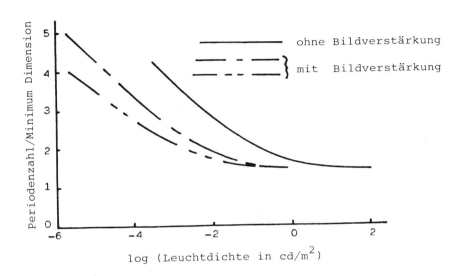

Bild 8: Johnson Kriterium und Szenenleuchtdichte
Beobachtung mit zwei typischen Bildverstärkern und mit unbewaffnetem Auge nach experimentellen Daten von Night Vision and Electro-optics Laboratories /22/. Die zugrunde liegende Erkennungsaufgabe wird üblicherweise durch $J = 3,5$ charakterisiert.

Trägt man wie in Bild 9 den Verlauf verschiedener Schwellenfunktionen über kompatible Variable wie Ortsfrequenz und reziproke Objektabmessung auf, so sind die Kurvenverläufe offensichtlich ähnlich. Dies ist allerdings mehr zufällig so und trifft auch nur für den mittleren Ortsfrequenz-Bereich zu. Bei tiefen Ortsfrequenzen (grosse Objekte) ist die Übereinstimmung sehr schlecht. Bei hohen Ortsfrequenzen (kleine Objekte) stützt sich der annähernd gleiche Verlauf auf die Ähnlichkeit des Frequenzgangs von MTF und integrierter

MTF, was im Einzelfall keineswegs erfüllt sein muß. Schließlich hat auch das Erkennungsniveau erheblichen Einfluß auf die Kurvenform der Schwellenfunktionen.

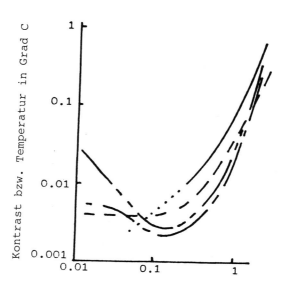

Bild 9: Vergleich verschiedener Schwellenfunktionen.

- - - - - -	typische Kontrastschwelle aperiodischer Objekte
—— - - ——	typische Kontrastschwelle für Sinusgitter
—— - ——	typische Kontrastschwelle für Rechteckgitter
————	typisch für die kleinste nachweisbare Temperaturdifferenz (MRTD).

ZUSAMMENFASSUNG

Dieser Beitrag versucht einen Überblick über einige wichtige Aspekte der Sehfunktion im Zusammenhang mit der Bilddarbietung durch optische und elektro-optische Systeme zu geben. Es wird gezeigt, daß die Schnittstelle Beobachter-Bilddarbietung eine Reihe von Problemen beinhaltet, die man aber mit dem heutigen Verständnis der visuellen Bildverarbeitung angehen kann.

Ein weitreichendes Modell der visuellen Wahrnehmungsschwelle mit dem Code-Namen ORACLE, das in seiner jetzigen erweiterten Version Einflüsse der Bildrasterung enthält, kann dazu dienen, die Nachweisgrenzen einer Bilddarbietung bzw. die Wahrnehmungswahrscheinlichkeit oder den Überschwelligkeitsfaktor (Sichtbarkeit) unter spezifizierten Bedingungen vorherzusagen.

4. Literatur

/1/ Overington I. (1976), Vision and Acquisition, Pentech Press, London.

/2/ Overington I. (1982), 'Towards a complete model of photopic visual threshold performance', Opt. Eng., 21, 002.

/3/ Bergen, J.R. & Wilson H.R. (1979), 'A four channel model for threshold spatial vision', Vision Research, 19, 19.

/4/ Overington I. (1982), 'Extension of the ORACLE visual performance model to colour vision', B.Ae.D. Report BT13759.

/5/ Overington I. & Brown M.B. (1980), 'Modelling of visual threshold performance in the presence of image motion', B.Ae.D. Report ST23217.

/6/ Hubel D.H. & Wiesel T.N. (1968), 'Receptive fields and functional architecture of monkey striate cortex', J. Physiol., 195, 215.

/7/ Kulikowski J.J. (1979), 'Neural stages in visual signal processing', in 'Search and the Human Observer' (Edited by J.N. Clare & M.A. Sinclair), Taylor & Francis, London.

/8/ Overington I. (1974), 'Visual efficiency: a means of bridging the gap between subjective and objective quality', Proc. of the SPIE. Vol. 46, p. 93.

/9/ Overington I. (1979), 'The current status of mathematical modelling of threshold function', in 'Search and the Human Observer' (Edited by J.N. Clare & M.A. Sinclair), Taylor & Francis, London.

/10/ Overington I. & Cooke K.J. (1982), 'Extensions to and refinements of the ORACLE/HERMES visual performance model', B.Ae.D. Report BT13005.

/11/ Overington I. (1980), 'Modelling of visual threshold performance with imperfect imagery', B.Ae.D. Report ST23214.

/12/ Home R. (1977), 'Experimental assessment of monocular and binocular vision', RARDE Tech. Report 2/77.

/13/ Overington I. (1973), 'The importance of coherence of coupling when viewing through visual aids', Optics and Laser Technol., 5, 216.

/14/ King-Smith P.E. (1978), 'Visual sensitivity to moving stimuli: data and theory' in 'Visual Psychophysics: its Physiological Basis' (Eds. J.C. Armington, J. Krauskopf and B.R. Wooten), Academic Press, New York.

/15/ Cooke, K.J. (1980), 'The detection of disc stimuli in the presence of image motion', B.Ae.D. Report ST23211.

/16/ Cooke K.J. (1980), 'The recognition of military targets in the presence of image motion', B.Ae.D. Report ST23212 (Restricted).

/17/ Barbur J.L. (1979), 'Visual Periphery' in 'Search and the Human Observer' (Eds. J.N. Clare and M.A. Sinclair), Taylor & Francis, London.

/18/ Overington I. (1980), 'A review of visual acquisition modelling', B.Ae.D. Report BT10635.

/19/ Overington I. (1983), 'Limitations of spatial-frequency-based criteria for assessment of raster display systems', Proc. of the SPIE, Vol. 399, Page 34.

/20/ Van Meeteren A. & Mangoubi S. (1981), 'Recognition of thermal images: effects of scan-line density and signal-to-noise ratio', Proc. of the SPIE, Vol. 274, page 230.

/21/ Ratches J.A. (1976), 'Static performance model for thermal imaging systems', Opt. Eng., 15, 525

/22/ Personal communication from W.R. Lawson of NV&EOL, Fort Belvoir, USA.

/23/ Overington I. (1980), 'Modelling of MRTD curves using ORACLE', B.Ae.D. Report BT10490.

/24/ CIE Publ. 19/2, 1, Paris (1980), 'An analytical model for describing the influence of lighting parameters, upon visual performance'.

Anschrift des Verfassers:

Dr. I. Overington
British Aerospace PLC, Dynamics Group
Sowerby Research Centre
FPC 267
P.O. Box 5 Filton
Bristol BS127QW
England

ANHANG

Typische Prädiktionen der Sichtbarkeit mit Hilfe von ORACLE

Hier wird versucht, die große Vielfalt von Sichtbarkeits-Funktionen beispielhaft zu illustrieren, die sich aus der Anwendung unseres Rechnerprogramms ORACLE ergeben (Bild A1 bis A7). Als Maß der Sichtbarkeit dient hier das Verhältnis des vorhandenen Kontrastes zu dem Kontrast, der notwendig ist, um die jeweils definierte Aufgabe mit 50 % Wahrscheinlichkeit zu erfüllen. Dieses Maß der Sichtbarkeit entspricht der CIE-Publikation 19/2 (1980)/24/. Eine vorher mehr gebräuchliche und alternative Anwendung von ORACLE ist die Berechnung von Wahrnehmungsschwellen (für 50 % Wahrscheinlichkeit) in einem multidimensionalen Parameter-Raum /2/.

Der Übersichtlichkeit halber wurden die Sichtbarkeits-Verläufe meist für ein Ziel mit vergleichbar großen Seiten in der Ansicht, für einen relativen Leuchtdichtekontrast zwischen Ziel und Hintergrund von $C = +1$[*)] und für eine Hintergrundsleuchtdichte $L_H = 100$ cd/m^2 berechnet. Eingabeseitig enthält das Rechnerprogramm jedoch keine Beschränkung weder für den Kontrast noch für die Leuchtdichte der Szene.

Dem Leser wird auffallen, daß die Größe des Objektes durch die Länge seines Umrisses (im Winkelmaß) erfaßt wird. Nach unserer Überzeugung ist die Konturlänge bzw. Bruchteile davon je nach Erkennungsniveau in den meisten Fällen maßgebend für die Wahrnehmungsschwelle und damit für die Sichtbarkeit eines Zieles unter sonst gegebenen Bedingungen /2/. Mit steigendem Erkennungsniveau (z.B. Detektion - Klassifikation - Identifikation) wird im Modell einfach ein immer geringerer Bruchteil r der Konturlänge eingesetzt. Die Form des Zieles ist solange unkritisch als die Seitenabmessungen der Ansicht vergleichbar sind und keine "protuberanzähnlichen" Feinheiten enthalten. Bei stark abweichendem Seitenverhältnis des Zielobjektes muß dies als zusätzlicher Parameter in das ORACLE-Modell eingegeben werden. Bei komplizierteren Formen muß eine Korrekturschätzung der Zielgröße gemacht werden.

[*)]
$$C = \frac{L_Z - L_H}{L_H}$$

L_Z = Leuchtdichte des Zieles
L_H = Leuchtdichte des Hintergrunds

Alle hier gezeigten Beispiele gelten für aperiodische, achromatische und quasistationäre Lichtreize. Mit den existierenden Varianten von ORACLE können wir jedoch auch periodische Lichtreize erfassen z.B. für das Leistungsmaß "kleinste auflösbare Temperaturdifferenz" bei Wärmebildgebern /23/ ebenso wie chromatische Lichtreize /4/ und unterschiedliche retinale Bildbewegungen /5/ /10/. Die zuletzt genannte Variante liefert Wahrnehmungsschwellen, die praktisch identisch sind mit den in Bild 5 gezeigten experimentellen Ergebnissen. Die chromatische Variante deckt nachweislich einen weiten Bereich der chromatischen Phänomene der Wahrnehmungsschwelle ab. Schlußendlich wurde die periodische Lichtreiz-Version von ORACLE erweitert zur Berücksichtigung unterschiedlichen Bildrauschens und peripher dargebotener Strichgitter.

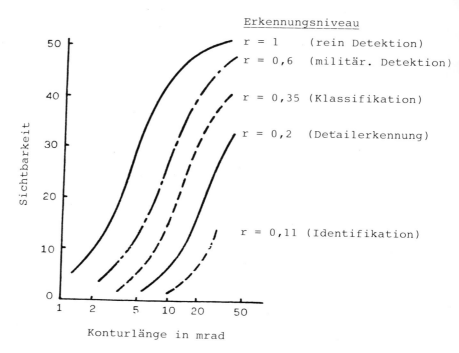

Bild A1: Sichtbarkeit und Objektgröße

Hintergrundleuchtdichte L_H = 100 cd/m^2
Kontrast C = + 1
"free choice" Entscheidung
Foveale Abfrage
(bei steigendem Erkennungsniveau wird dem Zielobjekt ein kleinerer Bruchteil r der Kontur-Länge zugeordnet. Militärische Detektion erfordert eine minimale Formerkennung.)

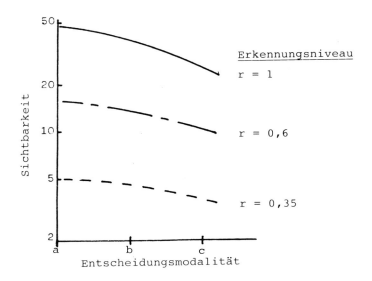

Bild A2: Sichtbarkeit und Entscheidungsmodus

        a = "forced choice"   c = "free choice"
        b = Zwischenmodus
        Objektkontur 4mrad, sonst wie Bild A1

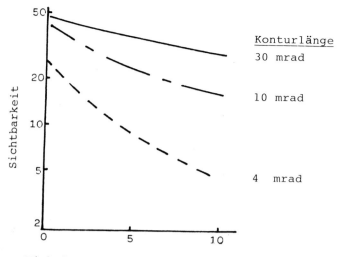

Bild A3: Sichtbarkeit und retinale Bildposition

Reine Detektion (r = 1) von einfachen Objekten, Seitenverhältnis nahe 1, Beobachtungszeit unbegrenzt, "free choice" Entscheidung, L_H = 100 cd/m^2, C = + 1.

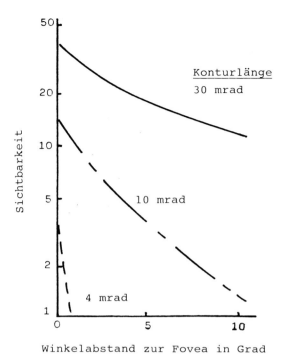

Bild A4: Sichtbarkeit und retinale Bildposition. Klassifikation (r = 0,35), sonst wie Bild A3.

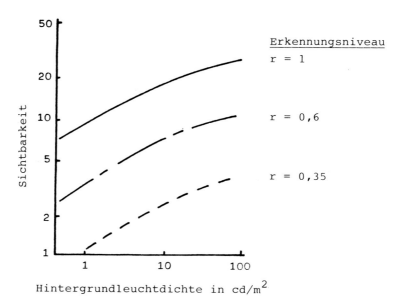

Bild A5: Sichtbarkeit und Hintergrundleuchtdichte
  Konturlänge 4mrad, C = + 1
  foveale Abfrage
  "free choice" Entscheidung

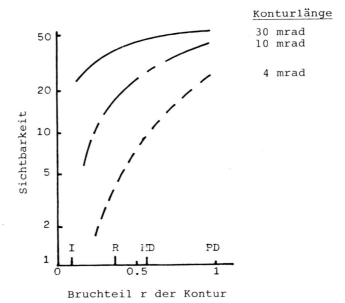

Bild A6: Sichtbarkeit und Erkennungsniveau

    I = Identifikation   (r = 0,11)
    R = Klassifikation   (r = 0,35)
    MD = militär.Detektion (r = 0,6)
    PD = rein Detektion   (r = 1)
    L_H = 100 cd/m^2, C = + 1, foveale Abfrage
    "free choice" Entscheidung

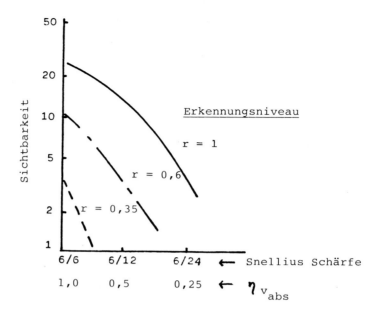

Bild A7: Sichtbarkeit und Schärfeniveau

Konturlänge 4 mrad, L_H = 100 cd/m², C = + 1, foveale Abfrage, "free choice" Entscheidung.

Codierung optischer Information

Coding of Visual Information

Georg Geiser

Fraunhofer-Institut für Informations- und
Datenverarbeitung (IITB), Karlsruhe

SUMMARY

Coding of visual information is an important step in designing man-machine dialogues. After an analysis of the coding and decoding procedures the human properties in information transmission tasks are described by applying the Shannon-Wiener measure of information. The strongly limited human capacity for absolute judgements in information transmission tasks leads to the recommendation of a rather small number of coding steps when using single stimulus dimensions. In a comparison different codes like analogue, digital, alphanumerical, chromatic, pictorial and blinking signals are discussed in order to give application-oriented design rules.

1. Teilvorgänge bei der Codierung und Decodierung diskreter optischer Informationen

Der vom Menschen zu überwachende und zu steuernde technische Prozeß erzeugt eine Menge von Nachrichten, die Informationen über den Prozeßablauf, wie Betriebszustände und Betriebsstörungen, umfaßt. Aus Aufwandsgründen kann bei der Entwicklung und Einsatzplanung einer technischen Anlage nur eine Teilmenge dieser Nachrichten in Betracht gezogen werden. Für diese im folgenden als Nachrichtenvorrat bezeichnete Teilmenge ist für die Darstellung auf einer Anzeige eine geeignete Codierung zu wählen, d.h. der Nachrichtenvorrat ist auf ein Codealphabet abzubilden (Abb.1). Jeder Nachricht n_i, $i = 1...n$, ist ein Codezeichen x_i, $i = 1...n$, zuzuordnen. Zum Beispiel wird im Straßenverkehr die Nachricht "Kreuzung gesperrt" durch ein rotes Farbzeichen codiert und für den menschlichen Beobachter auf einem An-

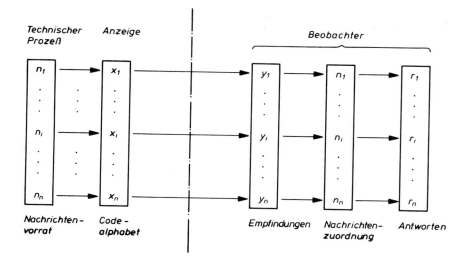

Abb. 1: Teilvorgänge bei der Codierung und Decodierung von Informationen in Mensch-Maschine-Systemen.

zeigemedium dargestellt. Dieser hat bei der Aufnahme und Verarbeitung einer codierten Nachricht bis zu drei unmittelbar damit zusammenhängende Klassifikationsaufgaben zu erfüllen.

Das auf der Anzeige dargebotene Codezeichen stellt einen physikalischen Reiz dar, der beim Beobachter aufgrund der Wahrnehmung durch ein Sinnesorgan eine Empfindung hervorruft. Als erste Klassifikationsaufgabe hat der Beobachter seine Empfindung einer von mehreren vorgegebenen Empfindungsklassen zuzuordnen. In dem oben angeführten Beispiel ruft das rote Farbzeichen eine Farbempfindung hervor, für deren Klassifikation die drei Empfindungsklassen Rot, Grün und Gelb gegeben sind. Bei dieser Aufgabe ist zwischen der Absolut- und der Relativklassifikation zu unterscheiden. Während bei der Absolutklassifikation keine Möglichkeit für den Vergleich des zu klassifizierenden Zeichens mit anderen besteht, wird die Relativklassifikation in Anwesenheit eines oder mehrerer anderer Zeichen durchgeführt (z.B. Paarvergleich), vgl. Abschnitt 2. Die Untersuchung der Eigenschaften des Menschen bei der Klassifikation von Empfindungen, die durch meßbare physikalische Variable hervorgerufen werden, ist Gegenstand der Psychophysik, vgl. z.B. /1/.

Während bei den Untersuchungen der Psychophysik der Beobachter die Aufgabe hat, seine Empfindung unmittelbar mitzuteilen, indem er sie einer von mehreren Urteilskategorien zuordnet, folgt bei der Mensch-Maschine-Kommunikation nach der Empfindungsklassifikation die Decodierung als nächste Klassifikationsaufgabe. Hier hat der Beobachter aus der jeweiligen Empfindungskategorie y_i auf die zugrundeliegende Nachricht n_i zu schließen (s. Abb. 1). Im Beispiel der Verkehrsampel schließt der Autofahrer von der Empfindung "Rot" auf die Nachricht "Kreuzung gesperrt". Um diese Klassifikation ausführen zu können, benötigt der Beobachter sowohl die Kenntnis des Nachrichtenvorrats als auch der Abbildungsvorschrift auf das Codealphabet.

Nach dem Decodierungsvorgang, bei dem die zu übermittelnde Nachricht festgestellt wird, folgt als dritte Klassifikation die Antwortzuordnung. Hier wählt der Beobachter aus der Menge der gegebenen Antwortkategorien die der Nachricht n_i zugehörige Antwort r_i. In dem oben gewählten Beispiel zur Nachricht "Kreuzung gesperrt" die Antwort "Anhalten". Dazu braucht der Beobachter die Kenntnis des Nachrichtenvorrats $\{n_i\}$, der Menge der Antwortkategorien $\{r_i\}$ und der Zuordnungen zwischen $\{n_i\}$ und $\{r_i\}$.

Für diese Klassifikationsvorgänge benötigt der Beobachter jeweils eine bestimmte Zeitspanne. In Abhängigkeit von der zur Verfügung stehenden Zeit besteht eine bestimmte Fehlerwahrscheinlichkeit. Eine geeignete, an die Eigenschaften des Beobachters angepaßte Codierung hilft, den Zeitbedarf und die Fehlerwahrscheinlichkeit zu reduzieren.

Neben diesen unmittelbar mit der Aufnahme einer codierten Nachricht zusammenhängenden Klassifikationsaufgaben des Beobachters kann die codierte Information weiteren Verarbeitungsprozessen unterworfen werden, wie z.3. Verknüpfung mit anderen Informationen. Diese Prozesse der menschlichen Informationsverarbeitung hängen nicht nur von der dargebotenen Information ab, sondern insbesondere von der Aufgabe und der Strategie des Beobachters.

2. Eigenschaften des Menschen bei Aufgaben der Informationsübertragung

2.1 Aufgabe der Übertragung codierter Information durch den Menschen

Bei vielen Aufgaben übernimmt der Mensch zumindest als Teilfunktion die Rolle eines Nachrichtenübertragungssystemes, die darin besteht, auf einen Satz von physikalischen Reizen (Codezeichen) in einer vereinbarten Weise zu antworten (vgl. Abb. 1). Beispiele hierfür sind das Ablesen eines Zeigerinstrumentes, das Übertragen vorgegebener Daten mittels einer Tastatur in eine Schreibmaschine oder in einen Rechner und das Betätigen von Gas- und Bremspedal eines Kraftfahrzeuges in Abhängigkeit von den Lichtzeichen einer Verkehrsampel.

Diese Aufgabe der Informationsübertragung wird im folgenden näher betrachtet. Nach einer kurzen Darstellung des SHANNON-WIENERschen Informationsmaßes wird dieses zur Beschreibung des Menschen als Informationsübertragungssystem angewandt. In Verbindung mit experimentellen Befunden ergeben sich daraus Gestaltungsregeln zur Codierung der Information im Hinblick auf die menschliche Informationsaufnahme und -ausgabe. Diese Regeln besitzen grundsätzliche Bedeutung für die Gestaltung der Informationsdarstellung, da auch komplexere Aufgaben des Menschen, die z.B. mit einer Informationsreduktion oder -generierung verbunden sind, vergleichbare Informationsaufnahme- und -ausgabeprozesse aufweisen.

2.2 Informationstheoretische Beschreibung des Nachrichtenkanales

Der ursprünglich für rein technische Zwecke betrachtete Nachrichtenkanal als Modell für die gestörte Informationsübertragung wird auch als Funktionsmodell zur Beschreibung biologischer Systeme verwendet. Abb. 2 zeigt die den Nachrichtenkanal beschreibenden Informationskenngrößen.

Aus der bei einem speziellen empfangenen Signal y_i über ein spezielles gesendetes Signal x_k erhaltenen Information $I(x_k;y_i)$ ergibt sich die mittlere, pro empfangenem Signal übertragene Information als Erwartungswert, der mit Transinformation $T(x;y)$ bezeichnet wird /3/:

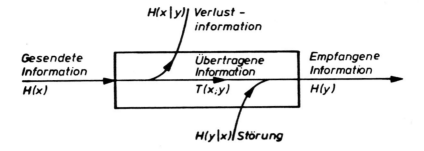

Abb. 2: Informationskenngrößen des Nachrichtenkanales.

$$T(x;y) = \sum_{k=1}^{R} \sum_{i=1}^{S} p(x_k,y_i) \, I(x_k;y_i)$$

$$= \sum_{k=1}^{R} \sum_{i=1}^{S} p(x_k,y_k) \, \text{ld} \, \frac{p(x_k|y_i)}{p(x_k)} \quad . \tag{1}$$

Mittels der BAYESschen Regel

$$p(x|y) = \frac{p(x,y)}{p(y)}$$

und teilweiser Summation läßt sich dieser Ausdruck aufspalten

$$T(x;y) = \sum_{k=1}^{R} p(x_k) \, \text{ld} \, \frac{1}{p(x_k)} + \sum_{i=1}^{S} p(y_i) \, \text{ld} \, \frac{1}{p(y_i)} \tag{2}$$

$$- \sum_{k=1}^{R} \sum_{i=1}^{S} p(x_k,y_i) \, \text{ld} \, \frac{1}{p(x_k,y_i)} .$$

Die ersten beiden Terme stellen die mittlere pro Ereignis enthaltene Information der Sende- bzw. Empfangssignale dar:

$$H(x) = \sum_{k=1}^{R} p(x_k) \, \text{ld} \, \frac{1}{p(x_k)} \quad , \tag{3}$$

$$H(y) = \sum_{i=1}^{S} p(y_i) \, \text{ld} \, \frac{1}{p(y_i)} \, . \tag{4}$$

Der letzte Term von Gl.(2) ist die Verbundentropie

$$H(x,y) = \sum_{k=1}^{R} \sum_{i=1}^{S} p(x_k, y_i) \, \text{ld} \, \frac{1}{p(x_k, y_i)} \, . \tag{5}$$

Mit diesen Größen wird aus Gl.(2)

$$T(x;y) = H(x) + H(y) - H(x,y) \, . \tag{6}$$

Nach Abb. 2 ergibt sich die Information, die im Mittel zusätzlich notwendig ist, um von einem empfangenen Signal auf ein gesendetes schließen zu können (Verlustinformation, Äquivokation) aus

$$H(x|y) = H(x) - T(x;y)$$

$$= \sum_{k=1}^{R} \sum_{i=1}^{S} p(x_k, y_i) \, \text{ld} \, \frac{1}{p(x_k|y_i)} \, . \tag{7}$$

In entsprechender Weise wird die Störung (Irrelevanz) erhalten

$$H(y|x) = H(y) - T(x;y)$$

$$= \sum_{k=1}^{R} \sum_{i=1}^{S} p(x_k, y_i) \, \text{ld} \, \frac{1}{p(y_i|x_k)} \, . \tag{8}$$

$H(y|x)$ ist die Information, die im Mittel zusätzlich notwendig ist, um von einem gesendeten Signal mit Sicherheit auf das empfangene schließen zu können.

2.3 Experimentelle Bestimmung der Informationskenngrößen des Menschen als Nachrichtenübertragungssystem

Zur experimentellen Bestimmung der Übertragungseigenschaften des Menschen sind die Eingangsgrößen, die Reize x_k, und die Ausgangsgrößen, die Antworten y_i, zu beobachten. Im Verlauf des Experimentes werden dem Beobachter verschiedene Reize x_k in zufälliger Reihenfolge dargeboten, auf die er jeweils mit einer der Antwortkategorien y_i reagiert. Als Ergebnis wird eine Datenmatrix gemäß Abb. 3 erhalten. Jedes Element der Matrix enthält die Zahl n_{ki} der Fälle, in denen ein bestimmter Reiz x_k eine bestimmte Antwort y_i hat. Bei insgesamt N Reiz-Antwort-Paaren ergeben sich aus der Matrix folgende relative Häufigkeiten:

$$h_{ki} = \frac{n_{ki}}{N}, \tag{9}$$

$$h_{k.} = \frac{n_{k.}}{N}, \tag{10}$$

$$h_{.i} = \frac{n_{.i}}{N}. \tag{11}$$

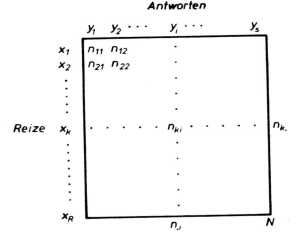

Abb. 3: Datenmatrix zur Beschreibung des Menschen als Informationsübertragungssystem.

Mit diesen Näherungswerten für die zugehörigen Wahrscheinlichkeiten $p(x_k,y_i)$, $p(x_k)$ und $p(y_i)$ lassen sich nach den Gleichungen (3-8) Schätzwerte $\hat{H}(x)$, $\hat{H}(y)$, $\hat{H}(x,y)$, $\hat{T}(x;y)$, $\hat{H}(x|y)$ und $\hat{H}(y|x)$ für die Informationskenngrößen des Nachrichtenkanales berechnen.

2.4 Leistung des Menschen bei Absoluturteilen /4/

Die Aufgabe der Informationsübertragung des Menschen erfordert bei der Informationsaufnahme häufig die Bildung von Absoluturteilen. Hier hat der Beobachter die durch einen Reiz (Codezeichen) hervorgerufene Empfindung ohne externen Vergleichsreiz, d.h. nur aufgrund einer im Gedächtnis gespeicherten Klasseneinteilung, zu klassifizieren. Im Gegensatz dazu besteht beim Relativurteil mindestens eine Vergleichsmöglichkeit mit einem anderen Reiz. Beispiele für die Bildung eines Absoluturteiles sind die Klassifizierung der Größe, Helligkeit oder der Farbe eines optischen Reizes.

Reize, die auf ein menschliches Sinnesorgan wirken, besitzen eine oder mehrere Merkmaldimensionen (ein- oder mehrdimensionale Reize). Im Hinblick auf die Codierung von Information werden als Merkmaldimensionen die wahrnehmbaren mathematischen und physikalischen Parameter eines Reizes bezeichnet, z.B. Länge, Winkellage eines Zeigers, Helligkeit, Blinkfrequenz. Durch Kombination von Merkmaldimensionen ergeben sich mehrdimensionale Reizalphabete. Bei komplexeren geometrischen Reizen, wie sie z.B. Bildzeichen oder alphanumerische Zeichen darstellen, bereitet jedoch die Ermittlung der für die absolute Unterscheidung relevanten Merkmaldimensionen Schwierigkeiten. Die Farbe ist ein weiteres Beispiel für einen Reiz mit mehreren Merkmaldimensionen: Farbton, Helligkeit und Sättigung.

Zur Beantwortung der Frage nach der bei Absoluturteilen vom Menschen übertragbaren Informationsmenge wurden zahlreiche experimentelle Untersuchungen unter Verwendung ein- und mehrdimensionaler Reizalphabete für die verschiedenen Sinneskanäle durchgeführt. Zur Beschreibung der erzielten Ergebnisse hat sich die Informationstheorie als nützlich erwiesen.

2.4.1 Informationsübertragung bei eindimensionalen Reizalphabeten

In /2/ wurde die Klassifizierung der Lage y_i eines Zeigers innerhalb eines Interpolationsintervalles ohne Hilfsskala untersucht, wobei jeweils eine konstante Anzahl diskreter Zeigerstellungen x_k (5, 10, 20 und 50) verwendet wurde. Aus den Ergebnissen dieser Experimente läßt sich gemäß Abschnitt 2.2 und 2.3 die mittlere pro Zeigerstellung übertragene Information $\hat{T}(x;y)$ bestimmen. In Abb. 4 ist diese Kenngröße für die menschliche Informationsübertragung als Funktion der mittleren pro Zeigerstellung enthaltenen Information $H(x)$ dargestellt. Daraus ist die Begrenzung der Kanalkapazität der menschlichen Informationsübertragung deutlich zu erkennen. Weitere Experimente mit ebenfalls eindimensionalen Reizalphabeten bestätigen den Verlauf von $\hat{T}(x;y)$: Linearer Anstieg der übertragenen Information mit wachsender Eingangsinformation bis zu einem Wert von ca. 2 bit, dann Annäherung an eine Asymptote zwischen 2 und 3 bit. Abb. 5 zeigt die aus Untersuchungen verschiedener Autoren stammenden Kurven (zitiert in /3/). Für verschiedene Merkmaldimensionen und verschiedene Sinnesorgane beträgt die maximale übertragbare Information pro Zeichen 2 bis 3 bit, d.h. es können nur ca. 6 gleichwahrscheinliche Alternativen entlang einer Merkmaldimension fehlerfrei absolut klassifiziert werden. Als Ausnahmeerscheinung ist das absolute Gehör zu betrachten, das zu einer Absolutklassifizierung von 50 bis 60 Tonhöhen in der Lage ist, d.h. die Transinformation beträgt ca. 6 bit.

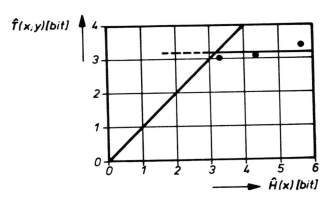

Abb. 4: Mittlere pro Zeigerstellung übertragene Information $\hat{T}(x;y)$ als Funktion der mittleren pro Zeigerstellung enthaltenen Information $\hat{H}(x)$ /2/.

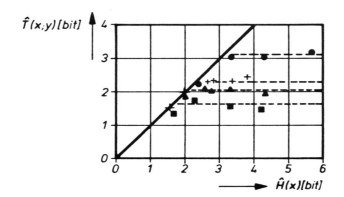

Abb. 5: Übertragene Information bei eindimensionalen Reizen /3/.

- ● Zeigerstellung
- + Tonhöhe
- ▲ Lautstärke
- ■ Geschmack (Salzigkeit)

2.4.2 Informationsübertragung bei mehrdimensionalen Reizen

Trotz der sehr geringen Kanalkapazität von 2 bis 3 bit bei der Übertragung eindimensionaler Reize ist der Mensch in der Lage, mehrere hundert menschliche Gesichter oder auch Gegenstände absolut zu klassifizieren. Diese Fähigkeit beruht darauf, daß diese Reize sich nicht nur in einer einzigen Merkmaldimension unterscheiden, sondern daß die Klassifikation anhand mehrerer, teilweise unabhängiger Merkmaldimensionen erfolgt.

2.4.3 Informationsübertragung bei Redundanz

Mehrere Merkmaldimensionen eines Reizes können zur Erzeugung von Redundanz verwendet werden. Die Redundanz eines Reizalphabetes ist die Differenz zwischen dem maximalen mittleren Informationsgehalt pro Zeichen und dem tatsächlichen, bezogen auf den Maximalwert:

$$r = \frac{H_{max} - H}{H_{max}} \ .$$

Bei einem Reizalphabet mit m gleichwahrscheinlichen Merkmaldimensionen und jeweils n gleichwahrscheinlichen Merkmalklassen pro Dimension beträgt

$$H_{max} = ld\ n^m \ .$$

Bei vollständiger Korrelation aller m Merkmaldimensionen ergibt sich die maximale Redundanz

$$r_{max} = \frac{m-1}{m} \ .$$

Hier enthält jedes Merkmal eines Reizes die vollständige Information. Verschiedene experimentelle Untersuchungen zeigen, daß durch die redundante Verwendung mehrerer Merkmaldimensionen bei Absoluturteilen die durch den Menschen übertragbare Informationsmenge gesteigert werden kann.

2.4.4 Zahl der absolut unterscheidbaren Stufen verschiedener Codes

Aus der beschränkten Fähigkeit des Menschen zur Bildung von Absoluturteilen folgt die Notwendigkeit, bei der Codierung jeweils nur eine begrenzte Anzahl von Codestufen bei den einzelnen Reizdimensionen vorzusehen. In der Literatur werden Empfehlungen für die Höchstzahl von Codestufen angegeben, die nicht immer einheitlich sind, da sie auf unterschiedlichen Voraussetzungen, wie Aufgabenstellung und Wahrnehmungsbedingungen des Beobachters beruhen /5, 6, 7/. Unter diesem Gesichtspunkt sind die in Tab. 1 zusammengestellten Angaben zu beurteilen und als Anhaltswerte zu betrachten.

Code	empfohlene Höchstzahl der Stufen
eindimensionale Reize	
Länge, Dicke einer Linie	4
Winkellage einer Linie	8
Helligkeit	2
Farbton	5
Blinkfrequenz	3
Fläche (Größe)	3
mehrdimensionale Reize	
Form (geometr. Zeichen, Bildzeichen)	10 - 100
Alphanumerische Zeichen (einschl. Kombinationen)	unbegrenzt

Tabelle 1: Empfohlene Höchstzahl der Codestufen bei verschiedenen Codes für Absoluturteile /5, 6, 7/.

2.5 Grenzen der Anwendbarkeit des SHANNON-WIENERschen Informationsmaßes bei der Beschreibung der menschlichen Informationsverarbeitung

Das SHANNON-WIENERsche Informationsmaß eignet sich zur Beschreibung der Unterscheidungsleistung des Menschen bei Absoluturteilen. Darüber hinaus spielt es eine Rolle bei der Beschreibung der Reaktionszeit in Wahlreaktionsaufgaben sowie als Schwierigkeitsindex bei manuellen Zielbewegungen. Voraussetzung für die Anwendung bei Unterscheidungsaufgaben ist das Vorliegen eines vollständigen Ereignissystemes.

Während diese Voraussetzung in einfachen Versuchssituationen erfüllt ist, ist dies in realen Situationen im allgemeinen nicht der Fall, z.B. bei der vom Operateur in einem Leitstand oder vom Kraftfahrer im Straßenverkehr zu verarbeitenden Information. In vielen Fällen besitzt der menschliche Beobachter eines technischen Systems nur unvollständige Kenntnisse über die in einer bestimmten Situation möglichen alternativen Ereignisse. Ferner ist der auf den Wahrscheinlichkeiten der einzelnen Ereignisse beruhende Aspekt der klassischen Informationstheorie nicht die einzige Komponente der quantitativen Beschreibung der vom Menschen zu verarbeitenden Information. Insbesondere zwei weitere Aspekte sind bedeutsam: Der semantische Aspekt berücksichtigt die Bedeutung der Information, der pragmatische Aspekt beinhaltet die Bewertung der Information durch den Beobachter.

3. Vergleich verschiedener Codes

Wegen der Vielzahl der Einflußgrößen bei der Codierung dem menschlichen Beobachter darzustellender Information ist es schwierig, allgemeingültige Regeln für die Auswahl der Codes (Wahl der Sinnesmodalität, der Reizdimensionen) und für die Gestaltung des Codes (maximaler Umfang eines Codealphabetes, Unterscheidbarkeit, Sinnverständlichkeit) zu formulieren. Im folgenden werden anhand von Vergleichen verschiedener Codes Auswahl- und Gestaltungsregeln formuliert, die als Empfehlung zu verstehen sind.

3.1 Vergleich analoger und digitaler Codierung

Die Darstellung gemessener oder berechneter quantitativer Größen mit einem vielstufigen oder kontinuierlichen Wertevorrat kann durch analoge oder digitale Codierung erfolgen. Bei der analogen Codierung wird die darzustellende Größe durch eine andere physikalischen Größe abgebildet, die ebenfalls einen vielstufigen oder kontinuierlichen Wertevorrat aufweist. Beispiele hierfür sind die Darstellung der Fahrgeschwindigkeit durch die Winkellage eines Zeigers oder die Anzeige der Temperatur durch die Länge einer Flüssigkeitssäule. Bei der digitalen Codierung wird der Zahlenwert der darzustellenden Meßgröße angezeigt. Irrtümlicherweise wird die frequenzanaloge Codierung (Tonhöhencodierung) häufig als digitale Codierung bezeichnet, da die Frequenz mittels eines Digitalzählers einfach gemessen werden kann.

Für die Wahl zwischen analoger und digitaler Codierung ist in erster Linie die Ableseaufgabe des Beobachters ausschlaggebend. Für verschiedene Ableseaufgaben liegen Ergebnisse experimenteller Vergleiche vor, aus denen Auswahlregeln folgen. Allerdings wird diese Wahl häufig dadurch erschwert, daß an derselben Anzeige verschiedene Ableseaufgaben zu bewältigen sind.

3.1.1 Statische Ablesung

Bei der statischen Ablesung bleibt die abzulesende Größe während des Ablesezeitintervalles konstant.

- **Quantitative Ablesung**

In /8/ wird die Aufgabe der quantitativen Ablesung untersucht, d.h. die Ablesung der Anzeige mit vorgegebener Genauigkeit. Bei der Analogcodierung wurde die Zahl der abzulesenden Dezimalstellen von 1 bis 3 variiert, wobei die Skalengestaltung jeweils angepaßt war (Abb.6). Um gleiche Skalenlängen zu erreichen, wurde bei der dreistelligen Ablesung ein feststehender Zeiger mit einem Skalenausschnitt verwendet. In keinem der drei Fälle war bei der Ablesung eine Interpolation zur Ermittlung der Zeigerstellung zwischen zwei Skalenstrichen erforderlich. Gegebenenfalls mußte lediglich eine Auf- oder Abrundung durchgeführt werden. Die zu vergleichende Digitalcodierung bestand aus den entsprechenden Zahlenwerten mit 1 bis 3 Dezimalstellen, so daß hier der Rundungsvorgang entfiel.

Als Ergebnis ist in Abb. 7 die Ablesezeit als Funktion der Zahl der abzulesenden Stellen für die beiden Codierungsarten dargestellt. Die Ablesezeit wurde im Experiment von den Versuchspersonen durch Knopfdruck selbst bestimmt. Die Ablesezeit für die Analoganzeigen ist stets größer als die für die Digitalanzeigen. Während die Ablesezeit für die Digitalanzeigen in dem untersuchten Bereich unabhängig von der Stellenzahl ist, steigt sie bei den Analoganzeigen proportional mit der Stellenzahl. Damit wächst der Vorteil der Digitalanzeige bei quantitativer Ablesung mit zunehmender Stellenzahl.

- **Qualitative Ablesung**

Unter der qualitativen Ablesung wird die Ermittlung des ungefähren Wertes verstanden. Durch diese Definition ist jedoch keine scharfe Abgrenzung zur quantitativen Ablesung gegeben. Vielmehr ordnet sich auch die qualitative Ablesung in die Reihe der quantitativen Ableseaufgaben mit variabler Ablesegenauigkeit ein. Die in der oben be-

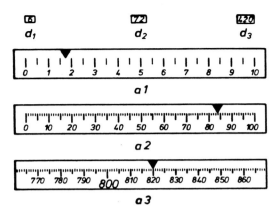

Abb. 6: Vergleich digitaler und analoger Codierung bei quantitativer Ablesung von 1 bis 3 Dezimalstellen /8/.

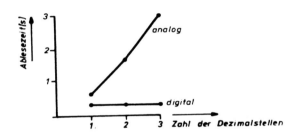

Abb. 7: Ablesezeit als Funktion der Zahl der abzulesenden Dezimalstellen bei digitaler und analoger Codierung gemäß Abb. 6 /8/.

schriebenen Untersuchung /8/ gezeigte Reduzierung der Genauigkeitsanforderung von drei Dezimalstellen auf eine läßt sich fortführen bis zu binären Ablesung einer zweigeteilten Analogskala oder einer zweiwertigen Digitalanzeige. Diese Überlegung und insbesondere die Extrapolation der in Abb. 7 dargestellten Kurven in Richtung kleiner Ablesegenauigkeit führen zu dem Schluß, daß eine günstig gestaltete Digitalanzeige für die qualitative Ablesung mindestens ebenso geeignet ist wie eine entsprechende Analoganzeige, wenn die Ablesezeit als

Bewertungskriterium zugrundegelegt wird. Somit ist die in der Literatur gegebene generelle Empfehlung, vgl. z.B. /9/, für die qualitative Ablesung die Analogcodierung zu verwenden, nicht haltbar.

- **Kontrollablesung**

Bei der ausschließlichen Kontrollablesung ist zu ermitteln, ob der Wert einer Variablen sich in einem zulässigen Bereich befindet. Für diesen Fall ist eine Digitalanzeige, d.h. eine binäre Codierung zu empfehlen.

Die Kontrollablesung kommt häufig auch an einer in erster Linie für qualitative oder quantitative Ablesung gestalteten Anzeige vor. Hier bietet die Analoganzeige den Vorteil, daß sie neben dem Wert der Variablen auch Bezugswerte darstellt, wie z.B. Anfangs-, End- und Grenzwerte.

- **Quantitative Ablesung und Protokollierung**

Am Beispiel der Uhr wurde in /10/ die Aufgabe der quantitativen Ablesung (auf die Minute genau) mit anschließender Protokollierung bei Analog- und Digitalcodierung verglichen, wobei das Schwergewicht auf möglichst schnelle Ablesung gelegt wurde. Gemessen wurde die Zeit zwischen dem Beginn der Darbietung der Uhrzeit und dem Beginn des Niederschreibens der Antwort. Tabellen 2 und 3 enthalten die mittleren Antwortzeiten für die beiden Zeitbereiche 0 - 12 Uhr und 13 - 24 Uhr und die Zahl der Fehler für beide Codierungsarten. Bei der analogen Anzeige wurden für die beiden Zeitbereiche verschiedene Bezifferungen verwendet.

Der fast vierfache Zeitbedarf bei Analogcodierung führt zu der Empfehlung, bei dieser Aufgabe eine digitale Darstellung zu wählen. Auch die Auswertung der Fehler spricht für die Digitalcodierung.

| Angezeigte | Codierung | |
Uhrzeit	digital	analog
0 - 12 Uhr	0,93 s	3,37 s
13 - 24 Uhr	0,95 s	3,71 s
Mittelwert	0,94 s	3,54 s

Tabelle 2: Mittlere Antwortzeit bei der Aufgabe der quantitativen Ablesung der Uhrzeit mit Protokollieren /10/.

| Zahl der | Codierung | |
Ablesungen	digital	analog
800	4 (0,5 %)	50 (6,3 %)

Tabelle 3: Zahl der Fehler (prozentualer Anteil) bei der Aufgabe der quantitativen Ablesung der Uhrzeit mit Protokollieren /10/.

	analog	18.30 19.26	analog/digital 20.15
Zeit [s]	12,5	6,1	12,3
Fehler [%]	17,5	7,5	17,5

Tabelle 4: Zeitbedarf und prozentualer Anteil der Fehler bei der Differenzbildung von 2 Uhrzeiten bei analoger, digitaler und gemischt analog/digitaler Codierung /11/.

- **Quantitativer Vergleich zweier Werte**

Häufig ist die Differenz zweier Werte mit vorgegebener Genauigkeit zu ermitteln, z.B. die Differenz zwischen Istwert und Sollwert eines Regelkreises. In /11/ wird diese Aufgabe untersucht, ebenfalls am Beispiel der Uhr. Mit der Genauigkeit von einer Minute war die Differenz zwischen jeweils zwei Uhrzeiten zu bilden, wobei Schnelligkeit und Genauigkeit als gleichermaßen wichtig vorgegeben wurden. Die Uhrzeiten wurden paarweise analog, digital und gemischt analog/digital dargeboten. Tabelle 4 zeigt die drei Darstellungsarten sowie die mittlere Zeitdauer und die mittlere Fehlerzahl pro Differenzbildung. Zu empfehlen ist bei dieser Aufgabe die rein digitale Codierung, die zu angenähert halb so großer Zeitdauer und Fehlerzahl wie bei rein analoger oder bei gemischt analog/digitaler Anzeige führt.

- **Ablesung mehrerer Anzeigen**

Bei verschiedenen Mensch-Maschine-Systemen, z.B. Flugführung, Prozeßlenkung, hat der Mensch die Aufgabe, mehrere Anzeigen zu überwachen. Diese Überwachungsaufgabe besteht im einzelnen aus verschiedenen Ableseaufgaben. Im ungestörten Betrieb sind Abweichungen vom Normalzustand zu erkennen durch Kontrollablesungen und durch den Vergleich mehrerer Anzeigen. Im Störungsfall ist die Störung zu analysieren und es sind ihre Ursachen zu diagnostizieren, z.B. durch quantitative Ablesungen. Für die erstgenannte Aufgabe erweist sich die Analoganzeige (mit gerader Skala) als beste Lösung. Bei der Gruppierung mehrerer Analoganzeigen kommt die menschliche Fähigkeit zur Gestalterkennung zum Tragen. Abb. 8 zeigt zwei Gruppierungsformen für mehrere Analoganzeigen: zeilenförmige und radiale Anordnung mehrerer analog dargestellter Werte sowie die entsprechende digitale Codierung. Bei der Analogcodierung ist es vorteilhaft, die einzelnen Größen so zu normieren, daß sich im ungestörten Zustand eine einfache Form ergibt (Gerade, Kreis), von der Abweichungen leicht zu erkennen sind. Die zeilenförmige Anordnung hat sich in der Prozeßüberwachung bewährt (Scan-line), während die radiale Anordnung (Vektor-, Vektorkonturanzeige) bislang lediglich vorgeschlagen wurde, z.B. /12/.

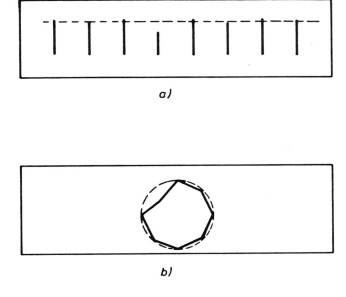

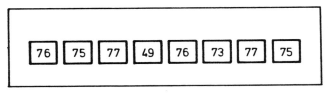

Abb. 8: Zeilenförmige und radiale Anordnung analog codierter Größen (a,b) sowie die entsprechende digitale Codierung (c).

3.1.2 Dynamische Ablesung

Bei der dynamischen Ablesung ändert sich die dargestellte Größe innerhalb des Ablesezeitintervalles. Auch hier ist zwischen verschiedenen Aufgaben zu unterscheiden.

- **Quantitative Ablesung**

In /13/ wird der Vergleich einer zweistelligen Digital- und einer Analoganzeige bei der Ablesung einer zeitlich schwankenden Größe (1 % Genauigkeit) beschrieben. Die Ableseaufforderung erfolgte durch ein akustisches Signal. Wie Abb. 9 zeigt, ist der Ablesefehler bei der Digitalanzeige im wesentlichen auf die Einerstelle beschränkt, bedingt durch die Reaktionszeit nach der Ableseaufforderung, durch das Springen dieser Stelle und durch die begrenzte Abtastrate der Digitalanzeige. Bei der Analogcodierung ist ein Teil der Ablesefehler (bis ca. 4 %) ebenfalls der menschlichen Reaktionszeit zuzuschreiben. Darüber hinaus sind aber hier deutlich größere Ablesefehler als bei der Digitalcodierung zu beobachten. Falls an derselben Anzeige neben der quantitativen Ablesung auch die Ablesung der Änderungsgeschwindigkeit erforderlich ist, so ist die Analogcodierung vorzuziehen, da hier schon das Vorzeichen der Änderungsgeschwindigkeit besser zu erkennen ist als bei der Digitalcodierung.

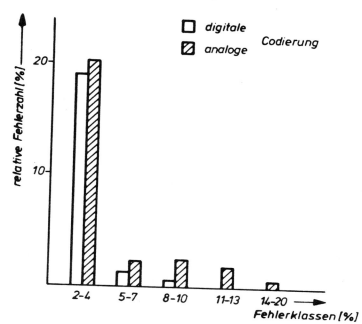

Abb. 9: Relative Fehlerzahl in einzelnen Fehlerklassen bei digitaler und analoger Codierung für die quantitative, dynamische Ablesung /13/.

- Quantitative Einstellung

Bei der Einstellung einer Größe hat der Mensch die Aufgabe, einen vorgegebenen Wert mit einer bestimmten Genauigkeit mit Hilfe eines Eingabeelementes und einer Anzeige zu erzeugen. Beispiele für diese Aufgabe sind das Bedienen einer Dosierwaage oder das Einstellen eines Sollwertes eines Regelkreises. Die Übertragungsfunktion des Eingabeelementes kann hier proportionales oder integrales Verhalten aufweisen. Bei proportionalem Verhalten besitzt das Eingabeelement einen kontinuierlichen Einstellbereich und seine Stellung ist der eingestellten Größe proportional. Bei integralem Verhalten sind am Eingabeelement häufig drei diskrete Stellungen vorhanden. In zwei Stellungen vergrößert bzw. verkleinert sich die einzustellende Größe mit konstanter Änderungsgeschwindigkeit, in einer dazwischen liegenden Stellung bleibt die Größe konstant. Ebenfalls in /13/ werden Experimente zum Einstellvorgang bei digitaler und analoger Codierung beschrieben. Die Versuchspersonen hatten zunächst die Aufgabe, eine mit konstanter Änderungsgeschwindigkeit von 0 auf 100 hochlaufende Anzeige bei einem vorgegebenen Wert abzustoppen. Abb.10 zeigt den mittleren prozentualen Fehler pro Einstellvorgang in Abhängigkeit von der Änderungsgeschwindigkeit. Kurve a) stellt den Verlauf bei digitaler Anzeige dar. Bei analoger Anzeige (Kurve b) ist der Einstellfehler deutlich geringer, insbesondere bei großer Änderungsgeschwindigkeit

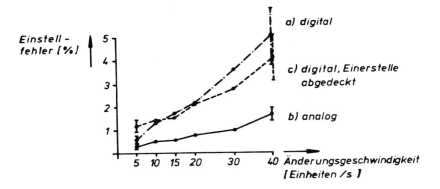

Abb. 10: Mittlerer prozentualer Einstellfehler als Funktion der Änderungsgeschwindigkeit bei digitaler und analoger Codierung /13/.

der Anzeige. Abb. 10 zeigt außerdem den Fehler bei digitaler Codierung mit abgedeckter Einerstelle. Der Verlauf läßt erkennen, daß ungefähr ab einer Änderungsgeschwindigkeit von ca. 20 Einheiten pro Sekunde diese Einerstelle nicht nur unnütz ist, sondern sich schädlich auf die Ablesegenauigkeit auswirkt. Als weitere Einstellaufgabe wurde in /13/ die Einstellung vorgegebener Werte bei begrenzter Darbietungszeit mit Hilfe eines Eingabeelementes mit proportionalem Verhalten untersucht. Abb. 11 zeigt den Verlauf des mittleren prozentualen Einstellfehlers als Funktion der zur Verfügung stehenden Einstellzeit. Der Einstellfehler bei analoger Codierung ist in dem untersuchten Bereich praktisch unabhängig von der Einstellzeit. Bei digitaler Codierung ergibt sich bei kurzen Einstellzeiten (< 4 s) ein wesentlich höherer Einstellfehler als bei der analogen Darstellung. Die Analyse des zeitlichen Verlaufes des Einstellvorganges ergibt, daß bei der Digitalanzeige falsche Drehrichtungen zu Beginn, Unterbrechungen und Überschwingungen vorkommen, während die Einstellbewegung bei der Analoganzeige diese Mängel nicht aufweist, wenn diese schnell genug reagiert. Aus diesen Untersuchungen folgt, daß bei Einstellaufgaben mit hoher Änderungsgeschwindigkeit oder unter Zeitdruck die Analogcodierung vorzuziehen ist.

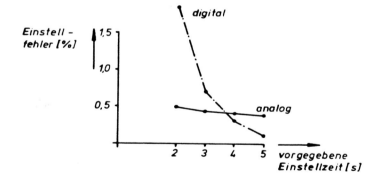

Abb. 11: Mittlerer prozentualer Einstellfehler als Funktion der zur Verfügung stehenden Einstellzeit bei digitaler und analoger Codierung /13/.

- **Regelaufgabe**

Die Regelaufgabe ist als fortwährende Einstellaufgabe unter Zeitdruck zu betrachten, daß auch hier die analoge Codierung zu empfehlen ist, Die Untersuchung /14/ zeigt, daß bei der Verwendung einer Digitalanzeige für Regelaufgaben die Beanspruchung des Menschen höher ist als bei analoger Codierung.

Zusammenfassung

Der Vergleich analoger und digitaler Codierung wurde anhand von Leistungsparametern (Ablesezeit, -fehler) durchgeführt. Tabelle 5 gibt eine Übersicht über die Einsatzbereiche von analoger und digitaler Codierung bei statischen und dynamischen Ableseaufgaben.

Ableseaufgabe	Codierung analog	Codierung digital
Statische Ablesung		
- quantitative Ablesung		x
- qualitative Ablesung		x
- Kontrollablesung		x
- Kontroll- und quantitative Ablesung	x	
- Protokollierung		x
- quantitativer Vergleich zweier Werte		x
- Überwachung mehrerer Werte	x	
Dynamische Ablesung		
- quantitative Ablesung		x
- quantitative Ablesung und Ablesung der Änderungsgeschwindigkeit	x	
- Einstellen unter Zeitdruck	x	
- Regeln	x	

Tabelle 5: Einsatzbereiche analoger und digitaler Codierung bei statischen und dynamischen Ableseaufgaben.

Neben dem Leistungsvergleich des Beobachters spielen bei der Entscheidung zwischen analoger und digitaler Codierung weitere Gesichtspunkte eine Rolle. Z.B. ist der Platzbedarf einer Digitalanzeige geringer bzw. sie kann bei gleichem Platzbedarf aus größerer Entfernung abgelesen werden. Ferner ist zu beachten, daß bei der Digitalanzeige auch kleine Veränderungen der darzustellenden Größe zu einer sprunghaften Veränderung der Anzeige führen. Diese auffälligen Veränderungen können den Beobachter zu einer häufigeren Ablesung der Anzeige veranlassen, als es von der Aufgabe her notwendig ist und ihn dadurch von anderen Aufgaben ablenken. Bei der Codierung einer Anzeigegröße für mehrere verschiedene Ableseaufgaben kann die Kombination von analoger und digitaler Codierung günstig sein.

3.2 Alphanumerische Codierung

Die Codierung durch Ziffern und Buchstaben eignet sich für die Darstellung von qualitativer und quantitativer Information. Durch die Kombination von Einzelzeichen kann eine praktisch unbegrenzte Anzahl von Codezeichen erzeugt werden. Den weitesten Einsatzbereich besitzt die Sprachcodierung. Die Verwendung von Abkürzungen oder auch künstlichen Zeichenkombinationen setzt beim Beobachter einen Lernvorgang über deren Bedeutung voraus.

3.3 Farbcodierung

3.3.1 Beurteilung der Farbcodierung

Um den Nutzen der Farbcodierung im Vergleich zu anderen Codes beurteilen zu können, werden Bewertungskriterien benötigt. Bei der Beantwortung der Frage, ob die Farbcodierung verwendet werden soll, wurden vielfach qualitative, subjektive Bewertungskriterien angewandt, wie z.B. Farbe erhöht Übersichtlichkeit, Auffälligkeit und den Informationsgehalt einer Darstellung. Die Verwendung von Farbcodes wird grundsätzlich als vorteilhaft eingestuft. Eine Reihe von experimentellen Untersuchungen, zitiert in /15/, bestätigt, daß auch die Benutzer von Anzeigesystemen, wie z.B. erfahrene Piloten, der Farbdarstellung den Vorzug geben. Als Begründung führen sie an, daß die farbige Darstellung weniger eintönig, anstrengend und ermüdend sei. Jedoch in /16/ wird gezeigt, daß diese Art der Bewertung von Anzeigesystemen aufgrund des subjektiven Eindruckes im Widerspruch zu einem anderen Bewertungsverfahren stehen kann, das auf der Messung von Leistungsparametern des Menschen bei einer Beobachtungsaufgabe beruht. Zwei Gruppen von Versuchspersonen hatten Gedächtnisaufgaben zu lösen, bei denen Folgen von Zeichenpaaren dargeboten wurden. Dabei wurde das Erinnerungsvermögen an einzelne Zeichenpaare mit und ohne Farbcodierung gemessen. Bei der einen Versuchspersonengruppe bestanden die Zeichenpaare aus einem Bildzeichen (z.B. Kreis, Quadrat oder Stern) und aus einem Farbzeichen. Bei der zweiten Gruppe war das Farbzeichen jeweils durch seine verbale Bezeichnung ersetzt. Es ergab sich eine deutlich geringere Fehlerrate bei Verzicht auf die Farbcodierung. Daneben wurden die Versuchspersonen aus beiden Gruppen nach dem Experiment befragt, welche der beiden Codierungsarten sie zur Erfüllung der Gedächtnisaufgabe bevorzugen. Ausnahmslos entschieden sich die Versuchspersonen für die Farbcodierung, obwohl jede die Aufgabenstellung nur mit einer Codierungsart durchgeführt hatte. Neben dem Ergebnis, daß für die hier untersuchte Gedächtnisaufgabe die Farbcodierung nicht die vorteilhafteste ist, folgt daraus, daß die Beurteilung des Nutzens der Farbdarstellung aufgrund des subjektiven Eindruckes von der Beurteilung durch Leistungskriterien, wie z.B. Fehlerrate, Zeitbedarf, abweichen kann.

3.3.2 Vergleich der Farbcodierung mit achromatischen Codes

Die Verwendung der Farbe zur Codierung von Nachrichten kann in Form der einfachen Codierung erfolgen, bei der sich die Codezeichen ausschließlich aufgrund der Farbe unterscheiden. Als weitere Möglichkeit ist die mehrfache Codierung gegeben, bei der neben der Farbe zusätzliche Unterscheidungsmerkmale wie Größe, Form, Blinken usw. vorhanden sind. Falls die Unterscheidungsmerkmale eines Codezeichens nicht unabhängig voneinander sind, liegt eine redundante mehrfache Codierung vor, bei der im Extremfall jedes der Merkmale für sich allein zur Klassifizierung des Codezeichens ausreicht (vollständige Redundanz).

In /15/ wird ein Vergleich der Farbcodierung mit anderen Codes durch Auswertung einer großen Zahl experimenteller Untersuchungen aus der Literatur durchgeführt. Wegen der unterschiedlichen Randbedingungen der einzelnen Untersuchungen wird als Vergleichskriterium die relative Größe

$$\frac{\text{Leistung mit Farbcode - Leistung mit achromatischem Code}}{\text{Leistung mit achromatischem Code}}$$

verwendet. Als Leistungskenngrößen dienen die Erkennungssicherheit und die Suchzeit. Als Mangel vieler Untersuchungen zur Farbcodierung ist festzustellen, daß die verwendeten Farben nicht farbmetrisch eindeutig beschrieben werden.

Erkennungssicherheit

Bei nicht redundanter Farbcodierung ergeben sich drei Vergleichsmöglichkeiten:

- Vergleich der Farbcodierung mit achromatischen Codes bei einfacher Codierung.
- Vergleich der Farbcodierung mit achromatischen Codes bei mehrfacher Codierung.
- Vergleich der einfachen und mehrfachen Codierung.

Ein Vergleich von 10 Untersuchungen der einfachen Codierung zeigt, daß die Farbcodierung im allgemeinen der Codierung durch Helligkeit, Größe und Form überlegen ist und daß sie der alphanumerischen Codierung unterlegen ist. Auch beim Vergleich der Erkennungssicherheit der Farbe mit achromatischen Codes bei mehrfacher Codierung, d.h. die Codezeichen unterscheiden sich durch mehrere Merkmale, schneidet die Farbe günstiger ab als Größen- und Formcodes. Während jedoch die Farbe bei einfacher Codierung den alphanumerischen Zeichen unterlegen ist, zeigt der Vergleich bei mehrfacher Codierung keine Vorteile des einen oder anderen Codes. Der dritte Vergleich gilt den Fragen, ob das Hinzufügen von Farbe zu einem achromatischen Code die Erkennungssicherheit der achromatischen Merkmale beeinträchtigt und ob das Hinzufügen eines achromatischen Codes zu einem Farbcode die Erkennung der Farben stört. Fünf experimentelle Untersuchungen ergeben, daß die Farbe die Erkennungssicherheit von anderen Codes wie Form, Größe und Ziffern verringert, während umgekehrt kein Effekt achromatischer Codes auf die Erkennungssicherheit von Farben festzustellen ist. Wird dagegen Farbe als redundanter Code hinzugefügt, so ergibt sich eine deutliche Steigerung der Erkennungssicherheit bei der Darstellung von künstlicher codierter Information. Im Gegensatz dazu kann bei der Darstellung realer Szenen (z.B. Luftbilder) ein solcher Effekt der redundanten Farbcodierung nicht nachgewiesen werden.

Suchzeit

Bei einfacher Codierung führt die Farbe zu kürzeren Suchzeiten im Vergleich zu achromatischen Codes. Dieser Vorteil der Farbe ist auch bei der mehrfachen Codierung gegeben. Insbesondere bei redundanter Farbcodierung ergibt sich eine starke Verkürzung der Suchzeit, vorausgesetzt, der Beobachter kennt die Farbe des Suchzieles. Mit zunehmender Anzahl der Bildelemente, welche dieselbe Farbe haben wie das Suchziel, nimmt der Vorteil der Farbcodierung ab. Die Vorteilsgrenze ist erreicht, wenn ca. 70 % der Bildelemente dieselbe Farbe haben wie das Suchziel.

3.4 Bildzeichencodierung /17/

Ein Bildzeichen ist die graphische Darstellung einer Nachricht in einer sprachungebundenen Form, d.h. für seine Decodierung ist beim Beobachter nicht die Kenntnis einer speziellen Landessprache erforderlich. Durch Bildzeichen lassen sich Nachrichten unterschiedlicher Bedeutung darstellen: Objekte, Zustände, Ereignisse und Anweisungen. Die Codierung durch Bildzeichen stellt eine Alternative oder Ergänzung der Codierung durch Schriftzeichen dar.

Bildzeichen und alphanumerischer Text gehören zur Gruppe der visuellen Kommunikationsmittel, wobei Bildzeichen einerseits als ältere Stufe der Schriftzeichen gelten können, andererseits aber als Ersatz oder Ergänzung für die entwickelte und festgelegte Schrift auf einer entwicklungsmäßig jüngeren Stufe stehen. Dies wird deutlich an den Strukturen, die in der Buchstabenschrift oder einer Bildzeichenschrift enthalten sind. Die Buchstabenschrift überträgt die Information mit Hilfe eines gut gelernten und hochgeübten Satzes von syntaktischen, semantischen und pragmatischen Regeln, wobei der einzelne Buchstabe für sich alleine wenig Information enthält. Die Bildzeichen werden überwiegend als Einzelzeichen zur Übermittlung der Information verwendet. Ansätze für eine Kombination von Bildzeichen finden sich bei /18, 19/. Eine derartige Erweiterung des Sprachgefüges bei Bildzeichen stellt eine Verlagerung des Lernvorganges von der Vielzahl der Einzelzeichen auf ein Beherrschen der zulässigen Kombinationsregeln dar. Hier ist von der Praxis her zu klären, wie weit ein derartiger Lernvorgang solcher Regeln sicherzustellen ist.

Die Eignung der Bildzeichen- oder Schriftcodierung wird durch sehr viele Faktoren bestimmt; bei manchen Aufgaben ist keine klare Aussage zugunsten einer Codierungsart möglich. Einige Regeln lassen sich angeben:

- Bildzeichen werden schneller aufgenommen als Schriftzeichen.
- Bildzeichen sind bei gleicher Fläche besser lesbar als Schriftzeichen.
- Bildzeichen werden bei vorwiegend akustischen Störungen besser im Gedächtnis gespeichert als Schriftzeichen.
- Bildzeichen können sprachunabhängig eingesetzt werden.
- Bildzeichen bieten die Möglichkeit einer situationsangepaßten Kurzschrift für Bereiche mit eng begrenztem, festem Vokabular.

Aber:

- Bildzeichen erfordern zur sicheren Beherrschung immer einen Lernvorgang.
- Bildzeichen sind schlecht geeignet zur Wiedergabe von Detailinformation (Meßstelleninformation) und Sachverhalten, die nicht durch ein Objekt zu kennzeichnen sind.
- Bildzeichen werden bei starker auditiver und visueller Störung schlechter gespeichert als Schriftzeichen.

3.5 Blinkcodierung

Die Blinkcodierung besteht in einem periodischen Ein- und Ausschalten von binären Signalen, alphanumerischen Zeichen, Bildzeichen oder Teilen graphischer Darstellungen. Die Blinkcodierung besitzt eine hohe Auffälligkeit, indem sie die Aufmerksamkeit des Beobachters auf sich lenkt. Der Grund hierfür liegt darin, daß eine angezeigte Information häufig in der Peripherie der Retina des menschlichen Auges abgebildet wird. Da dieser Bereich der Retina am empfindlichsten ist für örtliche und zeitliche Helligkeitsveränderungen, werden blinkende und auch bewegte Reize unter Umständen bis zur Gesichtsfeldgrenze wahrgenommen, auch wenn ihre Wahrnehmungsgrenze bei statischer Darbietung schon bei einer peripheren Winkellage von 10° - 20° liegt. Abgesehen vom geringeren Energieverbrauch besteht ein weiterer Vorteil der Blinkcodierung darin, daß mit geringem Aufwand aus einer binären eine mehrstufige Anzeige erzeugt werden kann. Die Darstellungsparameter und ihre empfohlenen Werte sind in Tabelle 6 zusammengefaßt.

Blinkfrequenz	2 - 10 Hz
Zahl der absolut unterscheidbaren Blinkfrequenzen	3
Zahl der gleichzeitig blinkenden Elemente	2
Tastverhältnis für maximale Auffälligkeit	0,5

Tabelle 6:   Darstellungsparameter bei der Blinkcodierung.

Daneben sind eine Reihe von Einflußgrößen auf die Wahl der Blinkcodierung zu beachten, wie

- Zahl und Codierungsart irrelevanter Information,
- Zahl der in einer Anzeige gleichzeitig blinkenden Informationen,
- Antwortzeit des Beobachters,
- Lesbarkeit blinkender alphanumerischer Zeichen,
- Vergleich mit anderen Codes (z.B. Farbe).

Die Blinkfrequenz ist nach oben durch die Flimmerverschmelzungsfrequenz begrenzt, deren niedrigster Wert 10 - 20 Hz beträgt. Der niedrigste Wert der Blinkfrequenz wird durch die maximal zulässige Zeitdauer bestimmt, die dem Beobachter zur Erkennung eines Blinkreizes zur Verfügung stehen muß. Bei einem Tastverhältnis τ (Verhältnis Einschaltzeit zu Periodendauer) und der Periodendauer T ist die im Mittel notwendige Beobachtungsdauer für die Erkennung eines Blinksignales

$$\bar{t} = \frac{1}{2} T(1 + 2\tau - 2\tau^2).$$

Bei großem Tastverhältnis (τ → 1) ist eine mittlere Beobachtungszeit von ca. einer halben Periodendauer aufzuwenden. Wird als mittlere Dauer für eine Fixation der Augen 250 ms zugrundegelegt, so ergibt sich eine Mindestfrequenz von 2 Hz. Aus diesen Überlegungen folgt ein empfohlener Frequenzbereich von 2 - 10 Hz für die Blinkcodierung, vgl. z.B. auch /20, 21/.

Als maximale Zahl der absolut unterscheidbaren Blinkfrequenzen wird der Wert 3 angegeben /22/. Die Verwendung von 3 Stufen der Blinkfrequenz setzt jedoch einen Lernvorgang und ständige Übung beim Beobachter voraus, damit neben der Unterscheidung auch die richtige Bedeutungszuordnung gewährleistet ist. Falls dies nicht sichergestellt ist, kann neben dem Dauerlicht nur eine Blinkfrequenz verwendet werden.

Die Zahl der in einer Anzeige gleichzeitig blinkenden Elemente ist hauptsächlich durch den Gesichtspunkt der Lästigkeit bestimmt. Ein Feld von mehreren blinkenden Elementen wird vor allem bei Dauerbeobachtung als lästig empfunden. Daher wird empfohlen, die Zahl der gleichzeitig blinkenden Elemente auf 2 zu begrenzen /21/. Mehrere gleichzeitig blinkende Elemente sind synchron, d.h. ohne Phasenverschiebung, anzusteuern. Außerdem geht der Vorteil des Blinkens dann verloren, wenn neben der relevanten auch irrelevante Information blinkt.

ZUSAMMENFASSUNG

Die Codierung optischer Information ist ein wichtiger Schritt bei der Gestaltung von Mensch-Maschine-Dialogen. Nach einer Analyse der Codierungs- und Decodierungsstufen werden die Eigenschaften des Menschen bei Aufgaben der Informationsübertragung beschrieben, wobei das Shannon-Wienersche Informationsmaß angewandt wird. Die sehr begrenzte Fähigkeit des Menschen zur Bildung absoluter Urteile bei der Informationsübertragung führt zu der Empfehlung, bei eindimensionalen Reizen nur eine kleine Zahl von Codestufen zu verwenden. Verschiedene Codes, wie analoge, digitale, alphanumerische, farbige, bildliche und blinkende Zeichen, werden verglichen mit dem Ziel, anwendungsorientierte Gestaltungsregeln zu geben.

4. Literatur

/1/ Sixtl, F.: Meßmethoden der Psychologie. Verlag Julius Beltz, Weinheim 1967, 57-116.

/2/ Garner, W.R.; Hake, H.W.: The Amount of Information in Absolute Judgements. Psych. Rev. $\underline{58}$ (1951), 446-459.

/3/ Sheridan, T.B.; Ferrell, W.R.: Man-Machine Systems. The MIT Press, Cambridge, 1974.

/4/ Garner, W.R.: Uncertainty and Structure as Psychological Concepts. J. Wiley & Sons, New York, 1962.

/5/ Meister, D.; Sullivan, D.J.: Guide to human engineering design for visual displays. The Bunker-Ramo Corporation, Canoga Park, Cal., 1969.

/6/ McCormick, E.J.: Human Factors in Engineering and Design (4th Ed.). McGraw-Hill, New York, 1976.

/7/ Van Cott, H.P.; Kinkade, Ph.D.: Human Engineering Guide to Equipment Design (Revised Ed.). US Government Printing Office, Washington, 1972.

/8/ Nason, W.E.; Bennett, C.A.: Dials v. Counters: Effects of Precision on Quantitative Reading. Ergonomics $\underline{16}$ (1973), 749-758.

/9/ McCormick, E.J.: Human Factors in Engineering and Design (4th Ed.). McGraw-Hill, New York, 1976, 62-112.

/10/ Zeff, C.: Comparison of Conventional and Digital Time Displays. Ergonomics $\underline{8}$ (1965), 339-345.

/11/ van Nees, F.L.: Determining Temporal Differences with Analogue and Digital Time Displays. Ergonomics $\underline{15}$ (1972), 73-79.

/12/ Burton, P.I.: Recent Improvements in Operational Facilities in Computer Controlled Chemical Plants. In Syrbe, M., Will, B. (Hrsg.): Automatisierungstechnik im Wandel durch Mikroprozessoren. Interkama Kongreß 1977, Springer-Verlag, Berlin, 253-265.

/13/ Ostertag, L.: Digitale Anzeige veränderlicher Größen zur quantitativen Ablesung und Einstellung. Diplomarbeit am Institut für Fertigungswirtschaft und Arbeitswissenschaft, TU Karlsruhe, 1974.

/14/ Rolfe, J.M.: Some Investigations into the Effectiveness of Numerical Displays for the Presentation of Dynamic Information. Institute of Aviation Medicine, IAM Report No. 470, 1969.

/15/ Christ, R.E.: Review and Analysis of Color Coding Research for Visual Displays. Human Factors $\underline{17}$ (1975), 542-570.

/16/ Karner, C.: Perceived vs actual value of color-coding. Proc. of the 19th Annual Meeting of the Human Factors Society, Oct., 14-16, 1975, Dallas, USA, 227-231.

/17/ Haller, R.: Codierung durch Bildzeichen oder alphanumerische Zeichen bei verschiedenen Aufgaben des Beobachters. 2. IITB Kolloquium Anthropotechnik "Visuelle Informationsdarstellung in technischen Systemen", 14./15.10.1976, Karlsruhe.

/18/ Benz, C.: Methoden zum Entwurf von Symbolen zur Darstellung von Prozeßinformationen in Warten. Interkama 1971, R. Oldenbourg, München, 192-197.

/19/ Dreyfuss, H.: Visual Communication: A Study of Symbols. SAE Transactions 1970, $\underline{79}$, 364-370.

/20/ McCormick, E.J.: Human Factors in Engineering and Design. McGraw-Hill, New York, 1976, 81.

/21/ Morgan, C.T. et al.: Human engineering guide to equipment design. McGraw-Hill, New York, 1963.

/22/ Meister, D.; Sullivan, D.J.: Guide to human engineering design for visual displays. The Bunker-Ramo Corporation, Canoga Park, Cal., 1969, 76.

Anschrift des Verfassers:

Dr. Georg Geiser
Fraunhofer-Institut für Informations-
und Datenverarbeitung (IITB)
Sebastian-Kneipp-Straße 12-14
7500 Karlsruhe 1

Zeichenkontrast und visuelle Leistung am Bildschirm

Character Contrast and Visual Performance
with VDUs

S. Kokoschka
Lichttechnisches Institut Universität Karlsruhe

SUMMARY

The generation of characters on VDU's exhibits specific raster problems in view of contrast and visibility evaluation. The luminance modulation of rasters is theoretically and experimentally analysed, resulting in the specification of local inner, local outer and mean contrast of characters. An analytical model of contrast thresholds is presented including the effects of background luminance, size, stimulus duration etc. in order to estimate the visibility of characters.

On the basis of detection, identification and search experiments as well as of subjective appraisals it is shown, that the inner local contrast of characters is the determinant for the effect of contrast on visual performance and acceptance. The inner local contrast also provides an adequate criterion to optimise the adjustment of contrast of VDU's in a given environment.

1. Einleitung

Bildschirme mit Kathodenstrahlröhren sind heute und sicher auch in naher Zukunft die gebräuchlichste optische Anzeigenform rechnergesteuerter Systeme. Obwohl in neuerer Zeit hochauflösende Farbbildschirme neue Möglichkeiten zur Visualisierung komplexer Vorgänge eröffnen, sind die weitaus meisten Bildschirme in praktisch allen Bereichen der Arbeitswelt monochrome Datensichtgeräte.

Wie sicher und wie bequem darauf Daten und Texte wahrgenommen werden, hängt neben einer effektiven Organisation der dargestellten Informationsmenge vor allem von der Sichtbarkeit der einzelnen Zeichen ab.

Bildschirmgeräte befinden sich in den meisten Fällen in Räumen, in denen neben der Bildschirmarbeit noch andere, konventionelle Tätigkeiten ausgeführt werden, die je nach Sehaufgabe unterschiedlich hohe Beleuchtungsniveaus erfordern. Hohe Beleuchtungsstärken auf der Bildschirmoberfläche verringern aber die Farb - und Helligkeitskontraste der Zeichen. Die Beleuchtung von Räumen mit Bildschirmgeräten verlangt daher eine sorgfältige Abstimmung der zum Teil gegenläufigen Anforderungen an die Beleuchtung. Wichtig sind vor allem ein auf die Arbeitsaufgaben abgestimmtes Beleuchtungsniveau, eine weitgehende Begrenzung von Reflexion der Bildschirmoberfläche, eine ausgewogene Helligkeitsverteilung im Gesichtsfeld und nicht zuletzt klare und kontrastreiche Zeichen. /1/, /2/, /3/, /4/.

Bildschirmzeichen werden durch einen digitalen Abtastprozeß aus punkt - und linienartigen Bildelementen rasterförmig aufgebaut. Gegenüber herkömmlichem Papierdruck zeichnen sie sich vor allem durch zwei Besonderheiten aus: Erstens durch eine sichtbare zeitliche und örtliche Leuchtdichtemodulation und zweitens durch eine Zunahme der Punkt - und Linienbreite mit steigender Zeichenleuchtdichte. (Siehe auch Bild 1 und Bild 2).

Als Grenzwert für die örtliche Auflösung zweier Punkte oder Linien wird im allgemeinen ein Winkelabstand von 1' angenommen. Geht man nämlich von einem Durchmesser eines fovealen Zapfens von 0,0015 mm aus, so folgt daraus bei einem Abstand zwischen Netzhaut und Knotenpunkt von 18 mm eine scheinbare Rezeptorgröße von 0,29'. Bei einer Deltaanordnung der drei fovealen Spektraltypen beträgt dann der effektive Durchmesser eines retinalen Pixels 0,5'. Dies ergibt dann nach dem Abtasttheorem eine Auflösungsgrenze von 1'.
Die tatsächliche Auflösungsgrenze hängt aber neben vielen anderen Faktoren auch von der Adaptationsleuchtdichte und vom Modulationsgrad der zu trennenden Details ab und kann erheblich unterhalb einer Bogenminute liegen. (Siehe auch Bild 16).

Zur Abschätzung der erforderlichen Bandbreite eines flimmerfreien und strukturlosen Bildschirms sei von einer Bildwiederholfrequenz von 100 Hz und einem Linienabstand von 1' ausgegangen. Die Nutzfläche eines monochromen Datensichtgerätes betrage $190 \cdot 250$ mm^2 (15" - Bildschirmdiagonale). Bei einem Beobachterabstand von 700 mm ergeben sich daraus ein Linienabstand von 0,2 mm, ca. $1,2 \cdot 10^6$ Bildpunkte in der Nutzfläche und eine Übertragungszeit für einen Bildpunkt von ca. 8 ns. Das bedeutet eine Bandbreite $1/(2 \cdot 8$ ns$)$ d.h. ca. 60 MHz, dessen Realisierung einen erheblichen technischen Aufwand bedeutet.

Zur Verringerung der Bandbreite werden heute Bildschirme mit einer erheblich gröberen Rasterstruktur und auch mit einer geringeren Bildwiederholfrequenz hergestellt. Übliche Werte für Datensichtgeräte sind ca. 2000 - 5000 Zeichen in der Nutzfläche bei einer Punktmatrix von mindestens $5 \cdot 7$ Pixels bei Normalauflösung bis ca. $9 \cdot 13$ Pixels bei hochauflösenden Systemen. Die Bildwiederholfrequenz heutiger Geräte liegt meistens im Bereich zwischen 50 - 70 Hz, was je nach Leuchtdichte und Abklingzeit des Phosphors ein mehr oder weniger störendes Flimmern ergeben kann.
Zum Beispiel können auf einem monochromen 15" - Bildschirm (mit dem im Rahmen dieses Beitrags eine Reihe von subjektiven Kontrastbewertungen und Leistungsexperimente durchgeführt wurden) bei einer Nutzfläche von ca. $190 \cdot 250$ mm^2 bei 25 Zeilen und 80 Spalten insgesamt 2000 Zeichen im $9 \cdot 7$ Punktraster innerhalb einer Zeichenstelle von $15 \cdot 9$ dargestellt werden. Daraus folgt eine Schrifthöhe von 4,1 mm bei einem Rasterabstand von 0,35 mm in waagerechter - und 0,51 mm in senkrechter Richtung. Eine Bildwiederholfrequenz von 60 Hz und ca. $2,3 \cdot 10^5$ Bildpunkte ergeben eine Übertragungszeit pro Bildpunkt von ca. 70 ns bzw. eine theoretische Bandbreite von ca. 7 MHz gegenüber ca. 60 MHz beim "idealen" Bildschirm.

Diese Abschätzung ist ein Hinweis darauf, daß das örtliche und zeitliche Auflösungsvermögen heutiger Datensichtgeräte bei weitem nicht an das Leistungsvermögen des visuellen Systems angepaßt ist.

Maßgebend für die örtliche Leuchtdichtemodulation optischer Bilder ist letzlich die Relation von Bildpunktbreite zu Bildpunktabstand. /5/. Dieser Systemparameter in der Form $s/\Delta x$ bzw $s/\Delta y$, mit s als Standardabweichung eines Punkt - oder Linienbildes sei hier mit Breiten - Abstandsverhältnis bezeichnet.

Beim menschlichen Auge liegt dieses Verhältnis günstigstenfalls etwa im Bereich um 1 bis 2, (foveale Beobachtung, Tageslichtverhältnisse, vollständige Akkommodation, mittlere Pupillenweite usw.), wenn man von einer Pixelgröße auf der Netzhaut von 0,5' und von einer Standardabweichung der beugungsbegrenzten Punktbildfunktion von ca. 0,5' bis 1' ausgeht.

Bei konventionell im Druck oder im Photoprozeß hergestellten Zeichen und Bildern ist der Raster - bzw. Kornabstand im Vergleich zur Breite der Beugungsfiguren der abbildenden Optik oft sehr viel kleiner. Das ergibt Breiten - Abstandsverhältnisse weit größer als beim Empfängersystem Auge und somit eine unsichtbare Rasterstruktur.

Die relativ grobe Rasterung von Bildschirmzeichen verursacht folgendes Problem. Einerseits sollte zwischen charakteristischen Zeichendetails ein relativ hoher Kontrast bestehen. Dazu wäre ein relativ geringes Breiten - Abstandsverhältnis erforderlich. Andererseits sollten aber zusammengehörige Zeichendetails möglichst keine sichtbare Rasterstruktur zeigen, was nur durch relativ hohe Werte für dieses Verhältnis möglich ist. Diese beiden Qualitätsmerkmale eines Bildschirms, nämlich möglichst kontrastreiche Zeichendetails und möglichst unsichtbare Rasterstruktur stellen somit an das Breiten - Abstandsverhältnis der Bildelemente gegenläufige Anforderungen. Theoretische Kompromißlösungen liegen im Bereich um ca. 0,35 bis 0,45. /5/, /6/.

Die vom Standpunkt der Sichtbarkeit plausibel erscheinende Empfehlung nach möglichst hohen Zeichenkontrasten ist somit auf Bildschirmzeichen in dieser Form nicht anwendbar. Dies zeigten auch Untersuchungen über die subjektive Bewertung von Bildschirmzeichen, die unter den Bedingungen heutiger Bildschirmarbeitsplätze durchgeführt wurden. /7/, /8/. Danach bevorzugten die Benutzer Zeichenkontraste (Verhältnis von mittlerer Zeichenleuchtdichte zu Untergrundleuchtdichte) im Bereich zwischen ca. 5:1 bis ca. 10:1, abhängig vor allem von der Oberflächenbeschaffenheit und dem Beleuchtungsniveau auf der Bildschirmoberfläche.

Diese Ergebnisse können aber nur als ein erster Schritt in Richtung auf eine subjektive und leistungsbezogene Kontrastbewertung angesehen werden, da sie auf mittleren Zeichenkontrasten beruhen. Mittlere Zeichenkontraste ermöglichen keine direkten Aussagen über die örtlichen Zeichenkontraste komplexer Zeichendetails oder über die Zeichenschärfe, was auch immer darunter quantitativ zu verstehen ist. Die bisherigen Untersuchungen haben

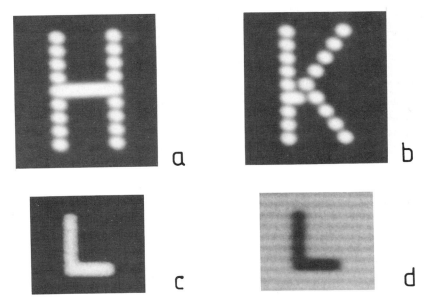

Bild 1: Beispiel für die Darstellung von Bildschirmzeichen im Punktraster (a,b) und im Linienraster (c,d). Auch bei Punktrasterdarstellung werden meistens waagerechte Zeichenelemente aus einer Linie aufgebaut, senkrechte und schräg verlaufende Zeichenelemente bestehen oft aus ellipsenartigen Punktelementen.

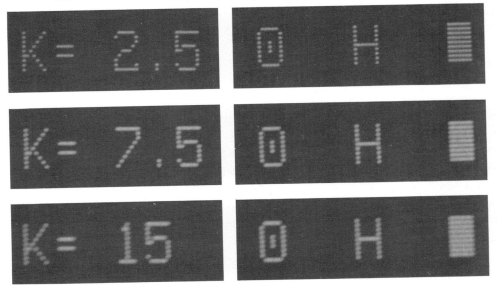

Bild 2: Die Breite der Bildelemente von Bildschirmzeichen nimmt mit wachsendem Kontrast (Verhältnis von mittlerer Zeichenleuchtdichte zu Untergrundleuchtdichte) kontinuierlich zu. Die tatsächlichen Kontrastwerte der fotografierten Zeichen entsprechen in etwa folgenden subjektiven Zuordnungen.
K = 2,5 : Minimal erforderlich.
K = 7,5 : Typischer Wert im Vorzugsbereich.
K = 15 : Maximal vertretbar.

zwar zur Aufstellung von wichtigen praktischen Regeln geführt /9/, es fehlt aber das primäre Kriterium, nach dem Zeichenkontraste am Bildschirm letztlich bewertet werden.

Die Frage nach dem primären Kontrastkriterium ist nicht nur für den Benutzer eines Datensichtgerätes von Interesse, der den Zeichenkontrast selbst einstellen und an die jeweilige Beleuchtung anpassen kann. Ein solches Kriterium ist auch für den Hersteller des Sichtgerätes und auch für den Beleuchtungsplaner des Bildschirmarbeitsplatzes zum Zwecke einer Optimierung von Bedeutung.

Das Ziel dieses Beitrags ist das Auffinden von allgemeinen Zusammenhängen zwischen Zeichenkontrast, Akzeptanz und visueller Leistung. Dazu werden ausgehend von den Leuchtdichteprofilen der Zeichen die örtlichen Zeichenkontraste einfacher und komplexer Zeichendetails anhand von Messungen und Modellrechnungen analysiert. Als wichtigstes Ergebnis wird sich die besondere Rolle des inneren Kontrastes komplexer Zeichendetails herausstellen. Zur Kennzeichnung der Beobachtereigenschaften werden die wichtigsten Abhängigkeiten von Schwellenkontrasten behandelt und durch empirische Näherungsformeln beschrieben. Schließlich wird der Einfluß des Zeichenkontrastes auf Detektion, Identifikation und die Suchleistung experimentell untersucht. Die dabei erhaltenen Ergebnisse werden in Zusammenhang gebracht mit Parametern von neueren Sehmodellen wie dem Überschwelligkeitsfaktor Visibility Level und dem elementaren Sichtbarkeitsfeld. Abschließend werden praktische Schlußfolgerungen gezogen.

2. Leuchtdichtemodulation idealer und realer Raster
2.1 Ideale Raster
Zum besseren Verständnis der Eigenschaften gerasteter Bildschirmzeichen werden im folgenden die wichtigsten Beziehungen über die Modulation und Kontrastübertragung idealer Punkt - und Linienraster zusammengefaßt. /5/.
Ausgangspunkt zur Bestimmung der örtlichen Leuchtdichteverteilung von gerasterten Zeichen ist das Leuchtdichteprofil eines Punkt - oder Linienbildes, das zur bequemen analytischen Darstellung im allgemeinen durch eine Gaußsche Normalverteilung beschrieben wird. Bezeichnet man mit Δx und Δy den Rasterabstand eines Punktrasters und mit s die Standardabweichung einer symmetrischen Punktbildfunktion, so gilt für deren relative Leuchtdichteverteilung z.B. in y - Richtung

$$l_y = \exp\left(-\frac{1}{2}\left(\frac{\Delta y}{s}\right)^2 \left(\frac{y}{\Delta y}\right)^2\right) \tag{1}$$

mit $s/\Delta y$ als Breiten - Abstandsverhältnis und $y/\Delta y$ als reduzierte Ortskoordinate, gezählt vom Mittelpunkt des Punktbildes. Entsprechend lautet die Beziehung für die Linienbildfunktion.

Die Leuchtdichteverteilung periodischer Rasterstrukturen läßt sich aus der Summe eines

Gleichanteils und p Harmonischen darstellen. Betrachten wir zunächst ein Linienraster. Bezeichnet man mit Δy den Linienabstand und mit $f = 1/\Delta y$ die Rasterfrequenz, so erhält man für die relative Leuchtdichte, bezogen auf die in Linienmitte

$$l_y = \overline{l_y}[1 + 2\sum_p M_p \cdot \cos(2\pi f \cdot y)] \qquad p = 1,2,... \qquad (2)$$

mit
$$\overline{l_y} \approx \sqrt{2\pi} \cdot s \cdot f$$
$$M_p = \exp\left(-\frac{1}{2}(2\pi p f s)^2\right)$$

Es bedeuten M_p das Amplitudenspektrum der Ordnung p und $\overline{l_y}$ die mittlere Leuchtdichte in y - Richtung. Praktisch genügt die Berücksichtigung von p = 2 Harmonischen. Es gilt dann für den Modulationsgrad

$$m_y = 2 \frac{M_1}{1 + 2M_2} \qquad (3)$$

Die Leuchtdichteverteilung eines Punktrasters erhält man durch Überlagerung der beiden Fourierwellen in x - und in y - Richtung.

$$l_{xy} = l_x \cdot l_y \qquad (4)$$

Für die mittlere Leuchtdichte, bezogen auf die Leuchtdichte in der Mitte eines Bildpunktes gilt dann

$$\overline{l}_{xy} = 2\pi \cdot \left(\frac{s}{\Delta x}\right)\left(\frac{s}{\Delta y}\right) \qquad (5)$$

Die Abhängigkeit des Modulationsgrades von der Rasterfrequenz für ein sinusförmig moduliertes Linienraster wird durch die Kontrastübertragungsfunktion (MTF) des bildgebenden Systems beschrieben. Anschaulich ist MTF gleich dem Modulationsgrad des Bildes eines Sinusgitters, dessen Ortsfrequenz f_m halb so groß ist wie die Rasterfrequenz f. Theoretisch erhält man sie aus der Fouriertransformierten der Linienbildfunktion. Bei Annahme einer Gaußschen Linienbildfunktion folgt daraus

$$MTF = \exp\left(-\frac{1}{2}(\pi \cdot s \cdot f)^2\right) \qquad (6)$$

Bild 3 zeigt als Beispiel die berechnete Kontrastübertragungsfunktion für ein Datensichtgerät, dessen Standardabweichung s der Linienbildfunktion 0,2 mm beträgt. Daraus ist abzulesen, daß bei einer Rasterfrequenz von z.B. 1 Linie pro mm das Bild eines Sinusgitters mit 0,5 Perioden pro mm bzw. bei einem Beobachtungsabstand von ca. 600 mm mit 5 Perioden pro Grad einen Modulationsgrad MTF = 0,82 aufweist. Gleichfalls eingetragen ist die Kontrastempfindlichkeitsfunktion $\overline{m}$ des menschlichen Auges nach Campbell /10/. Der Schnittpunkt dieser Funktionen bei ca. 40 Linien pro Grad (d.h. ein Linienabstand von 1,5') und einem Modulationsgrad von ca. 0,05 stellt dann für diesen Bildschirm die Auflösungsgrenze dar. Der

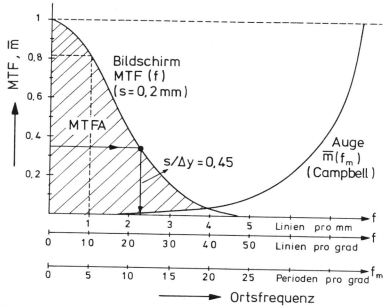

Bild 3: Theoretische Kontrastübertragungsfunktion (MTF) eines Bildschirms bei einer Standardabweichung s der Gaußschen Linienbildfunktion von 0,2 mm und Schwellenkontrastfunktion des Auges ($\overline{m}$) nach Campbell /10/. Der schraffierte Flächenbereich kennzeichnet den Überschwelligkeitsfaktor MTFA. Die Skalen Linien pro Grad und Perioden pro Grad gelten für einen Beobachtungsabstand von 600 mm.

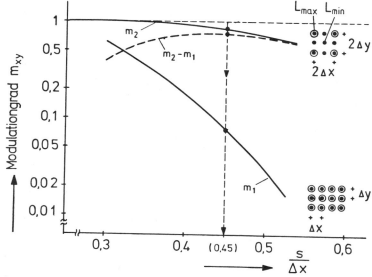

Bild 4: Modulationsgrad eines idealen Punktrasters in Abhängigkeit vom Breiten-Abstandsverhältnis für 2 Rasterbilder zur Simulation von getrennten Zeichenelementen (m_2) und von zusammenhängenden Zeichenelementen (m_1). Die Differenz beider Funktionen hat für diagonal gegenüberliegende Bildelemente ein Maximum bei $s/\Delta x = 0,45$. Befinden sich die betrachteten Bildelemente in einer Reihe oder einer Spalte, so liegt dieses "optimierte Breiten-Abstandsverhältnis" bei 0,37.

schraffierte Flächenbereich MTFA (Modulation Transfer Function Area) kennzeichnet die Kontrastüberschwelligkeit bei Berücksichtigung des gesamten sichtbaren Frequenzbereichs. Zwischen MTFA in dieser Form und der visuellen Leistung bestehen nur mäßig hohe Korrelationen. Höhere Korrelationen scheinen sich zu ergeben, wenn dieser Überschwelligkeitsfaktor bestimmten Modifikationen unterworfen wird. /11/.

Zur Erläuterung der beiden Forderungen nach Kontrastreichtum und Homogenität von hellen Bildschirmzeichen ist in Bild 4 der Modulationsgrad für 2 periodische Rasterbilder in Abhängigkeit vom Breiten - Abstandsverhältnis aufgetragen. Dabei wurde in einem Fall nur jeder 2. mögliche Rasterpunkt aktiviert (m_2) um die Wiedergabe eines komplexen Zeichendetails zu simulieren, während die Aktivierung jedes Rasterpunktes zusammenhängende Zeichenelemente erfassen soll (m_1). Bildet man die Differenz beider Funktionen ($m_2 - m_1$), so erhält man ein flaches Maximum bei einem Breiten-Abstandsverhältnis von 0,45 für diagonal gegenüberliegende Bildelemente. Dieses "optimierte Breiten-Abstandsverhältnis" ist ein Kompromiß zwischen Kontrastreichtum und Homogenität.

Liegen die betrachteten Bildpunkte nebeneinander oder übereinander, so liegt dieses Maximum bei $s/\Delta x = 0,37$. Der Modulationsgrad des "Detailrasters" beträgt dann $m_2 = 0,90$, was einem Verhältnis von maximaler zu minimaler Leuchtdichte von 19 entspricht. Dieses Ergebnis ist ein erster Hinweis darauf, in welchem Bereich allerdings ohne Berücksichtigung der Raumlichtkomponente "optimierte" Zeichenkontraste zu erwarten sind.

Eine analoge Betrachtung für dunkle Zeichen auf hellerem Grund ergibt für das "optimierte Breiten-Abstandsverhältnis" um 18 % kleinere Werte. Das bedeutet, daß bei der Darstellung dunkler Zeichen die Strichbreite um entsprechend ca. 18 % größer sein sollte als bei hellen Zeichen.

2.2 Reale Raster

Befindet sich das Bildschirmgerät in einem beleuchteten Raum, so setzt sich die Leuchtdichte eines Bildschirmpunktes aus einer Gerätekomponente und einer reflektierten Raumlichtkomponente zusammen, die wiederum aus einem gestreuten ($q \cdot E$) und einem spiegelndem ($\varrho_r \cdot L_s$) Anteil besteht. Dabei bedeuten E die Beleuchtungsstärke auf dem Bildschirm, q den Leuchtdichtekoeffizienten, ϱ_r den Grad der gerichteten Reflexion der Bildschirmoberfläche und L_s die sich spiegelnde Leuchtdichte einer Störlichtquelle. Beide Komponenten reduzieren den Zeichenkontrast. Außerdem wird eine zu große Spiegelkomponente als störend empfunden und kann auch zu Akkommodationsschwierigkeiten führen. /12/.

Der die gestreute Reflexion eines Bildschirms kennzeichnende Leuchtdichtekoeffizient q liegt bei üblichen Beleuchtungs - und Beobachtungsbedingungen zwischen ca. 0,01 und 0,1 $(cd/m^2)/lx$. Simuliert man die Oberfläche durch eine gestreut reflektierende Schicht mit dem Reflexionsgrad ϱ und durch eine klare Schicht mit dem Transmissionsgrad τ, so gilt dann $q = \frac{1}{\pi} \varrho \tau^2$. Zum Beispiel erhält man mit $\varrho = 0,25$ für die Phosphorschicht und mit $\tau = 0,5$ für die Glasschicht $q = 0,02$ $(cd/m^2)/lx$. Für den Grad der gerichteten Reflexion findet man je nach Oberflächenbeschaffenheit und Entspiegelungsmaßnahmen Werte von ca. 0,01 bis 0,05.

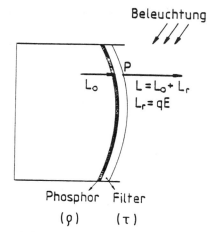

Bild 5:

Die gesehenen Bildschirmleuchtdichten L setzen sich aus einer Gerätekomponente (L_o) und einer Raumlichtkomponente (L_r) zusammen. Bei Außerachtlassung spiegelnder Reflexionen am Bildschirm ist die Raumlichtkomponente gleich q E, wobei q der Leuchtdichtequotient der Bildschirmoberfläche und E die darauf sich befindende Beleuchtungsstärke ist.

Bei Außerachtlassung spiegelnder Reflexion gilt dann für den Zeichenkontrast

$$K = \frac{L_z}{L_u} = \frac{L_{z,0} + qE}{L_{u,0} + qE} \qquad (7)$$

mit $L_{z,o}$ und $L_{u,o}$ als Geräteleuchtdichten für Zeichen und Untergrund, wobei im allgemeinen $L_{u,o}$ gegenüber der Raumlichtkomponente q E vernachlässigbar ist.

Gerätemäßig hängt die mittlere Leuchtdichte eines Bildschirms von der Lichtausbeute η des emittierenden Phosphors, der Röhrenbeschleunigungsspannung u, der mittleren Stromstärke des abtastenden Elektronenstromes i, der Nutzfläche des Bildschirmes A sowie von der Transmission τ der Glasfront einschließlich eventueller Entspiegelungsfilter ab. /6/. Quantitativ gilt

$$L_m = \frac{1}{\pi} \cdot \frac{1}{A} \cdot u \cdot i \cdot \eta \qquad (8)$$

Die von der Phosphorart abhängige Lichtausbeute liegt im Bereich von ca. 30 - 60 lm/W, z.B. 50 lm/W für den "grünen" Phosphor P 31. Ein typischer Wert für die Röhrenhochspannung bei monochromer Darstellung ist u = 15 kV. Die veränderbare Elektronenstromstärke beträgt bei Datensichtgeräten maximal ca. 0,1 mA gegenüber etwa 1 mA bei Fernsehbildschirmen. Somit erhält man z.B. für einen 15" - Bildschirm bei einer Nutzfläche von A = 0,048 m^2 und τ = 0,5 für die Glasabschlußscheibe bei sonst unbehandelter Bildschirmoberfläche für die mittlere Leuchtdichte L_m = 250 cd/m^2. Dieser Maximalwert vermindert sich je nach Transmission der zur Entspiegelung verwendeten Filter.

Tatsächlich liegt bei der konventionellen Darstellung heller Zeichen auf dunklerem Grund die mittlere Leuchtdichte der Zeichen je nach Oberfläche des Schirms zwischen ca. 30 und 125 cd/m^2. Ein Zeichenkontrast im subjektiven Vorzugsbereich von z.B. 7,5 ergibt dann für die Leuchtdichte des Bildschirmuntergrundes ca. 4 - 15 cd/m^2. Neuere Datensichtgeräte mit dunklen Zeichen auf hellerem Grund werden heute für eine Untergrundleuchtdichte von ca. 100 cd/m^2 ausgelegt.

Ausgangspunkt der Kontrastbewertung realer Bildschirmzeichen ist die örtliche Leuchtdichteverteilung der Zeichen. Ihre Messung erfolgt mit Mikrophotometern, deren Meßfeld nicht größer als 1/10 bis 1/5 des aufzulösenden Bildelementes sein sollte. Dabei ist zu berücksichtigen, daß sehr kleine Meßfelder zu entsprechend geringen Meßabständen zwischen Bildschirm und Photometer führen, so daß die Gefahr der Abschattung der Meßstelle vom Raumlicht und damit einer Verfälschung der Messung besteht.

Die in den Bildern 6 bis 9 dargestellten Leuchtdichteprofile wurden mit einem Mikrophotometer bei feststehendem Empfänger durch eine parallel zur Schirmebene sich bewegende Umlenkoptik aufgenommen. Das Meßfeld des auf die Ebene der Phosphorschicht eingestellten Photometers hatte einen Durchmesser von 0,1 mm. Dies entspricht bei einem Beobachtungsabstand von 650 mm einer scheinbaren Meßfeldgröße von 0,6', d.h. in etwa der maximalen retinalen Pixelgröße. Der Meßabstand betrug 13 cm, eine wesentliche Abschattung des Raumlichtes trat nicht ein. Weitere Kenndaten der Abtastung waren: Zeitkonstante des Photometers 0,01 sec, Zeitkonstante des Schreibers 1 sec, Abtastzeit eines Zeichens 5 min.

Bild 6 zeigt die Profile eines Bildschirmes, mit dem die Zeichen sowohl hell auf dunkel (a, b), als auch dunkel auf hell (c,d) dargestellt werden konnten. Die Profile von Bild 7 und 8 wurden von einem 15" - Bildschirm eines Prozeßrechners (Bild 19) aufgenommen. Wie ersichtlich, findet man bei jeweils gleichem Bildschirm erhebliche Leuchtdichteunterschiede sowohl innerhalb als auch zwischen den Zeichen.

Am klarsten zeigt sich die örtliche Abhängigkeit der Zeichenleuchtdichten an den in Bild 9 dargestellten Profilen des Buchstaben "M". Während die Profile einfacher Zeichendetails von Bild 6 bis 8 jeweils durch 2 Leuchtdichten beschrieben werden können, nämlich durch eine einzige Detailleuchtdichte und die Leuchtdichte des Untergrundes, sind in den Profilen des komplexen Zeichendetails von Bild 9 im Prinzip drei Leuchtdichten auszumachen und zwar die Untergrundleuchtdichte L_u und zwei Detailleuchtdichten L_1 und L_2. Die Ursache dafür ist, daß im Innern dieses Zeichens die Leuchtdichte bildfreier, nichtaktiver Rasterpunkte durch den Einfluß angrenzender Bildpunkte beträchtlich höher ist als die Leuchtdichte von bildfreien außerhalb des Zeichens gelegener Rasterpunkte.

3. Zeichenkontrast von Bildschirmzeichen
3.1. Kontrastdefinitionen
Zur Kennzeichnung des Helligkeitsunterschiedes zwischen Sehobjekt und Untergrund oder zwischen Sehobjektdetails existieren eine Reihe von verschiedenen Kontrastformeln, mit denen die jeweils benachbarten Leuchtdichten in Beziehung gebracht werden.

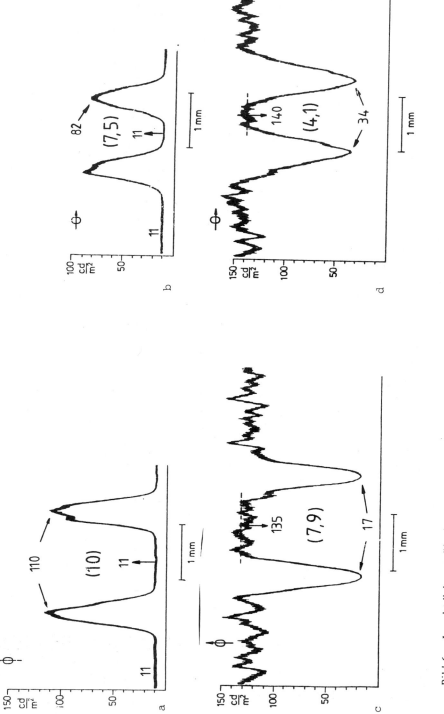

Bild 6: Leuchtdichteprofile des Buchstaben "O", gemessen an einem DIN A4 - Ganzseitenbildschirm eines Textverarbeitungssystems. Mittlerer Zeichenkontrast K = 7,5. Beleuchtungsstärke auf dem Bildschirm 170 lx. Die Zahlen in Klammern bedeuten innere örtliche Kontraste.
Bild a,b: Helle Zeichen auf dunklerem Grund.
Bild c,d: Dunkle Zeichen auf hellerem Grund.

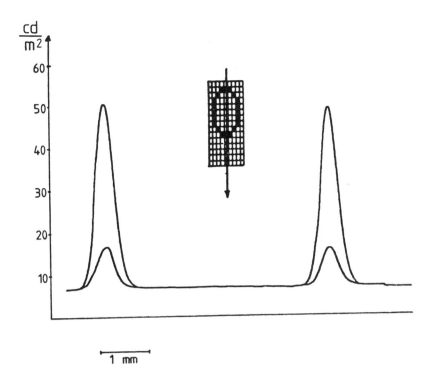

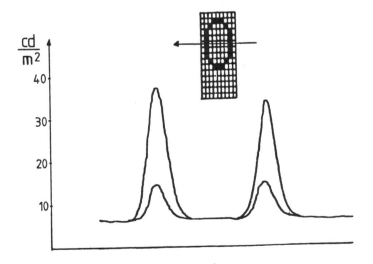

Bild 7: Leuchtdichteprofile einfacher Details des Buchstaben "O", gemessen an einem 15" - Bildschirm eines Prozeßrechners. Die Pfeile kennzeichnen die Abtastspur. Mittlerer Zeichenkontrast K = 7,5 (obere Profile) und K = 2,5 (untere Profile). Beleuchtungsstärke auf dem Bildschirm 170 lx.

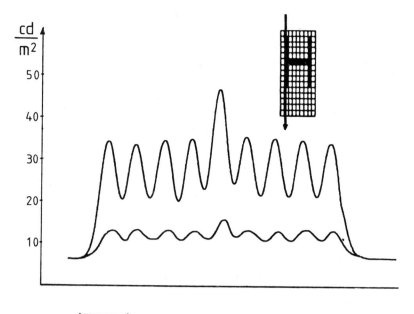

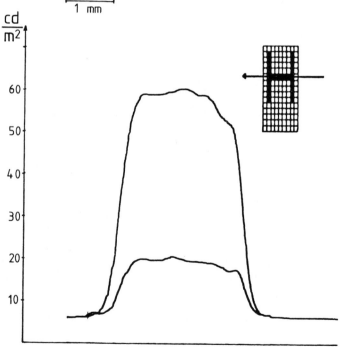

Bild 8: Leuchtdichteprofile des Buchstaben "H", gemessen an einem 15" - Bildschirm eines Prozeßrechners. Die Pfeile kennzeichnen die Abtastspur. Mittlerer Zeichenkontrast K = 7,5 (obere Profile) und K = 2,5 (untere Profile). Beleuchtungsstärke auf dem Bildschirm 170 lx.

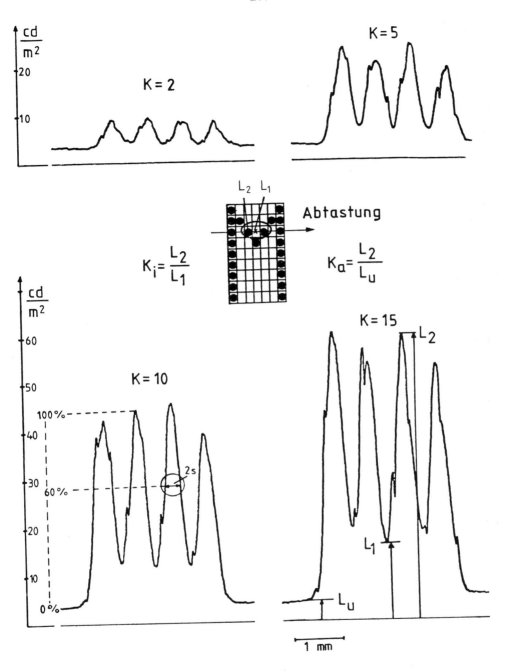

Bild 9: Leuchtdichteprofile komplexer Details des Buchstaben "M", gemessen an einem 15"-Bildschirm eines Prozeßrechners. Die Abtastung erfaßt die für Bildschirmzeichen typische Konfiguration eines Doppelpunktes "Bildpunkt - Lücke - Bildpunkt". Beleuchtungsstärke auf dem Bildschirm 120 lx.

Handelt es sich um einfache, homogen erscheinende Sehobjekte, so wird im Bereich der klassischen physiologischen Optik und auch in der Lichttechnik im allgemeinen folgende Beziehung angewendet

$$C = \left| \frac{L_2 - L_u}{L_u} \right| \qquad (9)$$

wobei L_2 die Objektleuchtdichte und L_u die Untergrundleuchtdichte bedeuten. Die Differenz der benachbarten Leuchtdichten wird somit auf die adaptationsbestimmende Umfeldleuchtdichte bezogen. Daraus folgt dann ein unterschiedlicher Wertebereich für helle Objekte von 0 bis Unendlich und für dunkle von 0 bis 1 und im überschwelligen Bereich vermutlich eine Unterbewertung der Kontrastwirkung dunkler Zeichen für den Fall numerisch gleicher Kontrastwerte. Eine gewisse physiologische Relevanz besitzt Gl.(9) für Schwellenkontraste, die nach Aussage des Weber - Fechnerschen Gesetzes konstant und unabhängig von der Umfeldleuchtdichte sein sollen. Tatsächlich gilt dies aber nur in grober Näherung und das nur im Bereich des Tagessehens und für nicht zu kleine Sehobjekte.

Die Problematik des unsymmetrischen Wertebereichs für helle und dunkle Zeichen wird vermieden, wenn man die Differenz der benachbarten Leuchtdichten auf ihre Summe bzw. auf ihren Mittelwert (bis auf den Faktor 2) bezieht. Ist L_{max} die maximale und L_{min} die minimale Leuchtdichte von 2 benachbarten Kontrastfeldern, dann gilt für diesen mit Modulationsgrad bezeichneten Kontrast

$$m = \frac{L_{max} - L_{min}}{L_{max} + L_{min}} \qquad (10)$$

Man erhält für helle und dunkle Objekte den gleichen Wertebereich von 0 bis 1. Zwischen den Kontrastdefinitionen nach Gl.(9) und Gl.(10) gelten dann folgende Umrechnungen: $m = C/(2+C)$ bzw. $C = 2m/(1-m)$ für helle Zeichen und $m = C/(2-C)$ bzw. $C = 2m/(1+m)$ für dunkle Zeichen. Alternativ zu Gl.(9) erhält man auch symmetrische Kontrastformeln, wenn man als Bezugsleuchtdichte die kleinere (L_1) oder die größere (L_2) der beiden benachbarten Kontrastleuchtdichten verwendet. Man erhält dann im ersten Fall mit $C_1 = (L_2 - L_1)/L_1$ einen Wertebereich von 0 bis Unendlich und im zweiten mit $C_2 = (L_2 - L_1)/L_2$ einen von 0 bis 1 für helle und dunkle Zeichen unabhängig von der Zuordnung von Objekt und Untergrund.

Zeichenkontraste von aktiven Anzeigen, so auch von Bildschirmzeichen werden im allgemeinen nicht auf der Basis einer Leuchtdichtedifferenz, sondern durch ein Leuchtdichteverhältnis definiert. Für helle Zeichen gilt dann

$$K = \frac{L_2}{L_u} \qquad (11)$$

und entsprechend für dunkle $K = L_u/L_2$, womit für beide Kontrastdarstellungen der gleiche Wertebereich von 1 bis Unendlich besteht.

Über Definition und Messung der Leuchtdichten und Kontraste von Bildschirmzeichen existieren zur Zeit keine festen Vereinbarungen. Offen ist vor allem, auf welche Orte innerhalb eines Zeichens die Kontrastleuchtdichten L_1 und L_2 zu beziehen sind. Unklar ist auch, welche Größe das Bewertungsfeld (Meßfeld) einer effektiven Zeichenleuchtdichte haben sollte. Sehr kleine Bewertungsfehler ergeben Kontraste auf der Basis von Spitzenleuchtdichten. Relativ große Bewertungsfehler führen zu mittleren Zeichenkontrasten möglicherweise unter Verlust an Detailinformationen. Die örtlichen Zeichenleuchtdichten in diesem Beitrag wurden mit Meßfeldern in der Größenordnung eines retinalen Pixels gemessen.

Innerer und äußerer Kontrast

Zur quantitativen Kennzeichnung der inhomogenen Leuchtdichtestruktur von Bildschirmzeichen werden im folgenden als örtliche Zeichenkontraste ein äußerer und ein innerer Kontrast eingeführt.

Die Definition des äußeren Kontrastes erfolgt in Anlehnung an den Kontrast einfacher, homogener Sehobjekte, indem die örtliche Zeichenleuchtdichte zur Leuchtdichte des Untergrundes in Beziehung gesetzt wird.

Ist L_2 die maximale Leuchtdichte eines hellen Zeichens und L_u die Untergrundleuchtdichte, so gilt dann für den äußeren Kontrast

$$K_a = \frac{L_2}{L_u} \quad (12)$$

Die Definition eines inneren Kontrastes

$$K_i = \frac{L_2}{L_1} \quad (13)$$

berücksichtigt die Rasterstruktur, indem die beiden Kontrastleuchtdichten L_2 und L_1 einfacher oder komplexer Zeichendetails sich auf unmittelbar benachbarte Rasterpunkte beziehen. Dabei sind komplexe Zeichendetails solche Details, in deren unmittelbarer Nachbarschaft sich ein nichtaktives Lückenelement befindet. Einfache Details bestehen aus durchgehenden Punkt - oder Linienelementen. Bild 10.

Soll die Kontrastsituation durch Differenzformeln gekennzeichnet werden, so gilt für den inneren Kontrast $C_i = K_i - 1$ und entsprechend für den äußeren Kontrast $C_a = K_a - 1$.

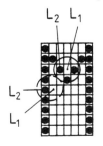
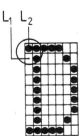
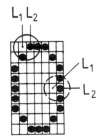

Bild 10: Beispiele für einfache (umrandet mit einem gestrichelten Kreis) und komplexe (umrandet mit einem durchgezogenen Kreis) Zeichendetails.

Mittlerer Zeichenkontrast

Neben den örtlichen Kontrasten K_i und K_a können Bildschirmzeichen für eine erste Kennzeichnung der Kontrastsituation durch einen mittleren Kontrast entsprechend einer mittleren Zeichenleuchtdichte beschrieben werden.

Die Messung einer mittleren Zeichenleuchtdichte erweist sich besonders einfach, wenn als Testzeichen ein vollgeschriebenes Zeichenfeld (bei der Darstellung dunkler Zeichen auf hellem Grund entsprechend ein leeres Feld) verwendet wird. Bild 11 rechts. Als Photometer können dann konventionelle Leuchtdichtemeßgeräte mit Meßfeldgrößen bereits von 1° unter Verwendung von Vorsatzlinsen einiger Dioptrien verwendet werden. Der mittlere Zeichenkontrast heller Zeichen ergibt sich dann zu $K = L_v/L_u$ bzw. $K = L_u/L_v$ für dunkle Zeichen, wobei L_v die mit einem Vollzeichen gemessene Leuchtdichte und L_u die mit dem gleichen Photometer gemessene Leuchtdichte einer benachbarten Zeichenstelle ist. Die Begründung für dieses praktikable Meßverfahren liegt darin, daß äußerer Kontrast und mittlerer Kontrast zahlenmäßig vergleichbar sind, vor allem auch wenn man die Schwankungsbreite individueller Zeichen berücksichtigt. (Siehe auch Bild 14 und 15).

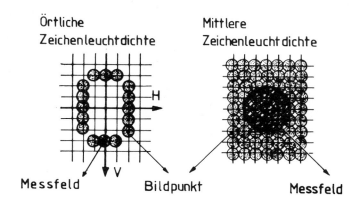

Bild 11:
Örtliche Zeichenleuchtdichten (Bildteil links) werden mit hochauflösenden Mikrophotometern gemessen. Die mittlere Zeichenleuchtdichte (Bildteil rechts) zur Bestimmung eines mittleren Zeichenkontrastes kann näherungsweise mittels eines Vollzeichens als Testzeichen bestimmt werden.

3.2. Modell des inneren Zeichenkontrastes

Zur Untersuchung der Zusammenhänge zwischen diesen verschiedenen Kontrastformen wurden eine Reihe von Modellrechnungen durchgeführt. Die folgenden Ergebnisse beziehen sich auf ein komplexes Zeichendetail, das aus einer Folge von 2 Bildpunkten mit einer dazwischenliegenden Lücke besteht. Diese Konfiguration eines Doppelpunktes ist ein typisches Detailelement realer Zeichen. Es wurden folgende Randbedingungen vereinbart:
- keine Bildschirmreflexe
- symmetrisches Punktraster mit Gaußscher Verteilung der Punktbildfunktion
- Vernachlässigung einer Gerätekomponente für den Leuchtdichteuntergrund

Ein wesentlicher Bestandteil der Modellberechnungen ist die Zunahme der Bildpunktbreite mit wachsender Bildschirmleuchtdichte bzw. mit wachsendem Zeichenkontrast. Tabelle 1 zeigt dazu Meßergebnisse an Bildschirmen verschiedener Oberflächenbeschaffenheit. Ein in Bildschirmmitte dargestelltes Vollzeichen wurde mit einem Mikrophotometer waagerecht abgetastet und aus dem gemessenen Kantenverlauf durch Differentiation die Bildpunktverteilung und die dazugehörige Standardabweichung s berechnet. (Etwa 3 s bis 4 s entspricht empfindungsgemäß einer Bildpunktbreite). Die Zunahme von s mit wachsendem Zeichenkontrast zwischen K = 2,5 bis K = 20 beträgt für die hier untersuchten Bildschirme ca. 20 - 40 %.

Tabelle 1: Standardabweichung s (in mm) monochromer Datensichtgeräte in Abhängigkeit vom mittleren Zeichenkontrast K. Die Bildschirme sind durch ihre Diagonale, ihr Punktraster und ihre Oberfläche gekennzeichnet. Die Beleuchtungsstärke auf dem Bildschirm betrug 120 lx.

Zeichenkontrast K Bildschirm	2,0	5	10	20
15", 9·7 geätzt	0,154	0,176	0,190	0,200
12", 7·5 geätzt	0,160	0,179	0,205	0,220
12", 7·5 Micro-Mesh-Filter	0,224	0,248	0,260	0,284

Äußerlich bewirkt diese Bildpunktverbreiterung eine Zunahme der Zeichenstrichbreite. Siehe auch Bild 2. Davon zu unterscheiden ist die bei sehr hohen Bildschirmleuchtdichten zu beobachtende Verschmierung der Zeichen, die von Abbildungsfehlern der Elektronenoptik herrührt. /6/.

Quantitativ wurden die Meßwerte von Tabelle 1 durch folgende Beziehung angenähert

$$\frac{s}{\Delta x} = c \cdot L_m^b \qquad (14)$$

wobei $s/\Delta x$ wieder das Breiten - Abstandsverhältnis, L_m die mittlere Leuchtdichte der Zeichen (ohne Raumlichtkomponente) sowie c und b Gerätekonstanten bedeuten.

In Bild 12 und 13 sind die einzelnen Rechenschritte und ein Beispiel tabellarisch zusammengestellt. Ausgehend von einer mittleren Zeichenleuchtdichte L_v (mit Raumlichtkomponente) und der Untergrundleuchtdichte L_u wird zunächst $s/\Delta x$ nach Gl.(5) berechnet. Unter Anwendung der Gleichungen (1) und (4) auf die Konfiguration eines Doppelpunktes werden die Detailleuchtdichten und daraus die örtlichen Kontraste K_i und K_a bestimmt.

Das wesentliche Ergebnis der Modellrechnungen besteht darin, daß der innere Kontrast des untersuchten "Lückendetails" mit wachsender mittlerer Zeichenleuchtdichte zunächst zunimmt, um nach Durchlaufen eines relativ flachen Maximums kontinuierlich abzunehmen. Bild 14 zeigt ein Beispiel mit den Daten des 15" - Bildschirms (Leuchtdichtekoeffizient q = 0,03 (cd/m^2)/lx, Beleuchtungsstärke auf dem Bildschirm 120 lx, Gerätekonstante c = 0,3 und b = 0,13). Diese Existenz eines Maximums für den inneren Zeichenkontrast ist möglicherweise das gesuchte primäre Kriterium für die subjektive und leistungsbezogene

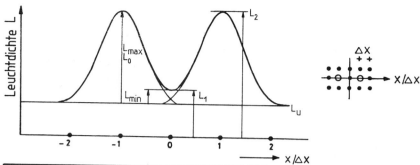

Bezeichnung	Formel	Beispiel
Untergrund-Leuchtdichte	$L_u = q \cdot E$	$3{,}6 \text{ cd/m}^2$
Vollzeichen-Leuchtdichte (helles Vollzeichen)	L_v	25 cd/m^2
Vollzeichen-Leuchtdichte (ohne L_u-Anteil)	$L_m = L_v - L_u$	$21{,}4 \text{ cd/m}^2$
Breiten-Abstandsverhältnis	$\frac{s}{\Delta x} = c \cdot L_m^b$	$c = 0{,}3 \quad b = 0{,}13$ $0{,}447$
Bildpunkt-Leuchtdichte	$L_0 = \frac{L_m}{2\pi(s/\Delta x)^2}$	$17{,}0 \text{ cd/m}^2$
Detail-Leuchtdichte (ohne L_u-Anteil)	$L_{max} = [1 + \exp(-2(\frac{\Delta x}{s})^2)] \cdot L_0$	$17{,}0 \text{ cd/m}^2$
Detail-Leuchtdichte (ohne L_u-Anteil)	$L_{min} = [2 \exp(-\frac{1}{2}(\frac{\Delta x}{s})^2)] \cdot L_0$	$2{,}8 \text{ cd/m}^2$
Detail-Leuchtdichte	$L_2 = L_{max} + L_u$	$20{,}6 \text{ cd/m}^2$
Detail-Leuchtdichte	$L_1 = L_{min} + L_u$	$6{,}4 \text{ cd/m}^2$
innerer Kontrast	$K_i = \frac{L_2}{L_1}$	$3{,}2$
äusserer Kontrast	$K_a = \frac{L_2}{L_u}$	$5{,}7$
mittlerer Kontrast (Vollzeichen)	$K = \frac{L_v}{L_u}$	$6{,}9$

Bild 12: Zur Berechnung von innerem und äußeren Kontrast eines "hellen Doppelpunktes", dem charakteristischen komplexen Detail heller Zeichen.

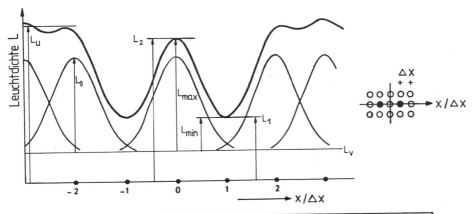

Bezeichnung	Formel	Beispiel
Untergrund-Leuchtdichte	L_u	25 cd/m²
Vollzeichen-Leuchtdichte (dunkles Vollzeichen)	$L_v = q \cdot E$	3,6 cd/m²
Untergrund-Leuchtdichte (ohne L_v-Anteil)	$L_m = L_u - L_v$	21,4 cd/m²
Breiten-Abstands-verhältnis	$\frac{s}{\Delta x} = c \cdot L_m^b$	c = 0,3 b = 0,13 0,447
Bildpunkt-Leuchtdichte	$L_o = \frac{L_m}{2\pi(s/\Delta x)^2}$	17,0 cd/m²
Modulationsgrad von L_u (in x-Richtung)	$m_x = 2\exp[-\frac{1}{2}(2\pi\frac{s}{\Delta x})^2]$	0,0389
Maximalwert von L_u	$L'_m = L_m(1 + m_x)^2$	23,1 cd/m²
Detail-Leuchtdichte (ohne L_v-Anteil)	$L_{max} = L'_m - 2\exp[-\frac{1}{2}(\frac{\Delta x}{s})^2] \cdot L_o$	20,3 cd/m²
Detail-Leuchtdichte (ohne L_v-Anteil)	$L_{min} = L'_m - [1-\exp(-2(\frac{\Delta x}{s})^2] \cdot L_o$	6,1 cd/m²
Detail-Leuchtdichte	$L_2 = L_{max} + L_v$	23,9 cd/m²
Detail-Leuchtdichte	$L_1 = L_{min} + L_v$	9,7 cd/m²
innerer Kontrast	$K_i = \frac{L_2}{L_1}$	2,5
äusserer Kontrast	$K_a = \frac{L_u}{L_1}$	2,6
Vollzeichen-Kontrast	$K = \frac{L_u}{L_v}$	6,9

Bild 13: Zur Berechnung von innerem und äußerem Kontrast eines "dunklen Doppelpunktes", dem charakteristischen komplexen Detail dunkler Zeichen.

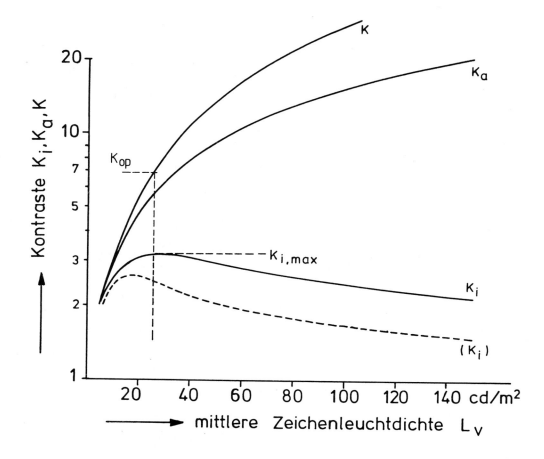

Bild 14: Ergebnis der Modellberechnungen. Der innere Kontrast von komplexen Zeichendetails durchläuft mit wachsender mittlerer Leuchtdichte ein Maximum. Die durchgezogene Kurve gilt für helle Zeichen, die gestrichelte für dunkle Zeichen. $K_{i,max}$ ist der maximale innere Kontrast, der dazugehörige mittlere Kontrast ist mit K_{op} bezeichnet. Das dargestellte Beispiel bezieht sich auf die Daten des 15" - Bildschirms. Es stellt sich die Frage, ob die Benutzer eines Bildschirmgerätes diejenige Kontrasteinstellung bevorzugen, die für komplexe Zeichendetails einen maximalen inneren Kontrast zur Folge hat.

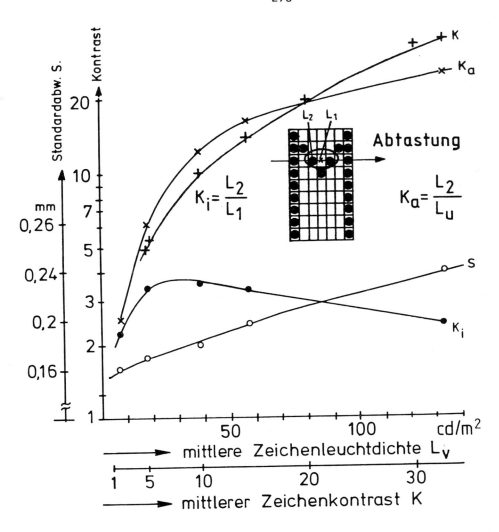

Bild 15: Meßergebnisse für den inneren und äußeren Kontrast und der Standardabweichung der Bildpunktverteilung an einem komplexen Detail des Zeichens "M" (15"- Bildschirm, Profile entsprechend Bild 9). Die Messungen bestätigen die Modellrechnungen von Bild 14, wonach mit wachsender mittlerer Zeichenleuchtdichte der innere Kontrast komplexer Zeichendetails ein Maximum durchläuft.

Kontrastbewertung.

Das Verhalten des äußeren Kontrastes entspricht den Erwartungen. Er nimmt monoton mit wachsender mittlerer Leuchtdichte zu. Äußerer Kontrast und mittlerer Kontrast unterscheiden sich im subjektiv bevorzugten Bereich zwischen etwa 5:1 und 10:1 kaum.

Die im gleichen Diagramm gestrichelt eingetragene Kurve gilt für den inneren Kontrast eines dunklen Doppelpunktes. Daraus folgt, daß auch bei der Darstellung dunkler Zeichen auf hellem Grund der innere Kontrast ein Maximum durchläuft. Allerdings gelten die Gerätekonstanten c und b nicht für reale Schirme dieser Kontrastrichtung. Generell gilt aber, daß eine einfache Invertierung der Kontrastrichtung von hellen auf dunkle Zeichen ohne eine entsprechende Optimierung des Breiten - Abstandsverhätnisses zu geringeren inneren Kontrasten führen muß.

Die aus den Leuchtdichteprofilen heller Zeichen abgeleitete Unterscheidung in einen inneren und einen äußeren Kontrast bedarf bei der Darstellung mit dunklen Zeichen einer näheren Erklärung. Dunkle Zeichendetails sind ringsrum von hellen Bildpunkten umgeben und werden in ihrer Leuchtdichte entsprechend angehoben. Die Leuchtdichte aller dunklen Details ist daher höher als die Untergrundleuchtdichte, die in einem genügend großen Abstand von Zeichen gemessen wird. Das hat zur Folge, daß der mit einem dunklen Vollzeichen gemessene Kontrast nur bei relativ niedrigen Leuchtdichten mit einem örtlichen Kontrast vergleichbar ist. Auch sind bei dunklen Zeichen innerer und äußerer Kontrast, im Gegensatz zu hellen Zeichen, weniger verschieden.

Das durch Modellrechnungen gefundene Ergebnis eines maximalen inneren Kontrastes komplexer Zeichendetails konnte auch experimentell bestätigt werden. Bild 15. Die berechneten und gemessenen Kurven für den inneren Kontrast stimmen gut überein. Das Maximum von K_i wird bei einem mittleren Kontrast von ca. $K = 7$ erreicht und beträgt gemessen $K_{i,max} = 3,6$ gegenüber einem berechnetem Wert von $K_{i,max} = 3,2$.

4. Visuelle Kontrastschwellen

4.1 Detektionswahrscheinlichkeit und Visibility Level

Zur Beschreibung der visuellen Leistungsfähigkeit geht man heute allgemein von dem Modell eines rauschbehafteten Kontrastdetektors aus. /13/. Danach wird ein Sehobjekt detektiert oder identifiziert, wenn der aktuelle Objektkontrast einen momentanen inneren Schwellenkontrast übersteigt, der bedingt durch innere und äußere Rauschvorgänge statistischen Schwankungen unterworfen ist. Im schwellennahen Bereich nimmt die Detektionswahrscheinlichkeit mit zunehmendem Objektkontrast relativ rasch zu, wobei vereinbarungsgemäß der zu einer Detektionswahrscheinlichkeit von 0,5 zugehörige Objektkontrast als Schwellenkontrast definiert wird. (Schwellenkontraste werden hier durch einen Strich über dem entsprechenden Kontrastsymbol gekennzeichnet, z.B. $\overline{C}$ oder $\overline{m}$).

Analysen im Rahmen der CIE - Kontrastmetrik haben gezeigt, daß im schwellennahen Bereich für einfache Detektions - und Suchaufgaben die Detektionsleistung praktisch nur von dem Verhältnis des Objektkontrastes C zum Schwellenkontrast $\overline{C}$ abhängt, der zur Durchführung der jeweiligen Sehaufgabe benötigt wird.

$$VL = \frac{C}{\bar{C}} \quad (15)$$

Dies gilt im Rahmen dieses Modells unabhängig davon, wie sich dieser Überschwelligkeitsfaktor Visibility Level VL aus dem Objektkontrast und den zahlreichen den Schwellenkontrast beeinflußenden Faktoren im einzelnen zusammensetzt. /14/, /15/. Die Ursache dafür liegt vermutlich darin, daß in diesem schwellennahen Bereich die VL - Werte die Anzahl der unterscheidbaren Helligkeitsstufen bedeuten. (Siehe auch Gl.(20)).

Der quantitative Zusammenhang zwischen einer Detektionsleistung P_v und dem Visibility Level VL sei hier durch folgende psychometrische Funktion beschrieben

$$P_v = \frac{1}{1 + \left(\frac{VL}{a_1}\right)^{a_2}} \quad (16)$$

Dabei bedeutet die Konstante a_1 den zu $P_v = 0,5$ zugehörigen VL - Wert. Die Konstante a_2 kennzeichnet die Steilheit dieser S - förmig verlaufenden Funktion.

Die Detektionswahrscheinlichkeit pro Blick P_g eines einfachen Sehobjektes bei fovealer Beobachtung läßt sich aus Untersuchungen von Blackwell (/14/, Seite 71. Siehe auch CIE - Publication No 19/2.1, 1981, S.3) wie folgt darstellen

$$P_g = \frac{1}{1 + VL_g^{-4,92}} \quad (17)$$

wobei VL_g das foveale Visibility Level pro Blick bedeutet. Geht man von einer Blick- bzw. Fixationsdauer von 1/3 sec aus, so beträgt nach Gl.(21) VL_g das ca. 2,3 - fache gegenüber VL bei unbegrenzter Darbietungszeit. Praktisch die gleiche Abhängigkeit für $P_g(VL_g)$ wurde in einer neueren Untersuchung von Fleck und Bodmann über die Detektion von Bildschirmzeichen bei peripherer Beobachtung gefunden. /16/.

Der hohe Absolutwert für die Konstante a_2 mit $a_2 = -4.92$ in Gl.(17) ist ein Ausdruck für die rasche Zunahme von P_g mit wachsendem VL_g. So ergibt ein Kontrast, der doppelt so groß ist wie der Schwellenkontrast eine Detektionswahrscheinlichkeit von 0,97, d.h. nahezu sichere Detektion. Schwierigere Sehaufgaben ergeben für den Zusammenhang zwischen visueller Leistung und Visibility Level einen flacheren Verlauf. So erhält man aus den Untersuchungen von Weston /17/ über die Abhängigkeit der Suchleistung regelmäßig angeordneter Landoltringe vom Kontrast und vom Beleuchtungsniveau für die Konstanten von Gl.(16) $a_1 = 2,6$ und $a_2 = -1,7$.

4.2 Detektion und Identifikation

Schwellenkontraste hängen von einer Vielzahl von inneren und äußeren Faktoren ab, wobei aus praktischer Sicht die Faktoren Sehobjektgröße, Umfeldleuchtdichte, Darbietungszeit und Ort der Abbildung auf der Netzhaut von besonderer Bedeutung sind. Schwellenkontraste sind aber auch vom Erkennungsniveau und der Art der Sehaufgabe abhängig. Hierauf soll im folgenden näher eingegangen werden.

Das einfachste Erkennungsniveau ist die Detektion eines Sehobjektes auf Grund seines Helligkeitsunterschiedes gegenüber dem Untergrund. Diese Fähigkeit wird hier mit Helligkeitsdetektion bezeichnet. Detaildetektion liegt vor, wenn ein bekanntes Objekt, z.B. der Schlitz in einem Landoltring zu erkennen ist. Diese Fähigkeit wird auch mit Sehschärfe oder mit Diskrimination bezeichnet. Dagegen soll hier unter Identifikation die Fähigkeit verstanden werden, aus einer Menge verschiedener Sehobjekte ein individuelles Objekt auf Grund seiner spezifischen Merkmale zu erkennen, z.B. bestimmte Buchstaben oder Fahrzeugtypen.

In der klassischen physiologischen Optik wird die Detektionsleistung des visuellen Systems durch die Eigenschaften der Rezeptoren und ihrer nachgeschalteten Neuronen erklärt. Methodisch steht daher die Untersuchung von diskreten Einzelzeichen, z.B. Kreisscheibe oder Landoltring, im Vordergrund.

Neben diesem auf der Sichtbarkeit von diskreten Einzelobjekten aufbauenden Kontrastmodell wird in neueren systemtheoretisch orientierten Modellen seit etwa Mitte der 50er Jahre das visuelle System als eine Folge von homogenen Schichten aufgefaßt, deren Übertragungseigenschaften für orts - und zeitabhängige Leuchtdichtestrukturen mit nachrichtentechnischen Methoden, insbesondere der Fourieranalyse beschrieben werden. /10/, /18/. Im Vordergrund dieser Modelle steht die Untersuchung von periodischen Strukturen, insbesondere Rechteck - und Sinusgittern, deren örtliche (Ortsfrequenz) und zeitliche Leuchtdichteschwankungen (Zeitfrequenz) zur Schwelle gebracht werden.

In Bild 16 wurde der Versuch unternommen, die mit Einzelzeichen und Sinusgittern gemessenen Schwellenkontraste miteinander zu vergleichen. Aufgetragen ist die Kontrastempfindlichkeit als Kehrwert des Schwellenkontrastes (definiert als Modulationsgrad) über der Testzeichengröße bzw. über der Ortsfrequenz $1/(2\cdot\alpha)$. Die auf Untersuchungen verschiedener Autoren beruhende Darstellung gilt für jeweils konstante Umfeldleuchtdichten im Bereich des Tagessehens und bei unbegrenzter Darbietungszeit. /10/, /19/, /20/, /21/, /22/.

Der auf den ersten Blick auffallendste Unterschied zwischen Einzelzeichen und Sinusgitter betrifft den Bereich kleinerer Ortsfrequenzen. Während die Kontrastempfindlichkeit für die Einzelzeichen Kreisscheibe und Landoltring dort nahezu konstant ist, steigt sie beim Sinusgitter mit wachsender Ortsfrequenz bis ca. 3 Perioden/Grad an (Balkenbreite ca. 10'), um danach mit größer werdender Ortsfrequenz anfangs flacher, später relativ steil abzufallen.

Auffällig ist auch der unterschiedliche Kurvenverlauf bei höheren Ortsfrequenzen. Während die Kontrastempfindlichkeit für Helligkeitsdetektion (Kreisscheibe) entsprechend dem Riccoschen Gesetz mit $1/\alpha^2$ abnimmt, streben die Funktionen für Detaildetektion bzw. Sehschärfe (Landoltring, Sinusgitter) der Auflösungsgrenze zu. Das bedeutet, daß zwischen Objekt und

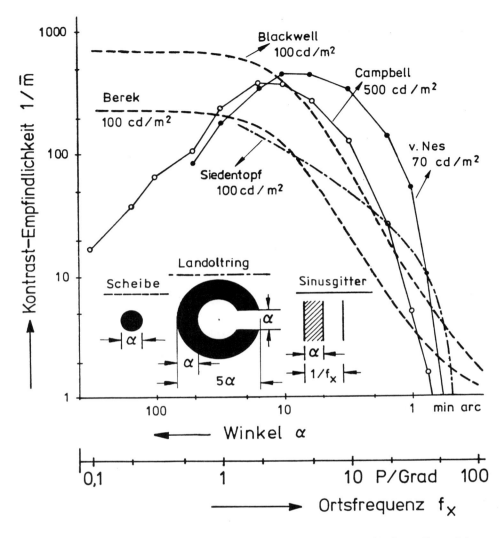

Bild 16: Vergleich von Kontrastempfindlichkeitsfunktionen verschiedener Testzeichen nach verschiedenen Autoren. Alle drei Testzeichen charakterisieren unterschiedliche Erkennungsniveaus. Die Kurven für die Kreisscheibe beschreiben die Helligkeitsdetektion, Landoltring und Sinusgitter kennzeichnen die Detaildetektion. Landoltring und Sinusgitter unterscheiden sich vor allem im Bereich niedriger Ortsfrequenzen. Es gelten folgende Zuordnungen zwischen Autor und Testzeichen:
Berek /19/, Blackwell /20/: Kreisscheibe und ähnliche Objekte
Siedentopf /21/: Landoltringe
Campbell /10/, v. Nes /22/: Sinusgitter

Untergrund durch Kontraststeigerung immer ein Helligkeitsunterschied erzielt werden kann. Detailunterschiede können durch Kontraststeigerung nur dann sichtbar werden, wenn die maßgeblichen Details größer sind als durch das Auflösungsvermögen bedingt.

Insgesamt gesehen scheinen mit den drei typischen Testzeichen Kreisscheibe, Landoltring und Sinusgitter auch unterschiedliche Eigenschaften des visuellen Systems erfaßt zu werden. Nur im mittleren Frequenzbereich zwischen ca. 3 bis 30 Perioden/Grad besteht eine gewisse Gemeinsamkeit darin, daß alle drei Funktionen hier mit wachsender Ortsfrequenz monoton abfallen.

Für praktische Anwendungen stellt sich die Frage, inwieweit Schwellenkontraste komplexer Objekte aus denen einfacher Objekte erklärt werden. Dies gelang bisher nur in Einzelfällen. So konnte Campbell /10/ zeigen, daß die Schwellenkontraste zur Identifikation von Rechteck - und Sägezahngittern sich aus den Schwellenkontrasten der 3. bzw. der 2. Oberwelle ergeben. Ginsburg /23/ bestimmte die Schwellenkontraste zur Detektion von Snellenbuchstaben als Ganzes und gleichzeitig die zur Identifikation erforderlichen Kontraste von individuellen Einzelzeichen. Dabei zeigte sich, siehe Bild 17, daß im Ortsfrequenzbereich zwischen ca. 1 und 10 Perioden/Grad die "Identifikationskurve" aus der "Detektionskurve" durch Parallelverschiebung zu geringeren Frequenzen um einen Frequenzfaktor von ca. 2,5 hervorgeht. Daraus folgt, daß relativ große Zeichen praktisch in ihrer individuellen Form über die Schwelle kommen. Der Erhöhungsfaktor für die Kontrastschwelle steigt dagegen umso steiler an, je kleiner die Zeichen werden. Die Grenze dieses Modells wird erreicht, wenn die das Zeichen charakterisierenden Zeichendetails in die Nähe des Auflösungsvermögen kommen.

Aufgrund dieses Ergebnisses läßt sich zumindest näherungsweise und im Bereich klar auflösbarer Detailgrößen die Identifikationsschwelle komplexer Zeichen aus der Helligkeitsschwelle einfacher Zeichen abschätzen, wenn der Frequenzverschiebungsfaktor bekannt ist. Wie die Experimente Ginsburgs zeigen, ist dieser Faktor nicht identisch mit dem realen Verhältnis von Zeichendetail und Zeichen. Bei Snellenbuchstaben z.B. beträgt die Schriftbreite 1/5 der Schrifthöhe, das experimentell ermittelte relevante Detail beträgt jedoch ca. das 1/2,5 - fache der Schrifthöhe. Zur Frage nach dem relevanten Detail von Bildschirmzeichen wird in Abschnitt 5 Stellung genommen.

4.3 Umfeldleuchtdichte, Objektleuchtdichte und Objektgröße

Für eine quantitative Darstellung der Schwellenkontraste in Abhängigkeit von der Umfeldleuchtdichte L_u und der scheinbaren Objektgröße α wurden die umfangreichen und gut dokumentierten Untersuchungen von Blackwell /20/, (Tabelle VIII) herangezogen. Diese Schwellenkontraste wurden mit jungen Versuchspersonen unter insgesamt sehr günstigen Versuchsbedingungen gewonnen. Sie gelten für praktisch unbegrenzte Darbietungszeit bei freier Beobachtung, d.h. foveales Sehen bei höheren Leuchtdichten sowohl für helle und dunkle Sehobjekte.

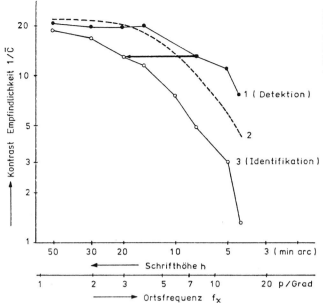

Bild 17:
Kontrastempfindlichkeit bei der Detektion von Snellenbuchstaben als Ganzes (1) und bei der Identifikation individueller Einzelzeichen (3) nach Messungen von Ginsburg /23/. Die gestrichelte Kurve (2) gilt für Helligkeitsdetektion einfacher Zeichen, berechnet nach Gl.(18) mit:
$\overline{C}_{min} = 0,04$, $L_u = 100$ cd/m^2

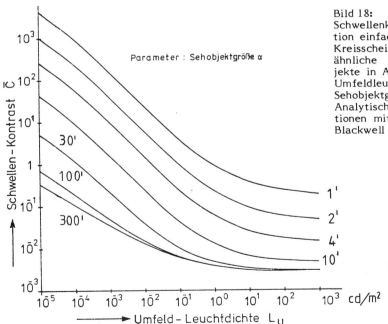

Bild 18:
Schwellenkontraste zur Detektion einfacher Sehobjekte wie Kreisscheibe, Quadrat oder ähnliche flächengleiche Objekte in Abhängigkeit von der Umfeldleuchtdichte und der Sehobjektgröße als Parameter. Analytische Ausgleichsfunktionen mit den Meßdaten von Blackwell /20/.

Der analytische Ausgleich dieser Meßdaten durch eine "Leuchtdichtefunktion" f_1 und eine "Winkelfunktion" f_2, beide Funktionen sind nicht ganz unabhängig, führte zu folgendem Ergebnis

$$\overline{C} = \overline{C}_{min} \cdot f_1 \cdot f_2$$

mit
$$f_1 = 1 + \left(\frac{L_u}{0{,}158}\right)^{-0{,}484} \qquad f_2 = 1 + \left(\frac{\alpha_o}{\alpha}\right)^2 \qquad (18)$$

$$\alpha_o = 7{,}5 + 132{,}5 \cdot \left(1 - \frac{1}{1 + \left(\frac{L_u}{0{,}00075}\right)^{-0{,}383}}\right)$$

$$\overline{C}_{min} = 0{,}00275$$

wobei L_u in cd/m^2 und α in Bogenminuten einzusetzen sind. $\overline{C}_{min}$ bedeutet den Grenzschwellenkontrast für sehr große L_u- und α-Werte. Schwierige Bedingungen können durch einen höheren Wert von $\overline{C}_{min}$ simuliert werden. Ein Vergleich mit den ursprünglichen Meßwerten ergibt im Leuchtdichtebereich zwischen 0,001 und 1000 cd/m^2 im Mittel eine Abweichung kleiner als 2 %.

Einschränkend gelten diese Schwellenkontraste nur für einfache, homogene Sehobjekte, bei denen eine der beiden Kontrastleuchtdichten mit der Umfeldleuchtdichte übereinstimmt. Bei komplexen Sehobjekten oder Details steigt der Schwellenkontrast zur Wahrnehmung eines Detailunterschiedes umso rascher an, je mehr sich deren Kontrastleuchtdichten von der Umfeldleuchtdichte unterscheiden. Aus einem Helligkeitsmodell von Adams und Cobb /24/ läßt sich für den inneren Schwellenkontrast $\overline{C}(L)$ eines Details mit der Leuchtdichte L folgende Beziehung ableiten

$$\overline{C}(L) = \frac{1}{4} \overline{C} \frac{(1 + L/L_a)^2}{L/L_a} \qquad (19)$$

Dabei bedeuten L_a die Adaptationsleuchtdichte, die bei nur kurzzeitiger Beobachtung und nicht zu großer Detailleuchtdichten mit der mittleren Leuchtdichte des Umfeldes identifiziert werden kann. $\overline{C}$ in Gl.(19) ist der Schwellenkontrast gegenüber dem Umfeld. Für den Fall $L = L_a$ gilt dann $\overline{C}(L) = \overline{C}$. Sind andererseits L_1 und L_2 die Kontrastleuchtdichten eines komplexen Sehobjektes, dann erhält man daraus für die dazwischen befindliche Anzahl von Helligkeitsstufen

$$N = 4 \frac{VL}{C} \left(\frac{1}{1 + L_1/L_a} - \frac{1}{1 + L_2/L_a}\right) \qquad (20)$$

Diese Beziehung verallgemeinert Gl.(15) im Sinne eines Visibility Levels in der Einheit von Helligkeitsschwellen. Damit lassen sich möglicherweise überschwellige Kontraste besser erfassen als durch VL.
Im schwellennahen Bereich stimmen Schwellenanzahl N und Visibility Level VL näherungsweise

überein. Im Überschwelligkeitsbereich dagegen nimmt VL mit dem Objektkontrast linear zu, während N in Übereinstimmung mit dem empfindungsgemäßen Eindruck einem Grenzwert zustrebt, der bei einfachen Sehobjekten $2/\overline{C}$ beträgt. Dazu ein Beispiel. Aus Tabelle 4 entnimmt man für das Bildschirmzeichen "M" bei einem mittleren Zeichenkontrast K = 12,3 und einer Untergrundleuchtdichte von L_u = 3,6 cd/m^2 für die Kontrastleuchtdichten L_2 = 48 cd/m^2 und L_1 = 14,3 cd/m^2. Daraus folgt für den inneren Kontrast K_i = 3,36 bzw. C_i = 2,36. Ferner sei angenommen, daß die Untergrundleuchtdichte der Adaptationsleuchtdichte entspricht, d.h. $L_u = L_a$. Bei einem Schwellenkontrast für Identifikation von $\overline{C}$ = 0,23 (siehe Abschnitt 5.2) erhält man nach Gl.(15) ein Visibility Level VL = 10,3 und nach Gl.(20) N = 2,5 Helligkeitsschwellen. Angenommen, die Detailleuchtdichte L_1 sei gleich der Untergrundleuchtdichte L_u, d.h. im Zeicheninnern finde keine Überlappung der Bildelemente statt. Innerer und äußerer Kontrast wären in diesem hypothetischen Fall identisch. Mit den Daten des Beispiels erhielte man dann $C_i = C_a$ = 12,3 und VL = 53,5 bei N = 7,5 Helligkeitsschwellen gegenüber real 2,5 Helligkeitsschwellen. Dieser Unterschied von 5 Helligkeitsschwellen kennzeichnet den Sichtbarkeitsverlust infolge Überlappung der inneren Bildelemente.

4.4 Zeitabhängigkeit

Eine Erhöhung der Schwellenkontraste bei Verkürzung der Darbietungszeit bis hin zur Dauer eines Blickes läßt sich bei Annahme der Blickfolgen als unabhängige Ereignisse in Verbindung mit Gl.(17) wie folgt darstellen

$$\overline{C}(t) = 2{,}33 \cdot \overline{C} \cdot (0{,}5^{-\frac{1}{3t}} - 1)^{0{,}203} \quad (15 \sec > t \geq 1/3 \sec) \tag{21}$$

Darin bedeuten t die tatsächliche Darbietungszeit in Sekunden und $\overline{C}$ der Schwellenkontrast bei unbegrenzter Darbietungszeit z.B. nach Gl.(18). Ferner wurden eine Blickdauer von 1/3 sec und ein oberer Grenzwert von 15 sec angenommen. Aus Gl.(21) folgt dann, daß Schwellenkontraste bei unbegrenzter Darbietungszeit um ca. den Faktor 2,3 kleiner sind als bei einer Darbietungszeit, die der Dauer einer Fixation entspricht.

4.5 Ortsabhängigkeit

Schwellenkontraste sind bei sonst gleichen Bedingungen umso größer, je weiter entfernt sich das Sehobjekt von der Fixationsachse befindet. Bezeichnet man mit R(ß) das Verhältnis von peripherem zu fovealem Schwellenkontrast, so kann die Abhängigkeit beider Größen zumindest in der Nähe der Fovea durch folgende lineare Beziehung beschrieben werden

$$R(\beta) = 1 + a \cdot \beta \tag{22}$$

Die Konstante a und der Gültigkeitsbereich dieser Gleichung hängen von der Art des zu detektierenden Merkmals ab. Für Helligkeitsdetektion eines einzelnen Zeichens gilt etwa a = 0,25....0,5, für Detaildetektion etwa a = 1,5. Auf Grund des begrenzten Auflösungsvermögens gilt Gl.(22) bei Detaildetektion nur für wenige Winkelgrade. Neuere Messungen der R(ß) - Funktion für Bildschirmzeichen ergaben für Detaildetektion ca. a = 4 in einem Gültigkeitsbereich kleiner 5° und ca. a = 0,8 für Helligkeitsdetektion bis zu ca. 30°. /16/.

5. Visuelle Leistung und Akzeptanz - Experimentelle Ergebnisse

Zur direkten Untersuchung der Zusammenhänge zwischen Kontrast der Bildschirmzeichen und visuellem Leistungsvermögen während der Bildschirmarbeit wurden unter praxisnahen Bedingungen eine Reihe von Experimenten durchgeführt. Ein weiterer Aspekt dieser Untersuchungen ist die mehr grundsätzliche Frage nach dem Visibility Level und der Ausdehnung der elementaren Sichtbarkeitsfelder. Schließlich wird der Frage nach dem Zusammenhang zwischen subjektiver Kontrastbewertung und maximalem inneren Kontrast nachgegangen.

Bild 19 zeigt den Versuchsplatz eines büroähnlichen Versuchsraumes, in dem in den letzten Jahren eine Reihe von Experimenten zu visuellen Problemen der Bildschirmarbeit stattfanden. Der dargestellte 15" - Bildschirm ist Teil eines Prozeßrechners, der auch die Steuerung des Versuchsablaufs und die Auswertung der Versuchsergebnisse übernahm. Die Raumbeleuchtung erfolgte ohne spiegelnde Reflexe bei einer Beleuchtungsstärke auf dem Arbeitsplatz von 300 lx bzw. 120 lx auf der Bildschirmoberfläche.

Bild 19: Experimenteller Bildschirmarbeitsplatz zur Durchführung von Suchexperimenten und subjektiven Kontrastbewertungen. Monochromer 15" - Bildschirm, Bildwiederholfrequenz 60 Hz, Zeichenhöhe 4,1 mm, leicht geätzte Bildschirmoberfläche, Leuchtdichtekoeffizient q = 0,03 (cd/m^2)/lx. Beobachtungsabstand 650 mm. Suchfläche 160·190 mm^2.

5.1 Kontrast und Suchleistung

Die Aufgabe, einzelne Objekte wahrzunehmen, stellt bei realen Sehaufgaben nur einen Teilaspekt dar. Reale Sehaufgaben, insbesondere auch die Wahrnehmung der auf Bildschirmen dargestellten Daten und Texte enthalten im wesentlichen Lese - und Suchkomponenten.

Zur Messung der Suchleistung wurden am Bildschirm Suchbilder aufgebaut, die aus zufallsverteilten Umgebungszeichen (19 "D") und dem dazu ähnlichen Suchzeichen "O" bestanden. Auf dem Bildschirm waren somit 20 Zeichen dargestellt. Die Aufgabe der Versuchsperson bestand darin, nach einem akustischen Startzeichen, beginnend vom Mittelpunkt des Schirmes, dieses "O" zu suchen und bei Entdeckung eine bestimmte Taste zu drücken. Die Bestimmung einer mittleren Suchzeit bei jedem der 6 untersuchten Kontrastniveaus und jeder der 3 Versuchspersonen (Alter 22 bis 27 Jahre) erfolgte mit Hilfe von jeweils 60 verschiedenen Suchbildern, deren binomialverteilte Einzelzeiten arithmetisch gemittelt wurden.

Den Einfluß des mittleren Zeichenkontrastes im gesamten gerätemäßig einstellbaren Bereich auf die mittlere Suchzeit zeigt Bild 20. Ausgehend vom geringsten untersuchten Kontrastwert $K = 1,27$ nimmt die zum Auffinden des Suchzeichens erforderliche Zeit mit wachsendem Kontrast K zunächst sehr rasch ab und zeigt damit das typische Leistungsverhalten im schwellennahen Bereich.

Im mittleren Kontrastbereich zwischen ca. $K = 2,5$ und $K = 15$ erfolgt der Leistungsgewinn erheblich langsamer und beträgt dort insgesamt ca. 25 %, in guter Übereinstimmung mit früheren Untersuchungen. /2/, /8/. Weiter zeigt Bild 20, daß sehr hohe Kontrastwerte zu einem Anstieg der Suchzeit führen. Dieser Leistungsabfall wurde einheitlich für alle 3 Versuchspersonen gefunden.

Tabelle 2: Ergebnisse des Suchexperimentes. Mittlere Suchzeiten $\bar{t}$ der drei Versuchspersonen (A,B,C). Die letzte Zeile enthält deren Mittelwerte in Form der Suchgeschwindigkeit $(1/\bar{t})$. Suchzeiten in Sekunden.

mittlerer Kontrast K	1,27	1,64	2,27	4,23	12,3	35
innerer Kontrast K_i	1,25	1,58	2,07	3,00	3,36	2,50
$\bar{t}(A)$	3,98	2,21	1,72	1,55	1,43	1,47
$\bar{t}(B)$	4,74	2,72	2,05	1,77	1,57	1,98
$\bar{t}(C)$	4,85	2,10	1,61	1,48	1,32	1,69
$1/\bar{t}$	0,221	0,427	0,558	0,625	0,694	0,584

Um die gemessene Suchleistung mit dem inneren Kontrast des Suchzeichens in Beziehung zu setzen, wurde der innere Kontrast des Zeichens "O" in der linken oberen Ecke gemessen. Siehe auch Bild 10. Dabei wurden annähernd die gleichen Ergebnisse wie mit dem Zeichen "M"

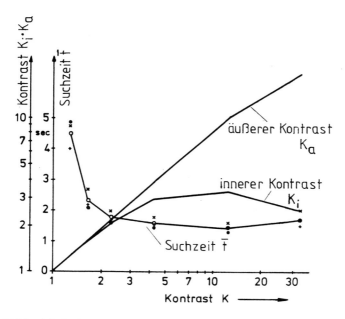

Bild 20: Abhängigkeit der mittleren Suchzeit der 3 Versuchspersonen vom mittleren Zeichenkontrast. (Das kreisförmige Zeichen gilt für den Mittelwert aus den 3 Versuchspersonen). Die Suchzeit ist am geringsten, wenn der innere Kontrast, gemessen in der Ecke des Suchzeichens, am größten ist.

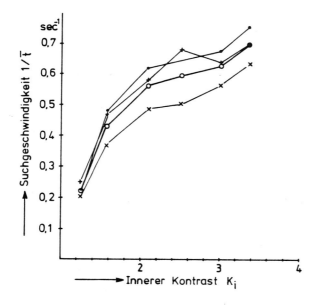

Bild 21: Maßgebend für die Suchleistung am Bildschirm ist der innere Kontrast komplexer Zeichendetails. Dies ist das wesentliche Ergebnis des Suchexperiments. Alle drei Versuchspersonen zeigten ähnliches Verhalten. Das kreisförmige Zeichen gilt für den Mittelwert.

erhalten, so daß die inneren Kontraste von Tabelle 4 auch für andere komplexe Details dieses Bildschirms verwendet wurden.

Wie aus Bild 21 hervorgeht, besteht zwischen der Suchgeschwindigkeit und dem inneren Kontrast komplexer Details ein relativ fester monotoner Zusammenhang. Bei Annahme eines linearen Zusammenhanges beträgt der Korrelationskoeffizient zwischen Suchgeschwindigkeit und innerem Kontrast r = 0,93 gegenüber r = 0,51 zwischen Suchgeschwindigkeit und äußerem Kontrast sowie r = 0,40 zwischen Suchgeschwindigkeit und mittlerem Kontrast.

Einen besseren Ansatz für den Zusammenhang zwischen relativer Suchleistung und innerem Kontrast stellt die psychometrische Funktion gemäß Gl.(16) dar, wenn man für VL ein "inneres" Visibility Level gemäß $C_i/\overline{C}$ annimmt, mit C_i als innerem Kontrast gemäß Tabelle 4 und mit $\overline{C}$ = 0,23 als Schwellenkontrast für Identifikation gemäß Abschnitt 5.2. Für die Konstanten erhält man a_1 = 0,5 und a_2 = -1,35 bei einer mittleren Abweichung zwischen gemessenen und berechneten Werten von 3,5 %. Der Anstieg der Suchleistung mit wachsendem innerem Kontrast erfolgt somit etwas flacher als bei der bereits erwähnten Untersuchung von Weston /17/ mit beleuchteten ungerasterten Sehobjekten, wie aus der die Steigung charakterisierenden Konstanten a_2 hervorgeht.

5.2 Schwellenkontraste und Visibility Level

Schwellenkontraste von Bildschirmzeichen, gemessen unter realen Bedingungen sind soweit überblickbar nicht bekannt. Daher wurden von den gleichen Versuchspersonen und unter den gleichen äußeren Bedingungen wie bei den Suchexperimenten Schwellenkontraste repräsentativer Zeichen (O,D,H,M) gemessen. Die Zeichen wurden einzeln in Bildschirmmitte dargeboten und von der Versuchsperson durch Verändern der Zeichenleuchtdichte zur Schwelle gebracht. Gemessen wurden die sich dabei ergebenden örtlichen Kontraste K_i und K_a, die in Schwellennähe mit dem mittleren Kontrast annähernd übereinstimmen.

Bei dem Bewertungskriterium "Detektion" war nur das Vorhandensein eines Zeichens wahrzunehmen. Dabei wurde relativ einheitlich von allen 3 Versuchspersonen ein Schwellenkontrast von $\overline{K}$ = 1,06 bzw. $\overline{C}$ = 0,06 eingestellt. Wie verhält sich dieser Wert gegenüber Schwellenkontrasten einfacher Zeichen, die unter günstigsten Bedingungen dargeboten werden? Unter der Annahme, daß die Leuchtdichte des Bildschirmuntergrundes adaptationsbestimmend ist erhält man nach Gl.(18) mit L_u = 3,6 cd/m^2 und mit einer flächengleichen Sehobjektgröße von 20' für die Bildschirmzeichen einen Schwellenkontrast $\overline{C}$ = 0,0047, der um einen Faktor 13 kleiner ist als gemessen. Dieser Unterschied zwischen idealem und praktischem Schwellenwert liegt durchaus im Rahmen realer Sehaufgaben. Zum Beispiel läßt sich aus den Untersuchungen von Ginsburg /23/ über die Detektion von gedruckten Snellenbuchstaben ein "Praxisfaktor" von ca. 15 ableiten. (Siehe die gestrichelte Kurve in Bild 17).

Bei dem Kriterium "Identifikation" mußte das individuelle Zeichen erkannt werden. Es ergaben sich zwischen den untersuchten Zeichen relativ geringe Unterschiede, dagegen größere Unterschiede zwischen den Versuchspersonen, wie Tabelle 3 ausweist. Über alle Zeichen und Versuchspersonen gemittelt erhält man danach einen Schwellenkontrast $\overline{C}$ für Identifikation eines Bildschirmzeichens von 0,23. (Ähnliche Ergebnisse wurden auch mit einem DIN A4 - Ganzseitenbildschirm eines Textverarbeitungssystems erhalten, mit dem alle Groß - und Kleinbuchstaben untersucht wurden. Im Mittel ergab sich $\overline{C}$ = 0,34 für helle Zeichen und $\overline{C}$ = 0,26 für dunkle Zeichen, ohne daß ein Einfluß der Buchstabenform festgestellt werden konnte).

Tabelle 3: Am Bildschirm (Bild 19) gemessene Schwellenkontraste $\overline{C}$ zur Identifikation eines einzeln in Bildschirmmitte dargestellten Zeichens. Foveale, direkte Beobachtung, unbegrenzte Darbietungszeit. Mittelwerte von je 3 unabhängigen Einstellungen.

Zeichen Versuchsperson	H	O	D	M
VP - A	0,26	0,24	0,21	0,24
VP - B	0,10	0,13	0,17	0,15
VP - C	0,31	0,31	0,31	0,30

Zwischen den Schwellenkontrasten für Identifikation und Detektion liegt somit ein Faktor von annähernd 4. Aus Gl.(18) folgt, daß ausgehend von einem 20' großen Sehobjekt ($\overline{C}$ = 0,06) der 4-fache Schwellenkontrast ($\overline{C}$ = 0,23) bei einer Objektgröße von effektiv ca. 6' vorhanden ist. Daraus kann man schließen, daß das relevante Detail von Bildschirmzeichen das 1/3,5 - fache (20/6) von der Schrifthöhe beträgt, im Vergleich zu ca. dem 1/2,5 - fachen Verhältnis bei gedruckten Schriftzeichen. Bildschirmzeichen wären danach schwieriger zu identifizieren als Druckzeichen. Die Ursache dafür liegt vermutlich in der relativ groben Rasterstruktur der untersuchten Bildschirmzeichen.

Photometrisch gemessene Objektkontraste und psychophysisch gemessene Schwellenkontraste ermöglichen nun die Bestimmung des Überschwelligkeitsfaktors Visibility Level als indirektem Maß der visuellen Leistungsfähigkeit. Die Ergebnisse für den untersuchten 15" - Bildschirm zeigt Tabelle 4. Darin enthält die 5. Zeile VL - Werte, die aus dem inneren Kontrast komplexer Zeichendetails und dem gemessenen Schwellenkontrast für Identifikation berechnet wurden. Wie bereits in Abschnitt 5.1 festgestellt wurde, ergibt sich hiermit, im Gegensatz zum mittleren Kontrast, eine hohe Korrelation mit der Suchleistung.

Die Bestimmung eines Visibility Levels von komplexen, in sich strukturierten Zeichen, wie sie Bildschirmzeichen darstellen, ist jedoch nicht unproblematisch. Bei hohen Kontrastwerten unterscheiden sich die Kontrastleuchtdichten L_2 und L_1 erheblich von der adaptationsbestimmenden Untergrundleuchtdichte, so daß größere Zahlenwerte erhalten werden, als dem empfindungsgemäßen Kontrast entspricht.

Visibility Level auf der Basis einer empfindungsgemäßen Kontrastbewertung entsprechend dem Ansatz von Gl.(20) sind möglicherweise ein besseres Maß der Sichtbarkeit. Die nach dieser Methode berechneten Ergebnisse für ein Visibility Level, dargestellt in der letzten Zeile von Tabelle 4, zeigen aber bei sehr hohen Kontrastwerten im Vergleich zur gemessenen

Suchleistung relativ kleine Zahlenwerte. Dies hängt vermutlich damit zusammen, daß die Zeichenleuchtdichte bei sehr hohen Kontrastwerten einen merklichen Einfluß auf die Adaptationsleuchtdichte ausübt, die hier mit L_u identifiziert wurde. Insgesamt ist festzustellen, daß die Anwendbarkeit von Überschwelligkeitsmaßen auf kontrastreiche und strukturierte Sehobjekte einer weiteren Klärung bedarf.

Tabelle 4: Kontraste, Leuchtdichten, inneres Visibility Level und Schwellenanzahl komplexer Zeichendetails des untersuchten 15" - Bildschirms. Bild 19. Schwellenkontrast für Identifikation $\overline{C} = 0,23$.

mittlerer Zeichen - kontrast K	1,27	1,64	2,27	4,23	12,3	35
Leuchtdichte L_1	3,6	3,8	4,1	6,0	14,3	35,6
Leuchtdichte L_2	4,5	6,0	8,5	18	48	89
Innerer Kontrast C_i	0,25	0,58	1,07	2,0	2,36	1,5
Visibility Level $VL = C_i/\overline{C}$	1,09	2,52	4,65	8,70	10,3	6,52
Schwellen - anzahl N	0,97	1,9	3,0	3,6	2,3	0,92

5.3 Elementares Sichtbarkeitsfeld

Unabhängig von den Schwierigkeiten, die Detektionsleistung kontrastreicher und strukturierter Sehobjekte quantitativ zu beschreiben, ist die Überschwelligkeit im bevorzugten Kontrastbereich zwischen ca. 5:1 und 10:1 auf jeden Fall genügend groß, um bei direkter Beobachtung eine sichere Detektion zu gewährleisten.

Bei Lese - und Suchaufgaben hängt die Informationsaufnahme eng mit dem Mechanismus der Augenbewegungen zusammen. Die Abtastung der zu bearbeitenden Szene erfolgt durch schnelle, ruckartige Änderungen der Fixationsrichtung, beim Lesen systematisch zeilenweise, beim Suchen zufallsartig oder nach erlernten Strategien. Die eigentliche Informationsaufnahme vollzieht sich während der Fixationsdauer, die erfahrungsgemäß im Bereich zwischen 0,2 und 0,5 sec liegt. In dieser Zeitspanne steht die Fixationsachse relativ ruhig im Raum, so daß eine scharfe Abbildung, besonders in der Fovea, ermöglicht wird.

Die hohe Lese - und Suchleistung des visuellen Systems läßt sich aber nicht allein durch das hohe Auflösungsvermögen und die hohe Kontrastempfindlichkeit der nur 2 - 3° großen Fovea erklären. Lesen und Suchen ist eine gemeinsame Leistung des fovealen und peripheren Netzhautsystems. Bei direkter Fixierung wird das Sehobjekt in der Mitte der Fovea abgebildet und kann dort auf Grund des höheren Auflösungsvermögens am besten als spezielles Zeichen identifiziert werden. Der an die Fovea angrenzende parafoveale Bereich ermöglicht je nach Kontrast gegebenenfalls noch eine ausreichende Helligkeitsdetektion des Zeichens als Ganzes ohne Detailerkennung. Die peripheren Bereiche liefern auch für die Programmierung der folgenden Abtastbewegung wichtige Vorinformationen, sie dienen der optischen Führung und Aufmerksamkeitserregung."

Neuere Modelle zur Erklärung der Suchleistung gehen von dem Konzept unterschiedlicher Sehfelder aus. /25/, /26/, /27/. Dabei wird dasjenige Sehfeld um den Fixationspunkt, in dem ein Sehobjekt auf Grund eines Kontrastunterschiedes zum Umfeld detektiert werden kann (entweder mit 50 % oder nahezu 100 % Wahrscheinlichkeit) als "visibility lobe" bzw. hier als elementares Sichtbarkeitsfeld bezeichnet. Befindet sich darin im Verlauf einer Suchaufgabe ein Suchobjekt, so kann es entweder sofort oder beim nächsten Blick fixiert und identifiziert werden.

Die Ausdehnung des elementaren Sichtbarkeitsfeldes ergibt sich aus der Gleichheit von tatsächlichem Objektkontrast und peripherem Schwellenkontrast d.h. also für eine Detektionswahrscheinlichkeit von 50 %. Nach Gl.(22) erhält man dann für den halben Öffnungswinkel in Grad

$$\beta_e = \frac{VL_g - 1}{a} \qquad (23)$$

wobei VL_g das foveale Visibility Level pro Blick und a eine von dem Erkennungsniveau abhängige Konstante bedeuten. Beträgt z.B. der Kontrast eines einfachen Sehobjektes C = 0,5 und ist zur fovealen Detektion bei unbegrenzter Darbietungszeit ein Schwellenkontrast $\bar{C}$ = 0,05 erforderlich, dann erhält man mit a = 0,5 (Abschnitt 4.5) und mit VL = 10 bzw. VL_g = 4,3 nach Gl.(21) für β_e = 6,5.° Im Rahmen dieses Modells würde dann ein solches Objekt im Verlaufe eines Suchvorganges mit einer Wahrscheinlichkeit von 0,5 detektiert werden, wenn der foveale Fixationspunkt vom Sehobjekt 6,5° entfernt liegt.

Gl.(23) liefert auch eine plausible Erklärung für die Notwendigkeit hoher Kontraste bei realen Sehaufgaben. Hohe Kontraste sind erforderlich nicht in erster Linie zum fovealen Sehen, sondern vor allem für eine günstige periphere Detektion zur Erzielung möglichst ausgedehnter elementarer Sichtbarkeitsfelder und damit geringer Such - und Lesezeiten.

Ist P_o die Wahrscheinlichkeit zur Wahrnehmung des Suchzeichens beim 1. Blick und ist T die mittlere Fixationsdauer, so gilt für die mittlere Suchzeit bei nicht zu großen P_o - Werten

$$\frac{1}{\bar{t}} = \frac{1}{T} P_o \qquad (24)$$

P_o hängt ab von der angewandten Suchstrategie. Befinden sich nur relativ wenige aber genügend auffällige Sehobjekte innerhalb der Suchfläche, so führt möglicherweise die direkte foveale Fixation zum schnellsten Sucherfolg, es gilt dann $P_o = 1/k$ wenn k die Anzahl der im Suchfeld befindlichen Zeichen ist. Erfolgt die Abtastung der Suchfläche zufallsartig, wobei jede Stelle der Suchfläche die gleiche Chance hat fixiert zu werden, so gilt $P_o = A_e/A_s$ mit A_e als Fläche des elementaren Sichtbarkeitsfeldes und A_s als Suchfläche bzw. den entsprechenden Raumwinkeln aus der Sicht des Beobachters. Schließlich können beide Strategien kombinierend angewendet werden mit $P_o = 1/k + (1 - 1/k) A_e/A_s$.

Der zweite Parameter dieses Modells ist die mittlere Fixationsdauer. Bild 22 zeigt die am untersuchten Bildschirm (Bild 19) während der Suchexperimente gemessene Verteilung für einen schwellennahen und einen subjektiv bevorzugten Zeichenkontrast. Dabei wurde für die schwellennahe Situation eine mittlere Fixationsdauer von 0,361 sec gegenüber 0,273 sec bei der bevorzugten Kontrasteinstellung gefunden. Das bedeutet, daß eine Kontrasterhöhung neben einer Vergrößerung des elementaren Sichtbarkeitsfeldes auch eine Abnahme der Fixationsdauer bewirken kann.

Sind von dem Beobachter die angewandte Suchstrategie, die mittlere Fixationsdauer sowie die mittlere Suchzeit bekannt, dann läßt sich das elementare Sichtbarkeitsfeld über die Modellgleichung (24) bestimmen. Dazu folgende Überlegung: Angenommen im Verlauf des Suchvorgangs werden nur solche Bildschirmstellen fixiert, in denen sich Zeichen befinden. (Direktfixation). Bei einer angenommenen mittleren Fixationsdauer von 1/3 sec und k = 20 Zeichen müßte dann die mittlere Suchzeit ca. 6,7 sec betragen. Tatsächlich wurde aber dafür im Bereich bevorzugter Kontraste ca. 1,6 sec (Tabelle 2) gemessen. Daraus ist klar ersichtlich, daß der größte Anteil der Suchleistung von ausgedehnten Gesichtsfeldern herrühren muß. Ob allerdings reine Zufallsabtastung (Random - Modell) oder eine Kombination aus Direktfixation und Zufallsabtastung (Mixed - Modell) von der Versuchsperson angewendet wurde, läßt sich an Hand der Meßdaten ohne Registrierung der Blickbewegungen nur schwerlich entscheiden, denn beide Sehmodelle unterscheiden sich in ihrer Suchleistung umso weniger, je größer die Anzahl dargestellter Zeichen ist.

Der halbe Öffnungswinkel (in rad) des kreisförmig angenommenen elementaren Sichtbarkeitsfeldes ergibt sich dann bei Annahme einer kombinierten Suchstrategie zu

$$\beta_e = \sqrt{\frac{\omega_s}{\pi} \frac{T/\bar{T} - 1/k}{1 - 1/k}} \tag{25}$$

Setzt man $1/k = 0$, so gilt das Randommodell. Tabelle 5 zeigt die so berechneten β_e - Werte mit den Daten des Suchexperiments von Tabelle 2 und einer als unabhängig vom Zeichenkontrast angenommenen mittleren Fixationsdauer von 1/3 sec für beide hier in Frage kommenden Suchstrategien.

Danach beträgt das aus dem Suchmodell berechnete elementare Sichtbarkeitsfeld im Bereich mittlerer Kontrastwerte ca. 3 bis 4 Grad. Beide Suchstrategien ergeben keine prinzipiellen Unterschiede. Der Gang mit dem mittleren Zeichenkontrast entspricht zwangsläufig dem der mittleren Suchzeit.

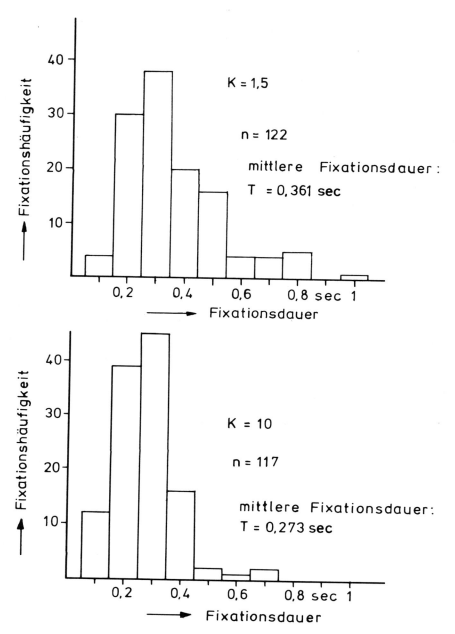

Bild 22: Während des Suchens am Bildschirm mit einem Eye - NAC - Recorder registrierte Suchzeiten einer Versuchsperson. Dargestellt auf dem Bildschirm (Bild 19) waren 20 zufallsverteilte Zeichen (19 "D" und das Suchzeichen "O").
Oben: Schwellennaher Zeichenkontrast K = 1,5.
Unten: Bevorzugter Zeichenkontrast K = 10.
Die Anzahl der ausgewerteten Fixationen ist mit n bezeichnet.

Tabelle 5: Öffnungswinkel $ß_e$ (in Grad) der elementaren Sichtbarkeitsfelder am Bildschirm in Abhängigkeit vom mittleren Zeichenkontrast K bei Annahme des Random - Modells (R) und des Mixed - Modells (M). Versuchsdaten: Anzahl der Zeichen k = 20, Raumwinkel der Suchfläche ω_s = 0,07 sr, mittlere Fixationsdauer T = 1/3 sec.

Zeichen kontrast K	1,27	1,64	2,27	4,23	12,3	35
$ß_e$(R)	2,32	3,23	3,69	3,90	4,11	3,78
$ß_e$(M)	1,35	2,67	3,24	3,49	3,74	3,34

Die Absolutwerte von $ß_e$ hängen jedoch auch von der Anzahl der Zeichen ab, die sich insgesamt im Suchfeld befinden. Dies zeigten eindeutig andere Suchexperimente, bei denen die Anzahl der Zeichen auf dem Bildschirm variiert wurde und der Zeichenkontrast auf einen Wert im subjektiven Vorzugsbereich konstant blieb. Die nach Gl.(25) berechneten $ß_e$ - Werte (Random - Modell) zeigen dann eine außerordentlich starke Abhängigkeit von der Anzahl der Zeichen im Suchfeld, wie aus Tabelle 6 hervorgeht. Bei 200 Zeichen im 190·160 mm^2 großen Suchfeld beträgt das berechnete elementare Sichtbarkeitsfeld nur noch ca. 0,7° gegenüber ca. 4° bei nur 20 Zeichen. Dabei nimmt die Anzahl der Zeichen, die sich im Mittel während einer Fixationsdauer im elementaren Sichtbarkeitsfeld befinden ($P_o \cdot k$) von ca. 4,2 bei 20 Zeichen im Suchfeld auf ca. 1,6 bei 200 Zeichen ab. Dies läßt darauf schließen, daß die außerhalb des Sichtbarkeitsfeldes vorhandenen Zeichen eine "Einschnürung" des Gesichtsfeldes im Sinne von Störzeichen verursachen. Die Fähigkeit, mehrere Zeichen im Sichtbarkeitsfeld parallel zu verarbeiten nimmt scheinbar umso mehr ab, je mehr Zeichen insgesamt verarbeitet werden müssen.

Die berechnete Abhängigkeit des elementaren Sichtbarkeitsfeldes von der Anzahl der zu verarbeitenden Zeichen bedeutet, daß eine Voraussage der Suchleistung allein aus den Kontrasten bzw. dem Visibility Level entsprechend Gl.(23) und Gl.(24) ohne genaue Kenntnis der Konstanten a nicht möglich ist. Auch muß festgestellt werden, daß der gemessene Zusammenhang zwischen Suchgeschwindigkeit und Zeichenkontrast (Bild 21) nicht aus Gl.(24) erklärt werden kann, wenn man zur Bestimmung von P_o über Gl.(23) für VL_g die direkt gemessenen VL_i-Werte entsprechend Tabelle 4 einsetzt. Der so berechnete Zusammenhang zwischen Suchgeschwindigkeit und innerem Kontrast verläuft dann beträchtlich steiler als gemessen. Ein eindimensionales Kontrastmodell dürfte somit kaum in der Lage sein, die visuelle Leistung bei komplexen Sehaufgaben zu erklären.

Zeichen im Suchfeld	20	40	200
$ß_e$/Grad	3,9	2,1	0,72
$P_o \cdot k$	4,16	2,52	1,56

Tabelle 6: Die Größe des elementaren Sichtbarkeitsfeldes hängt neben dem Zeichenkontrast auch von der Anzahl der Zeichen ab, die sich insgesamt im Suchfeld befinden.

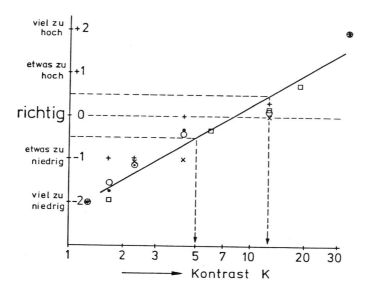

Bild 23: Subjektive Kontrastbewertung von 20 über den Bildschirm zufallsverteilten Zeichen in Abhängigkeit vom mittleren Zeichenkontrast. Einzelergebnisse von 3 Versuchspersonen. Das kreisförmige Zeichen steht für deren Mittelwert, das quadratförmige für den Mittelwert einer 2. Meßreihe.

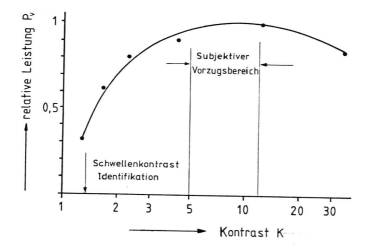

Bild 24: Zusammenfassung von experimentellen Ergebnissen am Bildschirm. Erstens: Der Schwellenkontrast zur Identifikation eines einzeln dargestellten Zeichens beträgt ca. K = 1,23. Zweitens: Die relative Suchleistung erreicht im Bereich der subjektiv bevorzugten Kontrastwerte ein flaches Maximum.

6. Praktische Aspekte

Zur Prüfung der Hypothese, daß der subjektiv bevorzugte Zeichenkontrast im Bereich des maximalen inneren Kontrastes komplexer Zeichendetails liegt, hatten die an den Suchexperimenten beteiligten Versuchspersonen auch die Aufgabe, die vorgegebenen Zeichenkontraste nach einer 5 - stufigen Ratingskala zu bewerten. Die dabei erhaltenen Urteile zeigt Bild 23.

Nimmt man Gleichabständigkeit der gewählten Urteilskategorien an und begrenzt die Urteilsklasse "richtig" durch Skalenwerte von - 0,5 bis + 0,5, so stellen die dazugehörigen Kontrastwerte von K = 5 bis K = 12 die Grenzen des bevorzugten Kontrastbereiches dar, in dem sich auch das relativ flache Maximum des inneren Kontrastes komplexer Details befindet. (Siehe auch Bild 20). Die bevorzugten Kontrastwerte liegen hier etwas höher als bei einer früheren Untersuchung. /8/, Bild 25. Der Grund dafür liegt möglicherweise in der unterschiedlichen Anzahl der auf dem Bildschirm dargestellten Zeichen. (Hier 20 Zeichen, früher nahezu 500 Zeichen).

Für die Praxis hat das Kriterium des maximalen inneren Kontrastes den Vorteil, die Kontrasteinstellung von Bildschirmgeräten objektivieren zu können. Erforderlich ist dazu die Messung des inneren Kontrastes eines komplexen Zeichendetails, am besten beim Zeichen "M", in Abhängigkeit vom mittleren Kontrast. Ein auf den maximalen inneren Kontrast eingestelltes Bildschirmgerät ist dann auch in Bezug auf die visuelle Leistung richtig eingestellt wie ein Vergleich von Bild 23 und 24 zeigt.

Die Methode der Kontrastbewertung auf der Basis eines inneren Kontrastes könnte im übrigen eine getrennte Erfassung einer "Zeichenschärfe" entbehrlich machen, wenn man für den inneren Kontrast eine untere Grenze festlegt, die bei K_i = 2,5 liegen sollte. Diese Empfehlung gewährleistet Kontrastreichtum zwischen Zeichendetails und somit auch zwangsläufig Zeichenschärfe. Das ist gegenüber bisherigen Empfehlungen auf der Basis mittlerer Kontraste ein entscheidender Vorteil.

Für die Gestaltung von Arbeitsplätzen mit Bildschirmgeräten ist auch von Bedeutung, welchen Einfluß das Beleuchtungsniveau im Raum und der Reflexionsgrad der Bildschirmoberfläche auf die Kontrasteinstellung ausüben. In diesem Zusammenhang stellt sich auch die Frage, nach welchen Kriterien Bildschirmgeräte mit unterschiedlichen Oberflächenreflexionen bzw. Leuchtdichtekoeffizienten eingesetzt werden sollten.

Bild 26 zeigt für helle Zeichen als Ergebnis von Modellrechnungen die Abhängigkeit der örtlichen und mittleren Zeichenkontraste von der Beleuchtungsstärke auf der Bildschirmoberfläche mit deren Leuchtdichtekoeffizient als Parameter. (Die 3 untersuchten Leuchtdichtekoeffizienten wurden ausgehend von q = 0,03 (cd/m^2)/lx durch Variation der Oberflächentransmission simuliert). Dabei ist K_{op} (optimaler Kontrast) derjenige mittlere Zeichenkontrast, der für das untersuchte komplexe Detail "Bildpunkt - Lücke - Bildpunkt" den maximalen

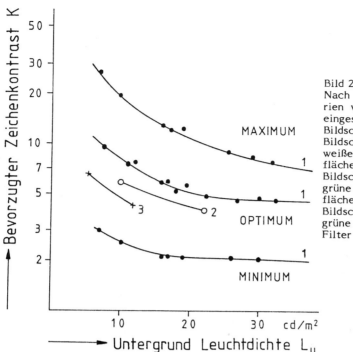

Bild 25:
Nach drei subjektiven Kriterien von 12 Versuchspersonen eingestellte Kontraste von Bildschirmzeichen.
Bildschirm 1: Polychrom, weiße Zeichen, glatte Oberfläche
Bildschirm 2: Monochrom, grüne Zeichen, geätzte Oberfläche
Bildschirm 3: Monochrom, grüne Zeichen, Micro-Mesh-Filter

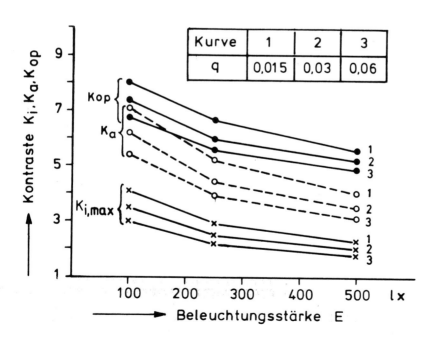

Bild 26: Ergebnis von Modellrechnungen entsprechend Abschnitt 3.2 für örtliche und mittlere Zeichenkontraste heller Zeichen in Abhängigkeit von der Beleuchtungsstärke auf dem Bildschirm E und dessen Leuchtdichtekoeffizient q.

inneren Kontrast $K_{i,max}$ ergibt. K_a ist der dazugehörige äußere Kontrast.

Daß mit wachsender Beleuchtungsstärke auf dem Bildschirm der Kontrast K_{op} abnimmt, wurde auch in früheren Experimenten für den subjektiv bevorzugten Kontrast gefunden. /8/, Bild 25. Auch diese Abhängigkeit spricht dafür, daß die Akzeptanz der Zeichenkontraste im wesentlichen durch den inneren Kontrast komplexer Zeichendetails bestimmt wird.

Steigt ausgehend von einer "optimalen" Geräteeinstellung das Beleuchtungsniveau eines Raumes an, z.B. durch Zunahme des Tageslichtanteils, so werden innerer und äußerer Kontrast zwangsläufig verringert. Durch Erhöhen der Zeichenleuchtdichte bis zum Maximum des inneren Kontrastes kann zwar eine neue "optimierte" Geräteeinstellung gefunden werden, sie unterscheidet sich aber gegenüber der Ausgangssituation in zweierlei Hinsicht. Erstens zeichnet sich die neue Kontrasteinstellung durch ein größeres Breiten-Abstandsverhältnis der Bildelemente aus. Zweitens ist der Absolutwert des inneren Kontrastes geringer geworden.
Andererseits bewirkt eine höhere Beleuchtungsstärke auf dem Bildschirm eine höhere Untergrundleuchtdichte und damit ein höheres Adaptationsniveau. Die Frage ist, wie sich Kontrastminderung und Erhöhung der Kontrastempfindlichkeit auf die Sichtbarkeit insgesamt auswirken.
Die Beantwortung dieser Frage erfolgt durch Berechnung eines relativen Visibility Level $C_i/\bar{C}$ mit C_i als innerer Kontrast und $\bar{C}$ als Schwellenkontrast für Identifikation. Der Einfluß der Untergrundleuchtdichte auf den Schwellenkontrast wurde nach Gl.(18) bei einer effektiven Detailgröße von 6' berücksichtigt, wobei wieder angenommen wurde, daß L_u adaptationsbestimmend ist.

q \ E	0,015	0,03	0,06
100	1,23	1,27	1,29
250	0,89	1	0,97
500	0,86	0,79	0,74

Tabelle 7:
Relatives Visibility Level als Verhältnis von innerem Kontrast und Schwellenkontrast für Identifikation bei jeweils "optimierter Kontrasteinstellung", normiert auf 1 bei E = 250 lx und q = 0,03 (cd/m^2)/lx.
Helle Zeichen auf dunklem Grund.

Wie aus Tabelle 7 hervorgeht, nimmt die Überschwelligkeit der Zeichen mit wachsender Beleuchtungsstärke auf dem Schirm ab. Die Verringerung des inneren Kontrastes wirkt sich daher stärker aus als die Zunahme der Kontrastempfindlichkeit mit wachsender Leuchtdichte des Bildschirmuntergrundes. Aus Tabelle 7 sind auch Hinweise für einen differenzierten Einsatz von Bildschirmgeräten abzulesen. Geht man von einem für Büroräume typischen Beleuchtungsniveau von 500 lx auf der Arbeitsfläche aus, so entspricht dies je nach Lichtverteilung der Beleuchtung einer Beleuchtungstärke von ca. 200 bis 250 lx auf dem Schirm. Vom Standpunkt der Zeichensichtbarkeit sind dann Bildschirme mit nicht zu kleinem Leuchtdichtekoeffizienten von einem gewissen Vorteil. Im Falle höherer Beleuchtungsstärken auf dem Bildschirm sind dagegen Oberflächen mit geringeren q - Werten geeigneter, während in Räumen mit relativ geringen Beleuchtungsstärken eher hellere Bildschirme eine etwas höhere Zeichensichtbarkeit ergeben.

Bewertung / Zeichen	Innerer Kontrast C_i	Schwellen-kontrast	Visibility Level
Helle Zeichen	2,03	0,23	8,8
Dunkle Zeichen	1,46	0,14	10,4

Tabelle 8: Abschätzung eines Visibility Levels bei der Darstellung heller und dunkler Zeichen.

In diesem Zusammenhang stellt sich auch die Frage, ob die Darstellung heller oder dunkler Zeichen auf Bildschirmen günstiger ist. Dazu diene die folgende Abschätzung.

Die Konfiguration "Bildpunkt - Lücke - Bildpunkt" (Bild 12 und 13) ergibt für einen "hypothetischen" Bildschirm (q = 0,06 (cd/m^2)/lx, E = 100 lx) nach den Modellrechnungen von Abschnitt 3.2 für helle Zeichen einen maximalen inneren Kontrast C_i = 2,03 und einen etwas kleineren Wert C_i = 1,46 für dunkle Zeichen. Geht man von einem gemessenen Schwellenkontrast zur Identifikation heller Zeichen von $\overline{C}$ = 0,23 aus, so läßt sich aus Gl.(18) bei einer Untergrundleuchtdichte von 100 cd/m^2 sowie einer relevanten Detailgröße von 6' ein Schwellenkontrast von 0,14 für dunkle Zeichen abschätzen. Dies ergibt dann rechnerisch ein etwas größeres Visibility Level für dunkle Zeichen, siehe Tabelle 8, wobei allerdings fraglich ist, inwieweit sich der relativ geringe Zahlenunterschied praktisch auswirken kann. (Außerdem wurde in dieser Abschätzung die Problematik der Überbewertung größerer VL - Werte nicht berücksichtigt). Diese Betrachtung bestätigt somit eine frühere experimentelle Untersuchung, in der kein eindeutiger Gewinn bei der Darstellung dunkler Zeichen festgestellt werden konnte. /28/. Voraussetzung für einen Sichtbarkeitsgewinn bei der Darstellung dunkler Zeichen ist eine Verringerung des Breiten - Abstandsverhältnisses um ca. 15-20 %. Modellrechnungen zeigen, daß dann der innere Kontrast sogar größere Werte annimmt als bei hellen Zeichen.

7. Zusammenfassung

Die Rasterstruktur von Bildschirmzeichen verursacht eine Reihe von Kontrast - und Sichtbarkeitsproblemen.

Theoretische und experimentelle Analysen der Leuchtdichtemodulation von Bildschirmzeichen ergaben die Notwendigkeit, zwischen innerem, äußerem und mittlerem Kontrast zu unterscheiden. Zur Bestimmung der Sichtbarkeit der Bildschirmzeichen wurden Schwellenkontraste in ihrer Abhängigkeit von der Umfeldleuchtdichte, der Sehobjektgröße, der Darbietungszeit usw. modellmäßig dargestellt.

Auf Grund von Detektions -, Identifikations - und Suchexperimenten sowie subjektiver Bewertungen wurde gezeigt, daß der innere Kontrast der Zeichen die maßgebende Kontrastgröße für visuelle Leistung und Akzeptanz ist. Der innere Kontrast stellt das primäre Kriterium für eine optimale Kontrasteinstellung von Bildschirmen in ihrer Umgebung dar.

Literatur:

/1/ Vision and the visual display unit work station: CIE - Publication No 60, Paris, 1984

/2/ Kokoschka, S.: Visuelle Kriterien zur Beleuchtung von Bildschirmarbeitsplätzen, Internationale Lichtrundschau, 1980/4, S. 119 - 123

/3/ Haubner, P., Kokoschka, S.: Visual display unit - Characteristics of performance, Light and Lighting '83, CIE - Publication No 56, 1983, B3/1 - 8

/4/ Cakir, A., Reuter, H. - J., v. Schmude, L., Armbruster, A.: Anpassung von Bildschirmarbeitsplätzen an die physische und psychische Funktionsweise des Menschen, Forschungsbericht herausgegeben vom Bundesminister für Arbeit und Sozialordnung, Bonn, 1978

/5/ Schade, O.H.: Image reproduction by a line raster process, In: Perception of displayed information, Plenum Press, New York - London, 1973, p. 233 - 278

/6/ Barten, P.G.J.: Optical performance of CRT displays, Proceedings of Eurodisplay '81, München 16. - 18.9.1981, S.160 - 165, (VDE - Verlag Berlin)

/7/ Kokoschka, S., Bodmann H.W.: Untersuchungen zum Beleuchtungsniveau und Zeichenkontrast am Bildschirmarbeitsplatz, Lichttechnik, 30. Jahrgang, Nr.9, 1978, S.395 - 399

/8/ Kokoschka, S., Bodmann H.W.: Kontrast und Beleuchtungsniveau am Bildschirmarbeitsplatz, CIE - Publication No 50, 1980, Paris, S.305 - 309

/9/ DIN 66234, Teil 2, Bildschirmarbeitsplätze, Wahrnehmbarkeit von Zeichen auf Bildschirmen, Mai 1983

/10/ Campbell, F.W., Robson, J.G.: Application of fourier analysis to the visibility of gratings, Journ. Physiol., 1968, Bd.197, p.551 - 566

/11/ Carlson, C.R., Cohen, R.W.: A simple psychophysical model for predicting the visibility of displayed information, Proceedings of the SID, Vol.21/3, 1980, p.229 - 246

/12/ Leibig, J., Roll, K.F.: Acceptable luminances reflected on VDU screens in relation to the type of contrasts and illumination, Light and Lighting '83, CIE - Publication No 56, 1983, D 313/1 - 4

/13/ Overington, I.: Vision and aquisitation, Pentech Press, London, 1976

/14/ A unified framework of methods for evaluating visual performance aspects of lighting: CIE - Publication No 19, 1972, Paris

/15/ Bodmann, H.W.: Visibility assessment in lighting engineering, Journ. of IES, July 1973, p.437 - 443

/16/ Fleck, H.J., Bodmann H.W.: Foveale und extrafoveale Wahrnehmung von Bildschirmzeichen, Licht 84, Mannheim, Nr.37, 1984

/17/ Weston, H.C.: The relation between illumination and visual efficiency - The effect of brightness contrast, Industrial Health Research Report No.87, 1945, Great Britain Medical Research Council

/18/ Korn, A., Seelen, W.v.: Dynamische Eigenschaften von Nervennetzen im visuellen System, Kybernetik 10, 1972, S.64-77

/19/ Berek, M.: Zum physiologischen Grundgesetz der Wahrnehmung von Lichtreizen, Zeitschrift für Instrumentenkunde, 63, 1943, S.297-309

/20/ Blackwell, H.R.: Contrast thresholds of the human eye, Journ. Opt. Soc. Amer., Vol.36, 1946, p.624 - 643

/21/ Siedentopf, H., Meyer, E.J., Wempe J.: Neuere Sehschärfemessungen, Zeitschrift für Instrumentenkunde, 51, 1941, S.372-380

/22/ Van Nes, F.L., Bouman, M.A.: Variation of contrast sensitivity with luminance, Journ. Opt. Soc., Vol. 57, 1967, p.401-406

/23/ Ginsburg, A.P.: Specifying relevant spatial information for image evaluation and display design: An explantation of how we see certain objects, Proceedings of the SID, Vol.21/3, 1980, p.219 - 227

/24/ Adams, E.Q., Cobb P.W.: The effects of foveal vision of bright and dark surroundings, Journ. Exp. Phsychol., Vol.5, 1922, p.39 ff

/25/ Inditsky, B.: Analysis of visual performance (Theoretical and experimental investigation of visual search), Thesis, Universität Karlsruhe, 1978

/26/ Inditsky B., Bodmann, H.W., Fleck H.J.: Elements of visual performance (Contrast metric, visibility lobes, eye movements), Lighting Research and technology, Vol.14, No 4, 1982, p.218 - 231

/27/ Verriest, G. (editor): The occupational visual field, Fifth International Visual Field Symposium, 1983 (Dr. W. Junk Publishers, The Hague/Boston/Lancaster)

/28/ Kokoschka, S., Fleck, H.J.: Vergleich von Negativ - und Positivdarstellung der Bildschirmzeichen, Lichttechnische Gemeinschaftstagung Licht '82, Lugano 16. - 18. Juni 1982, S.507 - 531, (Zürich SLG)

Anschrift des Verfassers:

Dr. Ing. Siegfried Kokoschka
Lichttechnisches Institut Universität Karlsruhe
Kaiserstr. 12
D 7500 Karlsruhe

Strukturaspekte der Informationsgestaltung auf Bildschirmen

Aspects of Structuring Information on VDUs

Peter Haubner
Abteilung Angewandte Arbeitswissenschaft
Siemens-Forschungszentrum
Erlangen

SUMMARY

Structuring information on visual display units (VDUs) is a major ergonomic aspect in man-machine communication. Following a theoretical exposé on establishing models for visual analysis of scenes and structures, a description is given of experiments conducted to evaluate alphanumerically coded screen masks. Evidence is presented to show that the structure of these masks has a considerable influence on users in accepting information displays and also on their performance. In conclusion, some practical aspects of picture configuration are illustrated.

1. Einleitung

Auf den ersten Blick erscheint Bild 1 als ein mehr oder minder willkürlich zusammengewürfeltes Mosaik schwarzer und weißer Flecken.

Bild 1: Strukturierte Szene durch zueinander in Beziehung stehende Bildelemente (Photografie von R.C. James /1/)

Bei näherem Hinsehen erkennt man jedoch einen Dalmatinerhund, der am Boden schnüffelt; daneben verläuft ein Stück Weg und links oben im Bild sieht man den Ansatz eines Baumstammes.

Die Bildelemente dieser zweidimensionalen Szene sind also nicht stochastisch ungeordnet, sondern zeigen Organisationstendenzen; man könnte auch sagen, die Szene ist strukturiert.

Im folgenden werden ergonomische Aspekte spezieller optischer Strukturen betrachtet, wie sie zur Informationsdarstellung auf Bildschirmgeräten verwendet werden, wobei im wesentlichen alphanumerisch codierte Zeichenfolgen behandelt werden. Ein Beispiel zeigt Bild 2.

```
ABCDEFG 1234 Abcde   GSUIOPRTHNBV
AgurtDfRhrt   KELIMA   Maboto Dasa
Eingeb 153   AUSLAGE 56 ABR oo11
Alpha-numerische Zeichenfolgen
```

Bild 2: Beispiel für alphanumerische Zeichenfolgen

2. <u>Begriffe und Definitionen</u>

Einer Definition des Strukturbegriffes sei der Systembegriff zugrunde gelegt. Ein System wird als die Zusammenfassung beliebiger Elemente und Relationen verstanden.

Das durch die Relationen eines Systems gebildete räumliche, zeitliche oder begriffliche Anordnungsmuster der Elemente soll Struktur heißen.

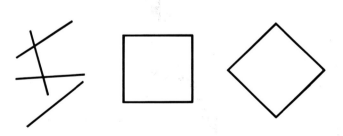

Bild 3: Beispiel für einfache Strukturen

So bilden z.B. die gleichlangen Linienstücke in Bild 3, nach geometrischen Relationen zu einer Figur zusammengefügt, die Struktur eines Quadrats. Verschiebt man die Figur ohne Drehung, so wird sie doch stets als Quadrat erlebt. Rotiert man sie aber um 45°, so bleibt die Figur aus mathematischer Sicht zwar ein Quadrat, wird jedoch subjektiv nicht unmittelbar mehr als solches erlebt. Dies folgt auch aus der spontanen Benennung; aus dem Quadrat ist sprachlich eine Raute geworden.
Es sollte also zwischen subjektiver und objektiver Struktur einer Konfiguration unterschieden werden. Faßt man die Elemente eines gerade betrachteten Ausgangssystems zu Äquivalenzklassen zusammen, so sollen daraus ableitbare Vergröberungen der Struktur des Ausgangssystems als Makro-Strukturen bezeichnet werden. Jede Verfeinerung soll im folgenden Mikro-Struktur heißen.

HERSTELLER	: AUDI/NSU	HUBRAUM	: 2144 CCM
FAHRZEUGTYP	: AUDIAT	LEISTUNG	: 85 KW
MODELL	: 100 SL	HÖCHSTGESCHW.	: 188 KM/H
AUSSTATTUNG	: SPORT	TANKINHALT	: 60 L
LACKIERUNG	: SCHWARZ	DURCHSCHNVERBR.	: 9,3 L
POLSTER	: GRAU	LÄNGE	: 469 CM

BAUJAHR	PREIS (2-TÜRIG)		PREIS (4-TÜRIG)	
1982	20 200 DM	100 %	20 885 DM	100 %
1981	11 850 DM	59 %	12 700 DM	60 %
1980	9 750 DM	48 %	10 650 DM	51 %
1979	7 950 DM	39 %	8 750 DM	42 %
1978	- --- DM	-- %	- --- DM	-- %

Bild 4: Beispiel zu den Begriffen Makrostruktur, Mikrostruktur

Ausgangssystem der Betrachtung sei die Konfiguration α-n-Zeichen in Bild 4. Die Zeichen bilden 5 optische Blöcke. Betrachtet man im Moment alle Zeichen eines Blockes als ununterscheidbar, dann bilden diese 5 Blöcke mit ihren (angedeuteten) Umrissen und ihrer relativen Lage zueinander eine Makrostruktur. Verfeinert man die Betrachtung auf Zeichenfolgen, Einzelzeichen oder gar Rasterpunkte von Einzelzeichen, so lassen sich daraus verschiedene Mikrostrukturen ableiten.

Weiterhin scheint es sinnvoll, die sensorische Repräsentation einer Struktur, also z.B. die optische Darstellung als äußere oder formale Struktur zu bezeichnen, um sie von der inneren oder inhaltlichen Struktur zu unterscheiden.

3. Visuelle Informationsverarbeitung

Die Wirkungsweise des visuellen Systems ist im Prinzip einigermaßen bekannt, sowohl morphologisch als auch neurophysiologisch. Und doch fehlt letztlich die Antwort auf die Frage, wie sensorische Eingangsinformationen in die vertrauten Bilder alltäglicher Wahrnehmung transformiert werden.
Hinweise für die praktische Bildgestaltung liefert am ehesten noch die Gestaltpsychologie.
Die Gestaltpsychologen /2/ postulieren angeborene Organisationstendenzen in der Wahrnehmung, die explizit in den sog. Gestaltgesetzen ihren Ausdruck finden. Diese sind scheinbar direkt evident. Daraus folgt wohl die große Faszination, die immer noch von der Gestaltpsychologie ausgeht.

Bild 5: Das sog. "Gesetz der Nähe"

Bild 5 sagt aus, daß benachbarte Elemente leichter eine Konfiguration bilden als entfernte ("Gesetz" der Nähe).

Bild 6 illustriert das sog. "Gesetz" der Gleichartigkeit. Man sieht als Makrostruktur ein Quadrat. Die Mikrostruktur wird als Zeilen von kleinen Quadraten und Punkten erlebt, nicht jedoch als Spaltenanordnung. Gleichartige Elemente finden eher zueinander als ungleichartige.

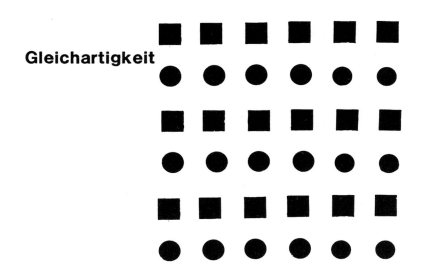

Bild 6: Das sog. "Gesetz der Gleichartigkeit"

Nach dem Gesetz der Nähe müßte die Anordnung der Elemente in Bild 7 instabil sein und in drei optische Gruppen zerfallen. Die gute Fortsetzung der virtuellen Linien triumphiert jedoch über die Nähe; verstärkt wird diese Tendenz durch die Gleichartigkeit der Elemente.

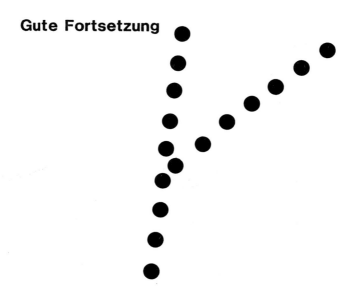

Bild 7: Das sog. "Gesetz der guten Fortsetzung"

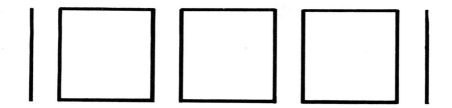

Bild 8: Das sog. "Gesetz der Geschlossenheit"

Schließlich zeigt Bild 8, wie die Struktur von Bild 5 durch das Schließen von Zwischenräumen verändert werden kann. Geschlossenheit trägt ganz wesentlich zu einer stabilen Gestalt mit prägnanter Struktur bei.
Wie sehr diese Mechanismen perzeptorischer Organisation selbst vertraute, auch begrifflich verankerte Strukturen umbilden können, sieht man an nachfolgenden "Hieroglyphen":

UNIVERSITÄT
KARLSRUHE

Man kann sie leicht entziffern, wenn man jeweils die obere (gespiegelte) Hälfte der Zeichenfolgen abdeckt.
Die Beispiele haben aber auch gezeigt, daß fast jedes "Gestaltgesetz" ein Gegengesetz hat, wobei die Hierarchie dieser sog. Gesetzmäßigkeiten offen bleibt, d.h., es ist unklar, wann ein Gesetz gilt und wann es ein anderes aufhebt. Somit stellen die Formulierungen der Gestaltpsychologie aus wissenschaftlicher Sicht lediglich phänomenologische Beschreibungen für gute oder schlechte Gestalten dar. Aus praktischer Sicht jedoch kann eine solche Beschreibung sehr nützlich sein.
Ein Modell, wie sich die visuelle Bildverarbeitung aus heutiger Sicht wahrscheinlich abspielt, erhält man, wenn man physiologische Erkenntnisse /3/ mit Ansätzen der "Künstlichen Intelligenz-Forschung" /4/ und mit einigen wenigen fundamentalen Prinzipien der Gestaltpsychologie kombiniert /2/.

Makroskopisch läuft die visuelle Informationsverarbeitung im großen und ganzen in 3 Stufen ab:
- Bildvorverarbeitung
- Bildanalyse
- Szenenanalyse

Die Vorverarbeitung selbst hat im wesentlichen 3 Aufgaben:
- Optische Abbildung der Sehobjekte einer Szene (eines Reizmusters) durch die Augenmedien mit anschließender Signalwandlung in elektrochemische Analogsignale durch Lichtabsorption in den Rezeptoren.

- Verbesserung der Bildqualität durch Filterung im Ortsfrequenzbereich zur Kompensation der relativ schlechten Abbildungseigenschaften der Augenmedien.

- Umcodierung der Information in der Ganglienzellschicht durch Pulsfrequenzmodulation. Dies dient einer störarmen Übertragung über die relativ weiten Wege des nervus opticus zum Gehirn.

Für die eigentliche Bildanalyse steht eingangsseitig somit Information über die örtliche Helligkeits- und Farbverteilung der Reizvorlage zur Verfügung. Diese Information liegt in diskontinuierlicher Form vor, sozusagen ein Rasterbild der optischen Szene.
Die Analyse dieses Rasterbildes verläuft wiederum in mehreren Stufen:
- ° Auffinden lokaler Grundelemente: Die dazu notwendigen Operationen und Eigenschaften kann man corticalen Zellen zuschreiben (sog. simple, komplexe und hyperkomplexe Zellen im primären, visuellen Cortex). Diese Zellen haben lokal zugeordnete, rezeptive Felder auf der Netzhaut. Sie reagieren optimal nur auf bestimmte Reizkonfigurationen mit einem charakteristischen Muster hemmender und erregender Signale. Die corticalen Zellen mit ihren rezeptiven Feldern haben also die Eigenschaften von Merkmalsdetektoren.

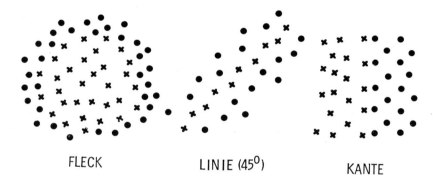

FLECK LINIE (45°) KANTE

× Erregung
● Hemmung

Bild 9: Schematische Darstellung der rezeptiven Feldstruktur einfacher Zellen des visuellen Cortex

Die lokalen Grundelemente des Rasterbildes der optischen Szene in der Größenordnung der rezeptiven Felder werden nach folgenden Merkmalen charakterisiert:

Typ:	Fleck, Kante, Linie
Kontrast:	Helligkeit, Farbe
Kontur:	Helligkeits-Gradient
Orientierung:	Relative Lage von Kanten, Linien
Position:	Netzhaut-Koordinaten

Die nächste Stufe der Bildverarbeitung besteht in der
° Reduktion der Information durch Bildung von Äquivalenzklassen. Dies geschieht durch Zusammenfassen der detektierten, lokalen Grundelemente zu größeren Einheiten. Die zugrundeliegende Äquivalenzrelation ist durch zwei gestaltpsychologische Kriterien und eine UND-Verknüpfung charakterisiert, nämlich Nähe und Gleichartigkeit. Eng benachbarte, gleichartige Elemente z.B. gleichen Typs und gleicher Orientierung werden zusammengefaßt. Die Äquivalenzklassen, also Elemente höherer Ordnung, werden wieder charakterisiert nach Typ, Kontrast usw. Hinzu kommen Angaben über die Ausdehnung der Elemente (z.B. Länge, Breite, Durchmesser) sowie über die Position der Endpunkte.
Dieser Klassifikationsvorgang wird solange iteriert, bis nach den Kriterien der Nähe und Gleichartigkeit keine größeren Elemente mehr gebildet werden können. Kleinere Elemente, die sich nicht integrieren lassen, werden zunächst unterdrückt.

Schließlich findet in der nächsten Verarbeitungsstufe statt eine
° Selektion wahrscheinlicher Alternativen. Für offene Enden der Elemente höherer Ordnung werden nunmehr Partner gesucht, sowie mögliche Brückenelemente zwischen Partnern. Dabei wird nicht nur die unmittelbare Nachbarschaft der Elemente bewertet, sondern auch weiter entfernte Bildteile werden als möglicherweise zusammengehörig in die Analyse einbezogen. Auswahlkriterien sind auf dieser Stufe die fundamentalen Prinzipien der guten Fortsetzung von Kontrasten, Farben, Orientierungen, kollinearen Verläufen etc. und der geschlossenen Gestalten.
Die Wirkung dieser Prinzipien, vor allem auch die Wirkung über die engen Nachbarschaft hinaus, zeigt Bild 10.

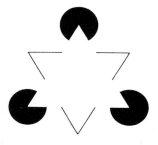

Bild 10: Kanisza-Figur mit subjektiven Konturen

Die Endpunkte der Kreissektoren liegen jeweils auf einer Linie, die ohne Kontrast und Farbänderung weiterführt und schließlich (virtuell) eine geschlossene Figur bekannter Struktur, nämlich ein Dreieck ergibt, womit auch das scheinbar verdeckte Dreieck eine plausible Interpretation erfährt.
Während man bisher von einer mehr datengetriebenen Analyse ausgehen konnte, ist die Verarbeitung auf der zuletzt betrachteten Stufe bereits verstärkt erwartungsgeleitet, d.h. gespeichertes Vorwissen wird ausgenutzt. Wahrscheinlich wird auf dieser Ebene auch begriffliches Wissen eingesetzt. Außerdem wird von anderen Sinneskanälen einlaufende Information zur Bildung von Wahrnehmungen mitbenutzt (z.B. Sehen und Hören).

Das Ergebnis der gesamten Vorverarbeitung und Bildanalyse ist die zweidimensionale Beschreibung der Konturen, markanter Merkmale und der Oberflächenbeschaffenheit von Sehobjekten. Teile des Reizmusters sind bereits auch begrifflich identifiziert. Hier schließt die sog. Szenenanalyse an. Die Szenenanalyse versucht, aus den erfaßten zweidimensionalen Strukturen dreidimensionale Szenen zu rekonstruieren und durch Vergleich mit gespeicherten Gedächtnisinhalten sowie durch intermodale Synthese kognitiv einzuordnen. Die dabei ablaufenden Prozesse sind im Detail noch keineswegs geklärt.

4. Experimentelle Untersuchungen

4.1 Versuchsplanung und -durchführung

Die meisten Anwenderprogramme sind heute noch in sog. Maskentechnik
ausgeführt. Ein Beispiel für eine Bildschirmmaske zeigt Bild 11.

```
M11              STAMMSATZ-DATEN    FOLGE-MASKE: M11   A= AUSKUNFT
                                                       N= NEUAUFNAHME
LAGER-NR :           ..............            FUNKTION:.   V= VERAENDERUNG
PRODUKT-NR -1:       ..............          NORMIER-KZ:E   E= EIGEN-NR
PREIS-EINHEIT:.                                              F= FREMD-NR
E-PREIS DM:  .......,.. DAT.: ........  F-PREIS DM: .......,.. DAT.:........
G-PREIS DM:  .......,.. DAT.: ........  GA-PREIS DM:.......,.. DAT.:........
GUTSCHR. %:  ..., .. REP-KOSTEN %: ..,..  GA-%-SATZ:  ..,..
PRODUKT-BESCHREIBUNG
1.ZEILE:.....................             2.ZEILE:.....................
3.ZEILE:.....................             4.ZEILE:.....................
DEUTSCHE TEXT-FORTS: ..   FREMDSPRACHEN:.
ERZEUG.-KZ: .  TECHN-BER: .   KAUFM-BER: .   AUSTAUSCH-MOEGL:.
ERSATZTYPE: .  ERG-PACK-KZ: .  VERWEND-KZ: .  SACHBEARBEITER:.....
REP-TAGE:  ...  LIEFER-TAGE: ...  LIEFERER-NR: .....  LAGERORT:.......
REP-ORT:   ....  MENGEN-EINH: .   GEW-EINHEIT: .   NETTO-GEW: ......,..
HERKUNFT-1:..  HERK-ANT-1 %: ..,..  HERKUNFT-2: ..  HERK-ANT-2 %: ..,..
HERKUNFT-3:..  HERK-ANT-3 %: ..,..  AUSFUHRSPERRE:N  PRAEFER-LKW: ...
ERZ-NR2:.........                          ERZ-NR3:.........
ERZ-NR4:.........              INVENTUR-KZ: .  NEUTEILE: .  RUECKL: .
```

Bild 11: Beispiel einer Bildschirmmaske

Masken sind Formulare auf dem Bildschirm mit festen und variablen
Feldern. In diese Masken gibt der Benutzer Daten ein oder liest Informationen ab.
Die Frage war nun, wie das Benutzerverhalten von der Struktur solcher
Masken abhängt. Die Benutzerreaktion wurde nach verschiedenen Kriterien bewertet. Als objektives Maß wurde die Leistung (Zeit, Fehler)
benutzt und über die Anzahl richtiger Antworten pro Zeiteinheit ope-
rationalisiert. Des weiteren wurde die erlebte Beanspruchung psycho-
metrisch skaliert. Schließlich wurde die subjektive Einschätzung
der Benutzer erfaßt bezüglich einer Reihe von Aspekten, die von der
Erkennbarkeit bis hin zur generellen Akzeptanz der Darstellungen
reichten.
Die Testreihen selbst wurden mit einem fiktiven Anwendersystem aus
dem Kfz-Handel durchgeführt. Die Masken enthielten technische und

kaufmännische Daten von Autos, wie z.B. Hersteller, Ausstattung, Preise... Der Umgang mit diesem System war leicht und ohne Fachwissen erlernbar.

Tabelle 1: Überblick über den Versuchsplan

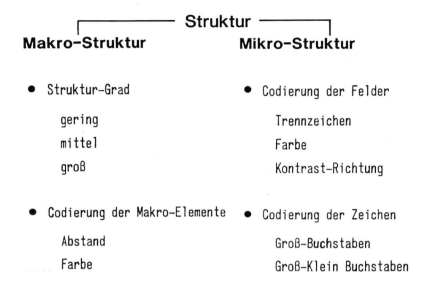

Aus Tabelle 1 sieht man, daß sowohl Aspekte der Makrostruktur als auch Mikrostruktur untersucht wurden.

Zur Makrostruktur wurde geprüft, inwieweit der Grad der Strukturierung das Benutzerverhalten beeinflußt. Es wurden, bei gleicher Informationsmenge, 3 Ausprägungen des Strukturgrades getestet (Bild 12, 13, 14).

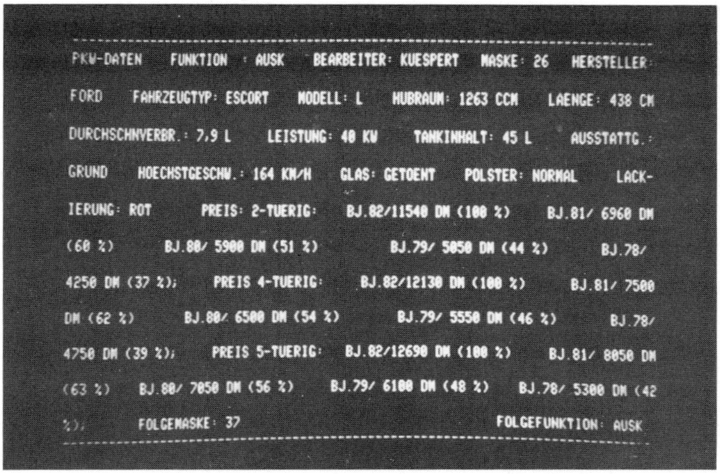

Bild 12: Schwach strukturierte Bildschirmmaske

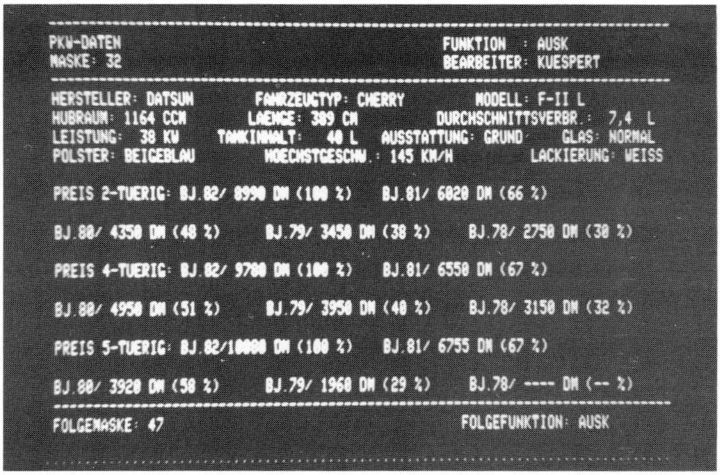

Bild 13: Mittel strukturierte Bildschirmmaske

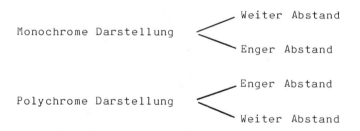

Bild 14: Stark strukturierte Bildschirmmaske

In einer zweiten Serie wurde die Makrostruktur durch Gliederung des Bildschirms in Informationsblöcke realisiert, wobei die Blöcke einmal durch deutlichen Abstand, zum anderen durch Farbe voneinander abgesetzt waren. Damit erhielt man in der zweiten Serie 4 Situationen:

```
                               ┌── Weiter Abstand
      Monochrome Darstellung  <
                               └── Enger Abstand

                               ┌── Enger Abstand
      Polychrome Darstellung  <
                               └── Weiter Abstand
```

Die Grundtypen dieser Serie sind in Bild 15, 16 dargestellt.

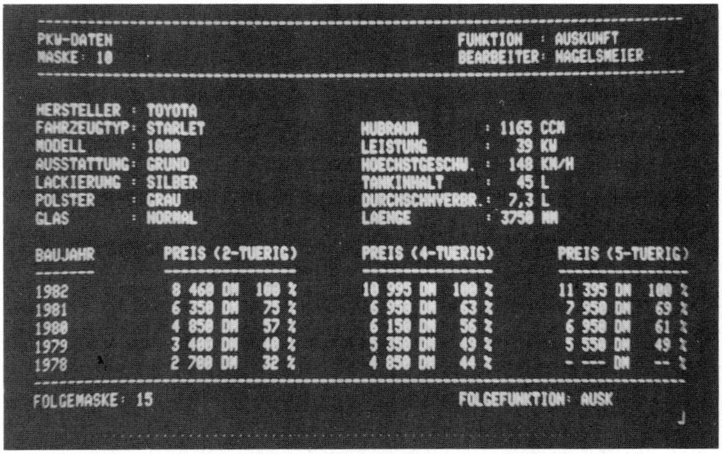

Bild 15: Gruppierung einer Maske durch deutlichen Abstand zwischen
         den Informationsblöcken (Monochrome Darstellung)

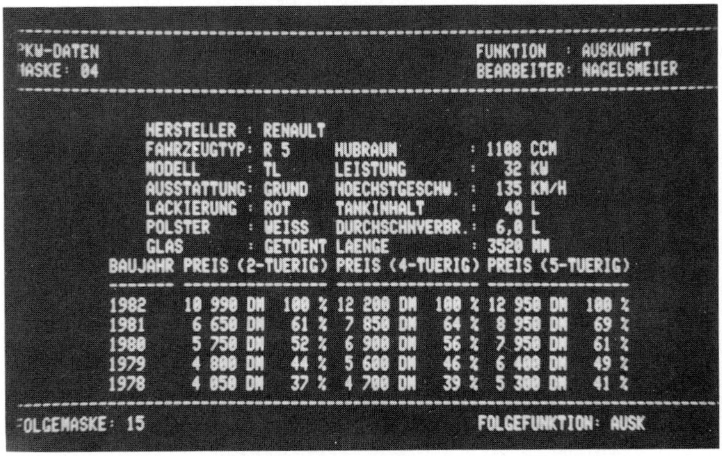

Bild 16: Gruppierung einer Maske (durch farbige Codierung der Informationsblöcke)

Zur Mikrostruktur wurde untersucht, ob es sich lohnt, die festen
und variablen Felder von Masken durch geeignete Codierung voneinander
abzugrenzen (Bild 17). Variiert wurde in diesem Zusammenhang auch der
Grad der Strukturierung, um mögliche Interaktionen zwischen Makro-
und Mikrostruktur aufzudecken. Ein letzter Versuch befaßte sich

schließlich mit einem Vergleich von Groß-Schreibung und Groß-Klein-Schreibung.

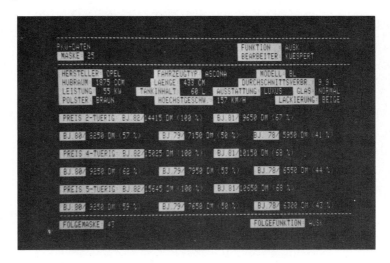

Bild 17: Codierung der festen Felder (z.B. durch Inversdarstellung)

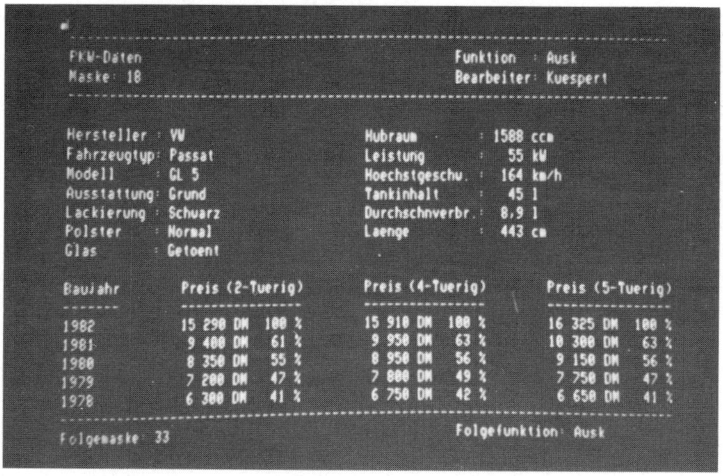

Bild 18: Groß-Klein-Schreibung der Maskeninformation

Das Dialogsystem wurde im Auskunftsmodus betrieben, d.h., die Testperson bekam ein Item (einen Suchbegriff) dargeboten, wie z.B. den Hubraum und mußte dazu die richtige Information auf dem Schirm finden. Gemessen wurden die Reaktionszeit und die Fehler. Außerdem wurden die Bildschirmmasken subjektiv bewertet.
An den Versuchen nahmen 60 Testpersonen teil; insgesamt wurden knapp 700 Masken bearbeitet.
Die Steuerung der Testreihen lief online über einen Prozeßrechner. Ebenso erfolgte die Auswertung der Daten über den Rechner. Einen Eindruck von der Versuchsanordnung im Kommunikationslabor gibt Bild 19.

Bild 19: Versuchsanordnung im Kommunikationslabor der Abteilung "Angewandte Arbeitswissenschaft"

4.2 Ergebnisse

Das Versuchsdesign /5/6/7/ war so organisiert, daß eine Varianzanalyse für verbundene Stichproben möglich war.

Tabelle 2: Ergebnis der Varianzanalyse (Strukturgrad und Codierung der Felder)

Quelle der Variation	Signifikanz
Testperson (TP)	$\varepsilon < 0.01$
Struktur (S)	$\varepsilon < 0.01$
Codierung (C)	$\varepsilon < 0.05$
Wechselwirkung TP×S	
TP×C	
S×C	$\varepsilon < 0.05$
TP×S×C	

Die Ergebnisse der Varianzanalyse für das Experiment "Struktur-Grad/ Codierung der Felder" zeigt Tabelle 2. Als höchstens zugelassene Irrtumswahrscheinlichkeit wurde ein Signifikanzniveau von $\varepsilon = 0.05$ gewählt. Signifikant für die Leistung der Benutzer sind sowohl die Struktur, die Codierung als auch die Testpersonen. Die Unterschiede zwischen den Testpersonen sind jedoch nicht auf die Faktoren Struktur und Codierung zurückzuführen. Es sind keine signifikanten Wechselwirkungen mit den Testpersonen vorhanden. Der Einfluß der Testpersonen auf die Leistung ist wahrscheinlich durch die Suchstrategie und das Entscheidungsverhalten bedingt.

Die mittlere Nutzleistung ist als Anzahl der pro Zeiteinheit richtig erkannten Suchbegriffe in Bild 20 dargestellt.

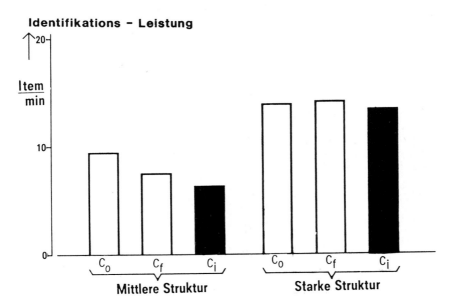

Bild 20: Identifikationsleistung in Relation zum Grad der Strukturierung und zur Codierung der Felder. C_o: keine besondere Codierung; C_f: Farbcodierung; C_i: Kontrastcodierung

Der Einfluß der Struktur fällt bei weitem mehr ins Gewicht als der Einfluß der Codierung der Felder. Der Einfluß der Codierung ist bei gut strukturierten Masken praktisch irrelevant.

Bei schwach strukturierten Masken wird die Wahrnehmungsleistung durch Farb- oder Kontrastcodierung sogar um 20 - 30 % verringert. Am schlechtesten schneidet die inverse Darstellung ab.

Die Ergebnisse des Leistungstests werden durch die subjektive Bewertung der Bildschirmmasken bestätigt, zumindest soweit perzeptorische und kognitive Aspekte bewertet wurden, wie z.B. die Wahrnehmbarkeit und Übersichtlichkeit der Information. Das gleiche gilt für die psychisch erlebte Beanspruchung. Durch bessere Strukturierung kann eine deutliche Entlastung erreicht werden (Bild 21).

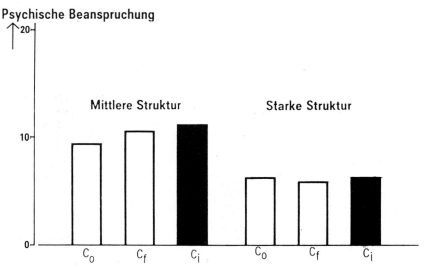

Bild 21: Struktur und (subjektiv) erlebte Beanspruchung

Zusätzliche Codierung bei schwach strukturierten Masken bedeutet jedoch eine zusätzliche Beanspruchung der Benutzer (Bild 21).

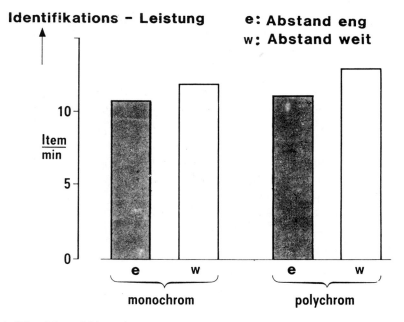

Bild 22: Identifikationsleistung in Relation zur Codierung der Informationsblöcke

Aus Bild 22 sieht man, daß sich lediglich der deutliche Abstand zwischen den Informationsblöcken auf die Leistung ausgewirkt hat, nicht jedoch die farbige Codierung der Blöcke. Betrachtet man jedoch die (subjektive) Skala der Annehmbarkeit der Darstellungsvarianten, so erhält man eine eindeutige Rangfolge (Bild 23). Nach diesem mehr affektiv betonten Kriterium der Annehmbarkeit schneiden die polychromen Darstellungen doch günstiger ab als die monochromen.

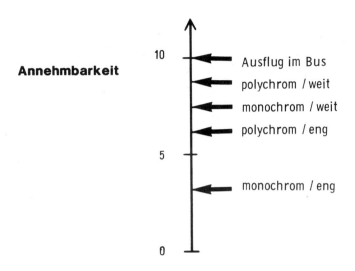

Bild 23: Annehmbarkeitsskala der Situationen gemäß Bild 15/16. Aus Gründen der Anschaulichkeit wurde eine Reihe von Alltagssituationen mitskaliert (z.B. Ausflugsfahrt im Bus)

Schließlich zeigt Bild 24, daß durch Groß-Klein-Schreibung bei Maskendarstellungen eine günstigere Mikrostruktur erzeugt werden kann als durch Groß-Schreibung allein /8/.

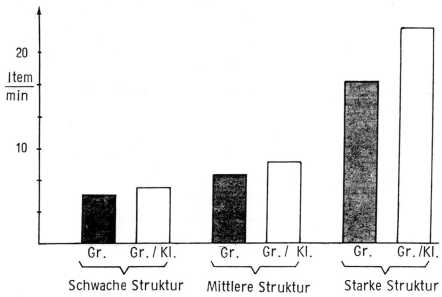

Bild 24: Identifikationsleistung in Relation zur Schreibweise
(Gr: Groß; Gr./Kl: Groß-Klein)

5. Anwendungsbeispiele

Bevor einige praktische Aspekte der Bildgestaltung beispielhaft illustriert werden, sei darauf hingewiesen, daß die Visualisierung von Strukturen lediglich einer von vielen Schritten ist bei der ergonomischen Gestaltung der Mensch-Maschine-Kommunikation.

So müssen z.B. alle Aufträge und Subaufträge bekannt sein, die das gesamte System auszuführen hat, um die gesetzten Systemziele zu erreichen. Es müssen Randbedingungen ermittelt werden, wie z.B. nicht beeinflußbare Besonderheiten technischer Komponenten, allgemeine und anwendungsspezifische Merkmale der Benutzer. Es muß entsprechend den Fähigkeiten und Bedürfnissen der Benutzer eine adäquate Aufgabenteilung zwischen Mensch und Maschine vorgenommen werden.

Im Rahmen der Bewertung alternativer Systemkonzepte müssen schließlich die Hardwarekomponenten ausgewählt und die Softwarewerkzeuge entwickelt werden. Nicht zuletzt sind physikalische, organisatorische

und psychosoziale Einflüsse aus der Umwelt zu beachten, in die das System eingebettet werden soll.
Bei der Bildgestaltung selbst treten im allgemeinen zwei Gesichtspunkte auf, die inhaltliche Strukturierung der Information und ihre optische Darstellung, d.h. die formale Strukturierung auf dem Bildschirm. Bei Anwenderprogrammen in Maskentechnik läßt sich die Information im allgemeinen hierarchisch gliedern /9/10/. Dazu muß in einem ersten Schritt die gesamte Information in Klassen eingeteilt werden. Aus den Informationen, die der Benutzer für seine eigentliche Arbeit und für die Dialogführung benötigt, läßt sich die in Tabelle 3 dargestellte Klassifikation ableiten.

Tabelle 3: Klassifikation der Bildschirminformation

Statusinformation	Sie gibt dem Benutzer Auskunft über normale, aktuelle Zustände von Hard- und Software; Beispiele: Bezeichnung des gewählten Anwenderprogramms, der gewählten Maske, der gewählten Funktion
Arbeitsinformation	Sie betrifft die eigentliche Arbeitsaufgabe; Beispiele: Kundenadresse, Artikelnummer, Preise
Steuerungsinformation	Sie ist für den Ablauf des Dialogs zwischen Benutzer und Rechner erforderlich; Beispiele: Bezeichnung der Folgemaske, wählbare Funktionen
Meldungen:	Sie werden vom Rechner ohne Anforderung ausgegeben; Beispiele: Hinweise zu Eingabefehlern, Terminüberschreitungen, eingetroffene Bestellungen.

In der Regel müssen die Klassen inhaltlich weiter gegliedert werden. Dies geschieht nach Arbeitsinhalt (z.B. technische Daten, kaufmännische Daten) und nach Arbeitsabläufen (z.B. Schritte eines Bestellvorgangs).
Als nächste Stufe kann man die Felder der Masken auffassen. Die unterste Stufe der Hierarchie bilden die Einzelinformationen der

Felder.
Diese Hierarchie ist in Bild 25 anhand eines Beispiels aus dem Weinhandel dargestellt /10/.

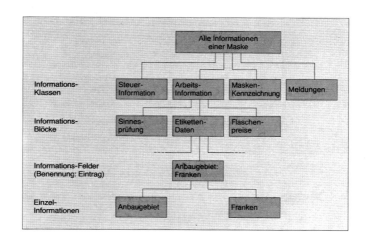

Bild 25: Beispiel für die inhaltliche Gliederung der Information einer Maske

Die inhaltliche Struktur des Anwenderprogrammes muß nun dem Benutzer durch Abbildung auf eine geeignete formale Struktur sichtbar gemacht werden.

Da die Anzeigefläche des Bildschirms begrenzt ist, muß die gesamte Informationsmenge zunächst auf eine Reihe von Masken aufgeteilt werden.
Die Aufteilung kann nach inhaltlicher Zusammengehörigkeit der Information, nach ihrer Wichtigkeit, nach der Häufigkeit der Benutzung oder bei Routineabläufen nach der Reihenfolge der Bearbeitung erfolgen. Die Informationsmenge pro Maske sollte so bemessen werden, daß nicht mehr als 50 % des zur Verfügung stehenden Platzes gebraucht wird.
Außerdem sollte darauf geachtet werden, daß pro Maske geschlossene Abschnitte abgearbeitet werden können.
Jeder Informationsklasse nach Tabelle 3 sollte ein fester Bereich auf dem Bildschirm zugeordnet werden. Eine sinnvolle Anordnung der

Klassen auf dem Bildschirm zeigt als Beispiel Bild 26. Es können auch andere Anordnungen sinnvoll sein.

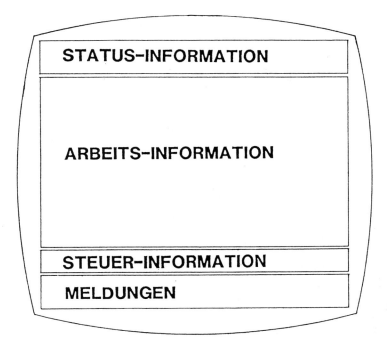

Bild 26: Visualisierung der Informationsklassen auf dem Bildschirm

Die Anordnung nach Bild 26 berücksichtigt den am häufigsten vorkommenden Ablauf bei der Bearbeitung von Masken, nämlich Überprüfung der Maskenkennzeichnung, Bearbeitung der Maske, Anwahl der nächsten Maske, ggf. Ablesen von Meldungen.
Die Übersichtlichkeit läßt sich weiter verbessern, wenn man die Informationsblöcke und -unterblöcke innerhalb der Klassen als prägnante Figuren gestaltet, die sich gut vom Hintergrund abheben und gegeneinander durch deutlichen Abstand abgegrenzt sind. Hierzu sind die theoretischen Ausführungen von Abschnitt 3 nützlich, insbesondere die fundamentalen Gestaltgesetze. Außerdem sind die in 4.2 beschriebenen experimentellen Ergebnisse zu beachten.
Bei der Darstellung der Informationsfelder sollten die festen und variablen Feldanteile durch Spationierung und Trennzeichen vonein-

ander getrennt werden. Farbcodierung oder Inversdarstellung der Feldbenennungen ist, obwohl übliche Praxis, nicht zu empfehlen (siehe Bild 20, 21).
Auch zur optischen Strukturierung von Einzelinformation sind eine Reihe von Gestaltungshinweisen zu beachten, wie z.B. Vorzug der Groß-Klein-Schreibung gegenüber reiner Groß-Schreibung (siehe Bild 24) oder die Gliederung alphanumerischer Zeichenfolgen, die für den Benutzer keinen erkennbaren Sinn enthalten, in Zweier- oder Dreiergruppen (z.B. schlecht A01361218; gut A01 36 12 18). Weitere Hinweise zur Visualisierung findet man z.B. in /9/. Die Auswirkung der Gestaltung ist am Beispiel des Weinhandels in den Bildern 27 und 28 veranschaulicht.

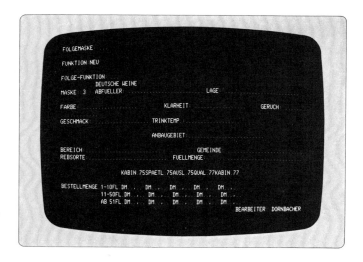

Bild 27: Istzustand einer Bildschirmmaske des Beispiels "Weinhandel"

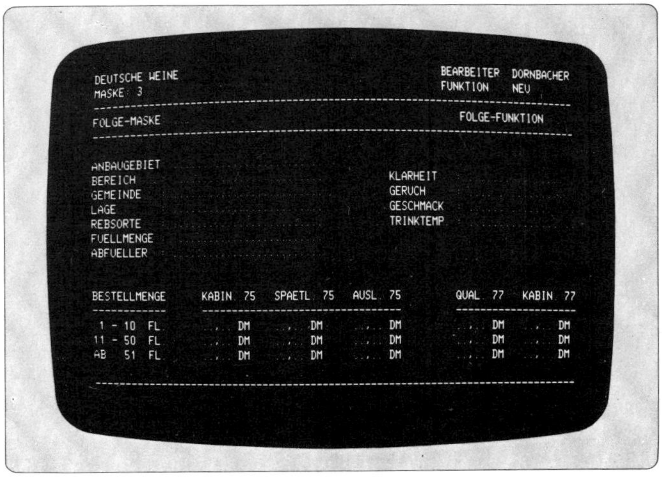

Bild 28: Neustrukturierung der Maske (gemäß Abschnitt 3 und 4)

6. Ausblick

Die hier behandelten Strukturaspekte der Bildgestaltung stellen nur
einen kleinen Teilausschnitt aus der Problematik der Gestaltung von
Mensch-Rechner-Dialogen dar, die ihrerseits wiederum im angedeuteten
Gesamtrahmen systemergonomischer Entwicklung gesehen werden müssen.
Bezüglich der Erscheinungsform der Information im Dialog wird die
rein alphanumerische Darstellung auch weiterhin von Bedeutung sein.
Auch Masken werden als Dialogtechnik weiterhin im Einsatz sein.
Neben alphanumerischen Strukturen werden jedoch in vielen Anwendungen Liniengrafiken, symbolhafte Darstellungen und sogar analoge Bildeinblendungen vorkommen oder die Alphanumerik ergänzen.
Die relativ starren heutigen Maskentechniken werden sicherlich in
Richtung flexiblere Dialogformen abgelöst oder zumindest modifiziert,
dadurch, daß der Benutzer z.B. Formulare auf dem Bildschirm interaktiv, aufgabenspezifisch selbst herstellen kann, oder daß er über
virtuelle Fenster auf dem Bildschirm Arbeitsinformation, in der aktuellen Situation sinnvolle Dialogfunktionen und Hilfen angezeigt

bekommt sowie Manipulationen vornehmen kann. Neben der statischen Informationsdarstellung muß deshalb in gleicher Weise die dynamische Struktur des Dialogablaufs Gegenstand grundlegender Untersuchungen werden, wobei insbesondere auch natürlich-sprachliche Kommunikationsformen als Vorfeldthema aufgegriffen werden sollten, obwohl die breite Anwendung "intelligenter" Dialogsysteme mit Partnermodellen und umgangssprachlichem Verhalten nach dem gegenwärtigen Stand der Forschung und Technik noch ausgeschlossen ist. Es existieren jedoch bereits einfache Expertensysteme mit syntaktisch allerdings stark eingeschränkten, natürlich-sprachlichen Schnittstellen.

7. Literaturnachweis

1. Lindsay, P.H. Norman D.A: Einführung in die Psychologie S.8, Berlin - Heidelberg - New York, Springer Verlag 1981

2. Metzger, W.: Gesetze des Sehens, Frankfurt, Verlag Waldemar Kramer 1975

3. Hubel, D.H., Wiesel, T.N.: Receptive fields and functional architecture in two nonstriate visual areas (18, 19) of the cat. journ. Neurophysol. (1965) 28, 229 - 289

4. Marr, D.: Early processing of visual information, Phil. Trans. Royal Soc. (1976) Vol. 275, 483 - 527

5. Benz, C., Haubner, P.: Gestaltung von Bildschirmmasken, OFFICE MANAGEMENT, Sonderheft M 6805 E (1983), 36 - 39

6. Benz, C., Haubner, P.: Codierungswirksamkeit bei Informationsdarstellungen in Bildschirmmasken, in Software-Ergonomie, Berichte des German Chapter of the ACM 14, 124 - 134, Stuttgart, B.G. Teubner 1983

7. Haubner, P., Benz, C.: Information display on monochrome and colour screens, in Ergonomic and health aspects of modern office jobs, Turin (to be published)

8. Zwerina, H.: Ergonomische Bewertung der Struktur und Schreibweise von Bildschirmmasken, erscheint in Zeitschr. f. Arbeitswissenschaft Nr. 1/84

9. Benz, C., Grob, R., Haubner, P.: Gestaltung von Bildschirmarbeitsplätzen. Verlag TÜV Rheinland 1981

10. Zwerina, H., Benz, C., Haubner, P.: Kommunikations-Ergonomie, München, Siemens AG 1983

Anschrift des Verfassers:

Dr.-Ing. P. Haubner
Angewandte Arbeitswissenschaft ZFA FWO 21
Forschungszentrum der Siemens AG
Paul-Gossen-Str. 100
D-8520 Erlangen

ZUSAMMENFASSUNG

Ein wesentlicher Aspekt der Mensch-Maschine-Kommunikation ist die Strukturierung der auf Anzeigeeinheiten dargestellten Information. Nach einer theoretischen Abhandlung über Modellvorstellungen zur visuellen Analyse von Szenen und Strukturen, werden Experimente zur ergonomischen Bewertung alphanumerisch codierter Bildschirmmasken beschrieben. Die Struktur der Masken hat beträchtlichen Einfluß auf die Leistung der Benutzer und darauf, wie die Arbeitsmittel akzeptiert werden. Schließlich werden einige praktische Aspekte der Bildgestaltung illustriert.

Stichwortverzeichnis

Abbildungsgleichung (Farbenräume)	30, 34, 35
Aberration	82, 198, 199
Adaptationsleuchtdichte	282
Additive Farbmischung	5, 6
Akkommodation	
Altersabhängigkeit	77, 84, 86, 87
Anatomie u. Funktion	69, 70
Dynamik	84 ... 88
Einstellung (statisch)	76 ... 84
Messung	70 ... 73
Ruhewert (Ruhemyopie)	76 ... 78
-und Bilddarbietung	198, 199
-und Vergenz	73 ... 76
Alychne (Chrominanz Raum)	22, 26
Anzeigen Codierung	
Alphanumerische Codierung	244, 312
Analog / Digital Codierung	243
Bildzeichen Codierung	247, 248
Blinkcodierung	248, 249, 250
Farbcodierung	245, 246, 247
Auflösungsgrenze, Auflösungsvermögen (örtlich)	255, 259, 279
Bandbreite	192, 255
Bandpaßfilter vergl. rezeptives Feld	103, 122, 123, 132, 192, 193
Beanspruchung	168, 169, 177, 183, 185, 311, 320
Beanspruchungsmessung	168, 180, 181, 186
Belastung	168, 169
Bildanalyse	307, 308
Bilddarbietung	
Aberration	198, 199
Bildrasterung vergl. Punkt-/Linienraster	201 ... 205
Bildrauschen	199, 201
Bildschärfe vergl. Schärfeniveau	194, 195
Bildstabilität	199, 200, 201
Bildwiederholfrequenz	202, 255

Bildschirm
    Allgemeine Kenngrößen   255, 256, 257
    Kontrastübertragungsfunktion   259, 260
    Leuchtdichten   262
    Reflexionsgrade   261

Bildschirmmaske   311, 313 ... 316

Bildschirmzeichen
    Bevorzugter Kontrastbereich   256, 293, 294
    Bildpunktbreite   271
    Breiten-Abstandsverhältnis   256
    Leuchtdichteprofile   264 ... 267
    Modulationsgrad   259
    Punktbildfunktion/Linienbildfunktion   258
    Punktraster/Linienraster   257

Bildvorverarbeitung (visuell)   116 ... 123, 191, 192, 193, 307

Chromatische Aberration   82

Chrominanz   22, 35, 36

CIE Farbsystem   51, 52, 53

Codierung/Decodierung   221, 222, 223, 315, 316
    vergl. Anzeigen Codierung

Cortex, cortikale Filter   123, 308

Detektion
    Bildschirmzeichen   287
    Detektion pro Blick   277
    Detektion und Identifikation   281
    Detektion und Informationsbelastung   183, 184, 185
    Helligkeits- und Detaildetektion   278, 279

Detektionsprozessor (Kontrastdetektor)   174, 276

Dichromasie, Dichromat   12, 13, 30, 37

Distanzmatrix vergl. Merkmalvektor   104

Entfernungseinstellung
    vergl. Akkommodation und Vergenz

Erkennungsniveau   197, 219, 278
    vergl. Detektion, Identifikation, Klassifikation

Erregungsübertragung   33 ... 46

Erregungsverteilung   124

Farbabgleich   5, 6, 18

Farbcodierung   245, 246, 247, 314, 315

Farbdreieck, Farbtafel   5, 6, 16, 18, 24, 27, 28

Farbempfindung	18, 19, 33, 36
Farbenraum	
CIE Farbsystem	51, 52, 53
Gegenfarbenraum	21 ... 25
Grundfarbenraum	12 ... 18
Instrumenteller Farbenraum	5 ... 9
Farbreiz	3
Farbvalenz	5
Farbwert/Farbwertanteil vergl. Farbenraum	5, 6, 17, 24, 25, 33
Fehlfarbe vergl. Dichromasie	12, 14, 26, 27
Filterfunktion (retinale und cortikale Filter)	103, 121, 132, 193
Fixationsdauer	290, 292
Foveales Sehen	255, 277, 280, 289
Fusionsanstrengung	74
Gegenfarbenraum	21 ... 25
Gegenfarbwerte	24, 25
Gegenspektralwerte	23, 24, 25, 34
Gestaltpsychologie	304 ... 307
Grauwertverteilung (Rekonstruktion)	139 ... 144
Grundfarbenraum	12 ... 18
Grundfarbwerte	17, 33
Grundspektralwerte	13, 14, 15, 33, 34
Helligkeit	
Luminanz	22, 35
-codierung	232
-detektion	278
-stufen	282, 283
Hypersäule	127, 139
Identifikation	
Bildschirmzeichen	288
Erkennungsniveau	197, 219, 281
Grad der Strukturierung	319 ... 322
Snellenbuchstaben	280, 281
Informationsaufnahme	228, 289
Informationsbelastung	169, 171, 172, 174
Informationsreduktion	309

Informationsübertragung
    Kenngrößen (Shannon-Wiener)   224 ... 228
    Menschliche Übertragungsleistung   228 ... 233

Informationsverarbeitung (visuelles System)
    Funktion des Sehsystems   113 ... 123, 190...193, 304 ... 310
    Lese- und Suchleistung   289
    Merkmalanalyse   124 ... 128

Instrumenteller Farbenraum   5 ... 9, 23

Johnson Kriterium   205 ... 208

Kantendetektor   124, 125, 192

Klassifikation
    Absolutklassifikation opt. Reize   228 ... 232
    Bildschirminformation   323
    Dekodierung optischer Reize   222, 223
    Erkennungsniveau   197, 219

Kontrast
    Bevorzugter Bereich   294, 295, 296
    Definitionen (Leuchtdichtekontrast)   268, 269, 270
    -empfindlichkeit vergl. Kontrastschwelle
    -erhöhungsfaktor   176
    -messung   270
    -punkt   145 ...
    -schätzung   100
    -überschwelligkeit vergl. Sichtbarkeit
    -übertragungsfunktion   95 ... 101, 260
    -umkehr (inverse Darstellung)   264, 298, 316

Kontrastschwelle (Kontrastempfindlichkeit)
    Art des Sehobjektes   278, 279, 280
    Bildrasterung   201 ... 205
    Bildschirmzeichen   288
    Bildtranslation,-oszillation   200
    Darbietungszeit   283
    Erkennungsniveau   219
    Leuchtdichte   218, 280, 281, 282
    Ortsfrequenz   96 ... 100, 103, 193, 208, 260, 279
    Retinaler Ort   103, 175, 216, 217, 283
    Schärfeniveau   220
    Sehobjektgröße   214, 280, 281
    Snellenbuchstaben   281

Konturpunkt   129, 131 ... 144

Laseroptometer   71

Leuchtdichte
    Bildschirm   262, 272, 273
    Kontrast (Definitionen)   268, 269, 270
    Modulation gerasterter Zeichen   256, 258 ... 267

Lineare Abbildung (linearer Vektorraum)	3, 10, 11
Lineares trichromatisches Schema	3, 4
Liniendetektor (Spaltendetektor)	124, 125, 192
Linienraster	201, 206, 257
Luminanz (Leuchtdichte)	22, 35
Merkmal (Bild- und Szenenbereich)	114, 124
-analyse/-analysator/-detektor	124 ... 130, 308
-gruppierung	130, 153
-vektor	104
Modulationsgrad	96, 259, 260, 268
Modulationsübertragungsfunktion (MÜF, MTF)	95, 96, 194, 259, 260
vergl. Kontrastübertragungsfunktion	
Musterdiskrimination	
Modellbildung	101 ... 105
Verwechselungshäufigkeit	107
Netzhaut (Retina)	41, 42, 116 ... 123, 191, 192
On-Ganglienzelle/Off-Ganglienzelle	117, 118, 192
Optische Abbildung (Systemtheorie)	95
Peripheres Sehen	169, 171, 283
Persistenzsatz (v. Kries)	18
Photopigment (Sehpigment)	41, 43
Primärvalenz	5
Punktbildfunktion	95, 258
Punktraster	257
Rauschen	173, 174, 175
Bildrauschen	199, 201
visuelles Grundrauschen (Eigenrauschen)	196
Retinale Beleuchtungsstärke vergl. Troland	96
Rezeptives Feld	117, 118, 122, 123, 191, 192, 308
Rezeptor/Rezeptorzellen	41, 42, 255, 307
Schärfeniveau	194, 195
Segmentierung	115, 153

Sehpigment	41, 43
Sichtbarkeit (Visibility Level)	196, 205, 212 ... 220, 277, 287, 289, 297, 298
Sichtbarkeitsfeld	289, 293
Signaldetektionstheorie vergl. Peripheres Sehen	172
Signal-Rauschverhältnis	172, 173, 174
Simulation	
Merkmalanalysatoren	139 ... 160
Sichtbarkeit	212 ... 220
Sinusgitter vergl. Kontrastschwellen	96, 100, 208, 279
Spektrale Empfindlichkeit (Farbensehen)	43, 45, 46
Spektralwerte, Spektralwertfunktionen	6, 7
Gegenspektralwerte	23, 24, 25, 34
Grundspektralwerte	13, 14, 15, 33, 34
Struktur, Strukturierung	
Begriffe	302, 303
Bildschirmmasken	311, 313 ... 316
Subjektive Bewertung	
Bildschirmmasken	311, 319
Farbcodierung (opt. Anzeigen)	244, 245
Zeichenkontrast (Bildschirm)	294, 295, 296
Suchstrategie	290, 318
Szenenanalyse	307, 310
Texturbeschreibung	158
Transinformation	224, 225
Trichromasie, Trichromat	12
Troland	96
Urfarben	21
Vergenz	
Dynamik	84, 88
Funktion	68, 69
Messung	72
-und Akkommodation	73 ... 76

Visuelle Leistung	
Detektion, Identifikation, Klassifikation	196, 197, 202, 203, 219, 228 ... 232, 277, 281, 319, 320, 322
Diskrimination	105, 106
Suchleistung	285, 286
Wahrnehmungswahrscheinlichkeit (Trefferwahrscheinlichkeit)	172, 178, 196, 197
Wahrnehmungswahrscheinlichkeit	172, 178, 196, 197
X-Ganglienzelle	116, 191
Y-Ganglienzelle	117, 192
Zapfenempfindlichkeit vergl. Grundspektralwerte	43